BERTRAM GEORGII

ROTHIRSCH wohin?

Gegenwart und Zukunft eines faszinierenden Wildtiers

Müller Rüschlikon

Einbandgestaltung: R2 I Ravenstein, Verden

Titelfoto: ©veneratio/stock.adobe.com
Umschlagrückseite: Imago stock @people (Hintergrund), privat (unten)

Kontakt: Dr. Bertram Georgii
Ruederer Weg 21
82487 Oberammergau
E-Mail: georgii@vauna.de

ISBN 978-3-275-02266-3

Postfach 103743, 70032 Stuttgart
Ein Unternehmen der Paul Pietsch Verlage GmbH & Co. KG

1. Auflage 2022

Sie finden uns im Internet unter
www.mueller-rueschlikon-verlag.de

Gesamtleitung: Claudia König
Innengestaltung: Kornelia Erlewein
Druck und Bindung: Graspo CZ, 76302 Zlin
Printed in Czech Republic

Inhalt

5. BARRIERE ODER KORRIDOR? 80

6. ALTE INTERESSENKONFLIKTE UND NEUE EINSICHTEN 98

7. WALD IST MEHR ALS NUR BÄUME 124

8. VON DER ROTWILDBEWIRTSCHAFTUNG ZUM ROTWILDMANAGEMENT 160

9. SENSIBEL, ABER LERNFÄHIG 180

10. EIN »KÖNIG DER LANDSCHAFT« 190

11. QUO VADIS ROTHIRSCH? – EIN AUSBLICK 200

Photo: ©Bernd Brueggemann/stock.adobe.com

Noch etwa gut eine Stunde bis es dunkel ist. Es ist das Jahr 1960. Udo und ich sitzen in einem kleinen, schon leicht verfallenen Schirm im Schönbuch am Hang zum kleinen Goldersbachtal. Am gegenüberliegenden Hang »orgeln« zwei, ihrer Stimme nach, alte Hirsche, auf unserer Seite vor uns im Bestand ebenfalls ein solcher »Recke«. Wenn ich Bestand sage, dann sind damit hier wie drüben Hangwälder mit uralten Buchen und Eichen gemeint, die dem Ganzen einen fantastischen Resonanzkörper verleihen – jetzt noch immer zur Hirschbrunft einer meiner Lieblingsplätze.

Das war damals das erste Mal, dass ich mit Rotwild in Berührung gekommen bin. Und das war die Geburtsstunde meiner Liebe zu dieser faszinierenden Tierart, die mich nie wieder losgelassen und auch beruflich viel beschäftigt hat.

Photo: ©ON-Photography/stock-adobe.com

EINLEITUNG

Der Rothirsch ist heute unser größtes freilebendes Huftier, sieht man einmal von den wenigen kleinen Wisentbeständen und den gelegentlich vorbeischauenden Elchen ab. Er ist damit der letzte Vertreter einstmals bei uns heimischer eiszeitlicher Großwildarten, wie eben diesen beiden Arten oder dem Auerochs (Ur). Seit Ende der Späteiszeit vor etwa 11.000 Jahren und bis in die Gegenwart gehört der Rothirsch zur mitteleuropäischen Fauna und deshalb unbestritten zur bundesdeutschen Landschaft. Er ist eine ökologisch außerordentlich flexible und anpassungsfähige Wildart, mit einem weiten Nahrungsspektrum, die von den Küsten der Meere bis in Hochgebirgsregionen von rund 3.000 Metern ü.NN alle nur denkbaren Lebensräume besiedelt hat. Er kommt mit allen Klimaten zurecht, die Eurasien zu bieten hat, feucht-warmen ebenso wie trockenen oder im Winter sehr schneereichen. Dennoch hat er europaweit neun Zehntel seines ursprünglichen Lebensraums verloren.

Der wachsende Druck auf die Lebensräume, die zunehmende Fragmentierung der Natur durch Siedlung und Verkehr und der behördliche Ausschluss des Rotwilds aus potentiell geeigneten Lebensräumen stellen für die Integration dieser Tierart in unsere Landschaft eine große Herausforderung dar. Denn wenn der Rothirsch dürfte, würde er recht schnell von der gesamten Republik Besitz ergreifen und käme dabei auch mit dem Menschen gut zurande, wenn ihm denn die Jagd nicht überall Furcht vor uns einflößen würde. Einer möglichen Wiederausbreitung begegnen Land- und Forstwirtschaft jedoch aus Angst vor Schäden mit Skepsis und Widerstand. So ist Rotwild die einzige heimische Tierart, der von uns in weiten Teilen Deutschlands keine freie, natürliche Verbreitung zugestanden wird. Selbst der Wolf darf frei entscheiden, wo er gerne leben möchte. Der Wolf untersteht dem Naturschutzrecht, der Rothirsch dem Jagdrecht. Das macht den Unterschied. Der Rothirsch hingegen lebt in Deutschland gleich einem »Tier von Menschens Gnaden« wie es Joachim Beninde in seinem Buch *Zur Naturgeschichte des Rothirsches* schon 1937 formuliert hat.

Photo: Martin Harms

Heute sind unsere großen Waldgebiete die wichtigsten Lebensräume für den Rothirsch (und damit der Staat der flächenmäßig größte »Jagdherr«). Dies entspricht aber nicht der Natur dieser Art, denn ihr Ursprung liegt in der offenen oder halb offenen, waldarmen Steppenlandschaft, weshalb er auch vorzugsweise von Gräsern lebt. Aber in vielen Bundesländern darf er die ihm reservierten »Rotwildbezirke« (gesetzlich festgelegte »Verbreitungsgebiete«) und ihre Wälder nicht verlassen. Sie stellen vor dem Hintergrund, dass Rotwild bis ins frühe 19. Jahrhundert in Deutschland weitgehend flächendeckend verbreitet war, eigentlich Restvorkommen dar, die aus Naturschutzperspektive stets erhebliche Gefahren für die betroffene Tierart beinhalten (stark erhöhtes Aussterberisiko). Vor allem passt diese Situation des Rothirschs so überhaupt nicht zu Programmen der Bundesregierung wie der »Nationalen Strategie für Biologische Vielfalt« oder dem »Bundesprogramm Wiedervernetzung«, die die natürliche Verbreitung und die freie Beweglichkeit von Wildtieren in unserer zersiedelten Landschaft sicherstellen sollen. Und selbst in seinen Waldrefugien heißt die politische Prioritätensetzung fast überall »Wald vor Wild«, weil mit dem Wald heute vorwiegend ein wirtschaftlich genutzter Forst gemeint ist. »Beim Management unserer größten, vielleicht faszinierendsten Wildart versagen wir auf allen Ebenen«, konstatierte einst mein langjähriger, mittlerweile leider in den ewigen Jagdgründen weilender Berufsgefährte Ulrich Wotschikowsky. Jeder Forstmann muss ein Fachhochschul- oder Universitätsstudium absolvieren, bevor er auf die Bewirtschaftung von Bäumen im Wald losgelassen wird; die »Bewirtschaftung« von Wildtieren braucht anscheinend keine Fachkenntnisse.

Ganz anders die Bevölkerung. Natur und Wildtiere erleben steht laut der Studie zum »Naturbewusstsein 2019« (Bundesamt für Naturschutz) bei der Bevölkerung ganz vorne an. Für sie sind große Wildtiere – wenigstens die »ungefährlichen«, wie Rothirsch, Reh und Co. – ausgeprägte Sympathieträger, die für Natur und Wildnis stehen oder was viele dafür halten.

Der Rothirsch eignet sich auch hervorragend als sogenannte »Flagship Species« (Flaggschiffart), d.h. als Repräsentant, um für viele weitere Arten des gleichen Lebensraumes »Werbung« zu machen. In Projekten zur Landschaftsvernetzung gilt er als *die* Flaggschiffart, und auch bei der Identifikation geeigneter Standorte für Tierquerungshilfen an Verkehrswegen. Als bekannte und attraktive Art besitzt er zudem eine größere Chance auf Realisierung von Naturschutzanliegen als die Argumentation mit Heuschrecke, Käfer oder anderen eher unauffälligen Arten. Als gutes Beispiel könnte man das Duvenstedter Brook anführen, wo Rotwild die Schutzwürdigkeit einer Feuchtgebietslandschaft transportiert, die einer Vielzahl seltener oder gefährdeter Arten Lebensraum bietet. Über die Beobachtbarkeit des attraktiven herbstlichen Brunftgeschehens lässt sich dort auf beispielhafte Weise die Aufmerksamkeit der Besucher auf dieses Lebensraumjuwel vor den Toren Hamburgs lenken.

Da sich das Buch nicht etwa nur an Jäger richtet, sondern genauso an nicht jagende, aber an dieser faszinierenden Tierart interessierte Laien, hier noch einige Hinweise. Dieses Buch erhebt nicht den Anspruch, eine erschöpfende »Biologie des Rotwilds« sein zu wollen. Wer das sucht, sei auf die Monographien von Wilfried Bützler *»ROTWILD – Biologie, Verhalten, Umwelt, Hege«* (1986), Egon Wagenknecht »ROTWILD« (1991), Ferdinand von Raesfeld & Kurt Reulecke *»ROTWILD – Naturgeschichte, Hege, Jagdausübung* (1988) oder die englischsprachigen Bücher von F. Fraser Darling: *»A Herd of Red Deer. A study of animal behavior«* (1937) und *»RED DEER – Behaviour and Ecology of Two Sexes«* von Tim. H. Clutton-Brock, Fiona E. Guinnes & Steve D. Albon (1982) verwiesen, allesamt Klassiker der Rothirschliteratur. Vielmehr wirft das Buch nur Streiflichter auf fast sechzig Jahre Beschäftigung mit *Cervus elaphus* (so die wissenschaftliche Bezeichnung für den Rothirsch) und darauf, was sein Leben heute in Deutschland bestimmt, und auf die gewaltigen Herausforderungen, die mit einem zukunftsfähigen Rotwildmanagement verbunden sind. Eine durchaus persönliche thematische Auswahl. Neben biologisch interessanten Aspekten geht es mir auch um Gesichtspunkte, die mir in der aktuellen Situation wesentlich erscheinen, die nicht in jedem Rothirschbuch zu finden sind und zum Teil eher meine eigene fachliche Einschätzung widerspiegeln.

Und bei der Gelegenheit: »Rotwild« oder »Rothirsch«? Biologen bevorzugen den Artbegriff »Rothirsch«, den ich auch immer dann verwende, wenn es aus biologischer Sicht Sinn macht. Ansonsten schließe ich mich Jägern und Förstern an, die eher den traditionellen jagdlichen Begriff »Rotwild« vorziehen. So lässt »Rotwild« eigentlich keinen Zweifel daran, dass die Tierart als solche gemeint ist. Ansonsten werde ich »Rothirsch« wie »Hirsch«, d.h., zur Bezeichnung männlicher Individuen, und entsprechend den jagdlichen Ausdruck »Alttier« für erwachsene, »Schmaltier« für einjährige weibliche und »Schmalspießer« für einjährige männliche Tiere verwenden. Dann weiß jeder wovon die Rede ist.

Weniger als ein Zehntel der gesamten Erdoberfläche ist von Wald bedeckt. Auf dieser verhältnismäßig kleinen Fläche ist jedoch ein großer Teil der weltweiten Biomasse konzentriert, und etwa zwei Drittel der jährlichen Primärproduktion wird darauf geleistet. Durch die tiefe Verwurzelung im Boden und das weite Hinaufragen des Kronendaches, stellt der Wald die austauschintensivste Oberflächenform der Erde dar.
Aus: Naturnaher Waldbau, Administration des Eaux et Forêts, Strasbourg

Man schätzt, dass etwa 1/3 der europäischen CO_2-Emissionen von den Wäldern unseres Kontinents absorbiert werden.

1. EINE GROSSE FAMILIE

Verschiedene Geweihformen aus der Hirschfamilie: 1 Sambarhirsch, 2 Weißwedelhirsch, 3 Elch, 4 Axishirsch, 5 Muntjakhirsch, 6 Rentier. Die Geweihform ist zwar bis zu einem gewissen Grad arttypisch, variiert aber auch innerhalb einer Art erheblich. | *Quelle: The Encyclopedia Americana 1920 (8):582 https://commons.wikimedia.org/wiki/File:Americana_1920_Deer.jpg*

Auf einen Blick

Heute leben auf unserem Planeten rund 50 sehr unterschiedliche Hirscharten, von denen viele stark gefährdet sind.

In Deutschland gibt es nur zwei von jeher hier heimische (autochthone) Hirscharten: Den Rothirsch und das Reh.

Während Rehe überall leben dürfen, ist die Verbreitung des Rothirschs in den meisten »alten« Bundesländern auf sogenannte Rotwildbezirke (Rotwildgebiete) beschränkt.

Der Rothirsch gehört in die Säugetierfamilie der Cervidae (Hirsche), die, wie nur wenige andere große Säugetiere, wahre Kosmopoliten sind. Ob in Europa, Asien oder Nord- und Südamerika: überall hat die Evolution Hirscharten hinterlassen und in allen nur erdenklichen Lebensräumen. Kaum ein Habitat, in dem sich nicht wenigstens eine Hirschart findet, ob dies nun geschlossene (Tropen-)Wälder im Tiefland oder Bergwälder hoch oben in den Gebirgen unserer Erde (bis über 5000 m NN) sind.

Hirsche sind weltweit eine der erfolgreichsten Säugetiergruppen. Über viele Hirscharten weiß man noch immer relativ wenig, was ihrer Bevorzugung von waldgeprägten Landschaften geschuldet ist, weshalb sie schwer zu entdecken und zu beobachten sind. Das gilt in besonderem Maße für die Herkunft und die Entwicklung der südamerikanischen Hirsche. Die Bestände vieler Hirscharten sind wegen ihrer schrumpfenden Lebensräume, gerade etwa in den Tropen, hochgradig gefährdet, andere stabil oder die Bestände nehmen sogar zu (Tab.1 auf folgender Seite).

In der zoologischen Systematik werden die Hirsche zu den »Stirnwaffenträgern« *(Pecora)* gezählt, zu denen auch die Hornträger *(Bovidae)*, wie etwa Gemse oder Steinbock, die nordamerikanische Gabelantilope (*Antilocapridae)* mit nur einer Art, die Moschustiere *(Moschidae)*, Giraffen *(Girafidae)* und Hirschferkel *(Tragulidae)* gehören. Neben dem für fast alle Hirscharten so typischen Geweih, zeichnen sich die Hirsche auch noch durch das Fehlen einer Gallenblase aus.

Alle Stammbaumanalysen, ob nun auf anatomischer oder molekulargenetischer Basis, haben zur Einteilung der Hirschfamilie in zwei große monophyletische[1] Gruppen geführt:

Systematik	
Überordnung	*Laurasiatheria**
Ordnung	Paarhufer
Unterordnung	Wiederkäuer
ohne Rang	*Stirnwaffenträger*
Familie	Hirsche

* der Name datiert den Ursprung der Tiergruppe auf dem früheren nördlichen Superkontinent Laurasia (vor 160 Millionen Jahren)

Das klassische biologische **Artkonzept** des deutsch-amerikanischen Biologen Ernst Mayr (1904–2005) versteht eine **Art (Spezies)** als Population, deren Individuen sich unter natürlichen Bedingungen miteinander fortpflanzen, aber nicht mit Vertretern anderer Arten, und fortpflanzungsfähige Nachkommen zeugen. Eine Art ist also eine Fortpflanzungsgemeinschaft und hat einen eigenen Genpool.

Der international renommierte Evolutionsgenetiker Axel Meyer (*1960) von der Universität Konstanz hat in einem Interview, gefragt was eine Art sei, jedoch gemeint: »Ich weiß es auch nicht« und »Unter Fachleuten sind etwa 30 Definitionen geläufig«.

1 griechisch: mono = ein, phylē = Stamm. Bezeichnung für eine Tierart oder Tierartengruppe, die auf eine gemeinsame Stammart zurückgeht.

Hirschart	Vorkommen	Status
Rothirch, Cervus elaphus	Europa	▲
Reh , Capreolus capreolus	Europa	▲
Wapiti, Cervus canadensis	Kanada	▲
Elch, Alces alces	zirkumpolar	▲
Sikahirsch, Cervus nippon	Ostasien	▲
Bucharahirsch, Cervus hanglu	Zentralasien	▲
Persischer Damhirsch, Dama mesopotamica	Naher Osten	▲
Damhirsch, Dama dama	Europa, Naher Osten	■
Weißwedelhirsch, Odocoileus virginianus	Nord-, Mittel-, Nordsüdamerika	■
Maultierhirsch, Odocoileus hemianus	westliches Nordamerika	■
Bawean-Hirsch, Axis kuhlii	Bawean-Insel	■
Rentier, Rangifer tarandus	zirkumpolar	▼
Sibirisches Reh, Capreolus pygargus	Ural bis China	▼
Schopfhirsch, Elaphodus cephalophus	China, Tibet, Myanmar	▼
Calamianhirsch, Axis calamianensis	Calamian-Inseln (Philippinen)	▼
Schweinshirsch, Axis porcinus	Süd-/Südostasien	▼
Sambarhirsch, Rusa unicolor	Süd-/Südostasein	▼
Prinz-Alfred-Hirsch, Rusa alfredi	Phillippinen	▼
Mähnenhirsch, Rusa timorensis	südostasiatische Inselwelt	▼
Phillippinenhirsch, Rusa marianna	phillippinsche Inseln Luzon, Mindoro, Mindanao, Basilan	▼
Barasingahirsch, Rucervus eldii	Myanmar	▼
Wasserreh, Hydropotes inermis	Ostasien	▼
Huemul, Hippocamelus antisensis	Nordanden	▼
Südandenhirsch, Hippocamelus bisuicus	Chile	▼
Pudu (2 Arten), Pudu	Kolumbien, Peru, Ecuador	▼
Sumpfhirsch, Blastocerus dichotomus	Südamerika	▼
Pampashirsch, Ozotoceros bezoarticus	Südamerika	▼
Muntjakhirsche (9 Arten), Muntjak spec.	Süd-/Südostasien, indonesische Inseln	?
Axishirsch, Axis axis	Indien, Nepal, Sri Lanka	?
Weißlippenhirsch, Cervus albirostris	Tibetisches Hochland (bis 5100 m NN)	?
Spießhirsche (10 Arten), Mazama spec.	Waldbewohner Mittel-, Südamerikas	?

Tab. 1 Gefährdungsgrad der Hirscharten nach der IUCN Red List of Threatened Cervidae – 2020, sortiert nach: ungefährdet/stabil ■ / zunehmend ▲ / gefährdet ▼ / Status unbekannt ? | *Quelle: IUCN Red Data List, März 2021*

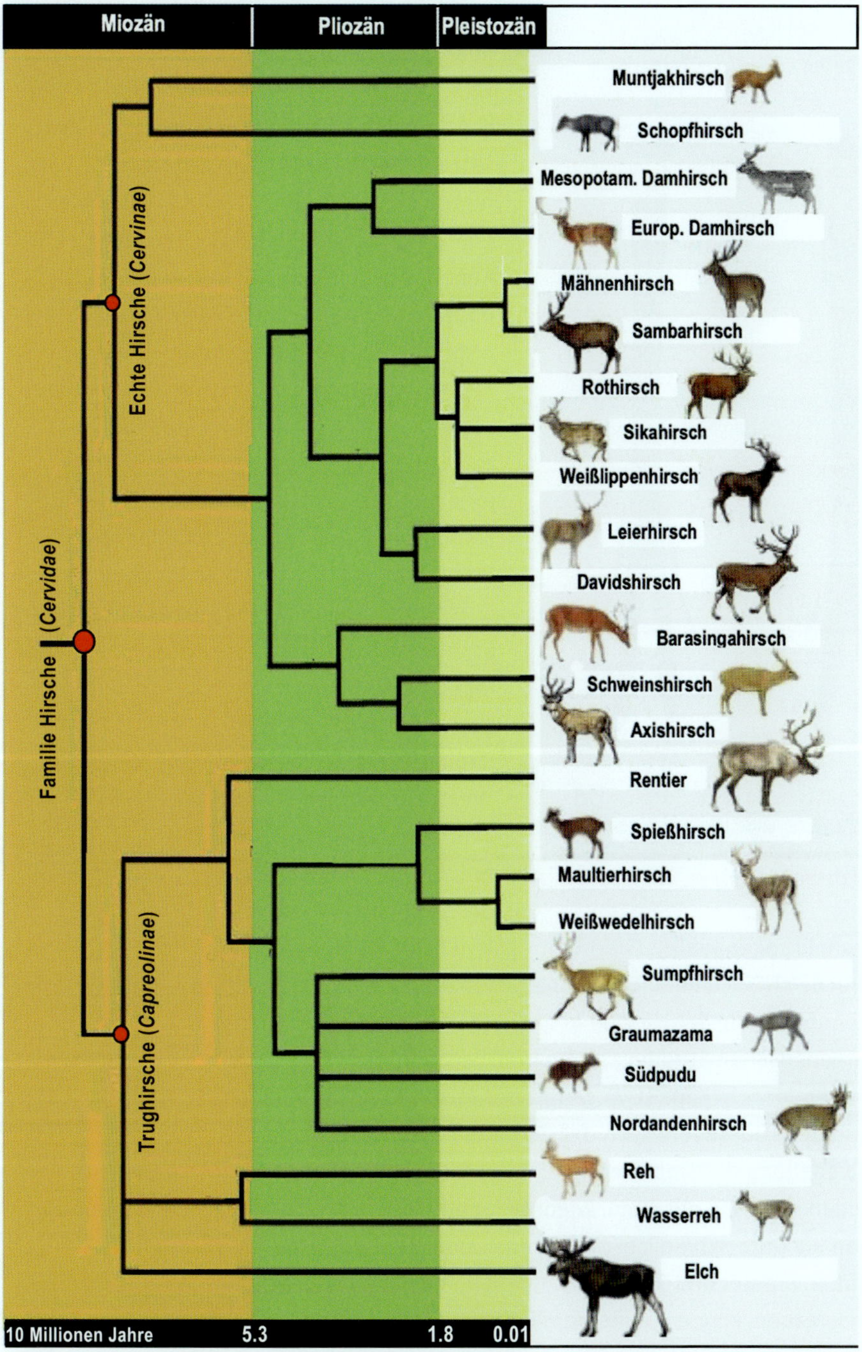

Abb. 1 Der heute weitgehend akzeptierte Stammbaum der Hirsch-Familie am Beispiel einer Auswahl ihrer vielen Arten; die roten Punkte kennzeichnen den jeweils gemeinsamen, aber bisher nicht durch Fossilien belegten Urahnen, auf den die beiden Gruppen der Echten Hirsche und der Trughirsche zurückgehen. | *Quelle: Gilbert et al. 2006*

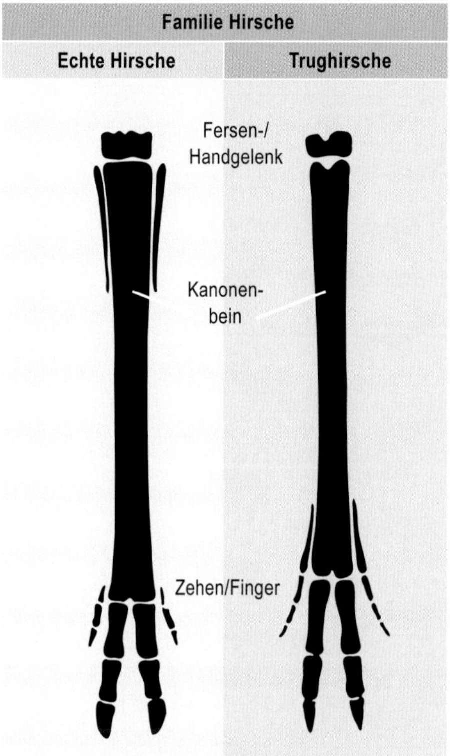

Abb. 2 Unterschied zwischen Echten Hirschen und Trughirschen anhand der anatomischen Besonderheiten im Bereich des Hand- bzw. Fußskeletts beider Hirschgruppen | *Quelle: diejagd.com, verändert*

Die *telemetacarpalen* (Trughirsche, Capreolinae) und die *plesiometacarpalen* (Echte Hirsche, *Cervinae*) Hirscharten (Abb. 1). Diese Unterteilung zeigt sich auch im Bau der Extremitäten: Die Hirsche gehen vorne wie hinten auf der 3. und 4. Zehe (»Zehengänger«), deren Mittelknochen zum sogenannten Kanonenbein miteinander verwachsen sind, oberhalb dessen sich die Ferse befindet, darunter die übrigen Zehenglieder. Die 2. und 3. Zehe existieren bei den *Echten Hirschen* nur mehr als fersen- und zehennahe Rudimente (Abb. 2), bei den Trughirschen nur noch jene nahe den Zehen. Die Zehenrudimente (»Geäfter« in der Jägersprache) berühren den Boden nicht mehr. In den anfänglichen Embryonalstadien der Hirsche werden aber immer noch alle fünf Zehen bzw. Finger angelegt. In der späteren Embryonalentwicklung wird dann durch eine spezielle Weichenstellung in einem zentralen Genschalter die Entwicklung in Richtung des paarigen Klauenskeletts, der deshalb sogenannten Paarhufer[2] gelenkt (die Hufe werden in der Jägersprache als »Schalen« bezeichnet; deshalb auch »Schalenwildarten«). Die Aufspaltung der Hirsche in die beiden Unterfamilien erfolgte molekulargenetischen Studien zufolge im Oberen Miozän[3], d.h., vor rund 9 Millionen Jahren (Kap. 3). Auch mit der Ausbildung der Innenohranatomie und den Lautäußerungen der verschiedenen Hirscharten ließ sich diese Zweiteilung der Sippe belegen.

Der Begriff **Ökosystem** bezeichnet einen nur vage abgrenzbaren Ausschnitt der Natur und der in ihm herrschenden Lebensbedingungen. Sie werden bestimmt durch unbelebte (abiotische) und belebte (biotische) Komponenten, ihre funktionalen Beziehungen und die Kreisläufe von Stoffen und Energie.

Die Cerviden sind, wie die Kühe, wiederkäuende Paarhufer. Das hat ihre evolutionäre Anpassung an die unterschiedlichsten Lebensräume sehr erleichtert, weil sie große Mengen Nahrung (Blätter, Kräuter und Gräser) aufnehmen und dann in Ruhe in der Deckung verarbeiten, d.h. wiederkäuen, können. Außerdem befähigt sie das, in Waldökosystemen leben zu können, wo vor allem am Boden (wegen der Beschattung durch die Bäume) nur wenig Nahrung vorhanden ist. Fast die gesamte tägliche Aktivität wird für die Nahrungsaufnahme und

2 Wahrscheinlich schalenwildähnliche, aber kleine *Paarhuferarten* -- haben vor ca. 50 Millionen Jahren sogar den Weg ins Wasser gefunden: Wale, Delfine und Tümmler sind deshalb die nächsten Verwandten der Paarhufer (v.a. der Flusspferde). Dieser Prozess ist durch etliche Übergangsformen gut dokumentiert. Ein deutlicher Hinweis auf diese Verwandtschaft ist, dass die Wale genau wie Landsäugetiere die drei Gehörknöchelchen Hammer, Amboss und Steigbügel haben.

3 Das *Miozän* reichte von etwa 23,03 bis 5,3 Millionen Jahre vor heute. In dieser Zeitepoche ist übrigens auch der aufrechte Gang der Primaten entstanden. Das Gehenkönnen auf zwei Beinen (Bipedie) war die entscheidende Voraussetzung für unseren späteren Werdegang.

Abb. 3 Rotwildrudel in den schottischen Highlands. | *Photo Marie-Therese Georgii*

-verarbeitung verwendet, wobei letztere gleichzeitig auch der Ruhe dient (vgl. Kap.4). Schlafphasen sind in der Regel äußerst kurz und nicht sehr häufig, wahrscheinlich, weil die Tiere darauf angepasst sind, ständig auf der Hut vor Beutegreifern sein zu müssen.

Ein bunter Haufen – Hirsche weltweit

Während ihrer fast 20 Millionen Jahre langen Evolution (Kap. 3) haben sich aus einem wie auch immer gearteten Urahn ca. 50, zum Teil sehr unterschiedliche Hirscharten entwickelt, was für große Säugetiere ziemlich ungewöhnlich ist. Eine präzise Zahl lässt sich nicht angeben, da immer noch strittig ist, ob die eine oder andere Art nicht nur eine Unterart aus einer der verschiedenen Gruppen ist, je nachdem welcher Ansicht einzelner Paläontologen bzw. Paläogenetiker man folgt[4]. So haben sich u.a. an der früher üblichen Klassifizierung vor allem nach der Geweihform (Abbildung S. 12) durch die heute möglichen DNA-Analysen gewisse Zweifel ergeben und die tatsächlichen Verwandtschaftsverhältnisse sind bis heute immer noch Inhalt

4 Die *Paläontologie* beschäftigt sich mit der Erforschung der Lebewesen und Lebewelten der geologischen Vergangenheit. Die *Paläogenetik* befasst sich mit der Analyse genetischer Proben fossiler, subfossiler und prähistorischer Überreste von Organismen. Beide Disziplinen versuchen, daraus Stammbäume von Tierfamilien abzuleiten. Heute ist es möglich, noch aus mehrere hunderttausend Jahre alten Fossilien DNA zu gewinnen.

heftiger Diskussionen. Lange Zeit wurde beispielsweise der nordamerikanische Wapiti[5] als Unterart des europäischen Rothirsches angesehen. Heute gilt jedoch die Trennung von Rothirsch und Wapiti in zwei eigenständige Arten, nämlich *Cervus elaphus* und *Cervus canadensis*, als korrekt (Kap. 3).
Die Hirschfamilie ist nahezu über die ganze Erde verteilt (Abb. 3). Gänzlich fehlen Cerviden nur in Australien (die dort heute vorkommenden Arten sind vom Menschen eingebürgert worden, genau wie die Rothirsche Neuseelands oder Argentiniens).

Das markanteste Merkmal der Hirsche ist ein Geweih (Kap. 2), das – mit Ausnahme der europäischen und nordamerikanischen Rentiere – nur die männlichen Tiere tragen. Die einzige Art ohne Geweih ist das asiatische Wasserreh (es besitzt nicht einmal kurze Spieße; Abb. 16, S. 49). Neben kaum kniehohen Zwergformen, wie etwa dem südamerikanischen Pudu (Widerristhöhe um die 40 cm; vgl. Abbildung links oben), kommen alle Größenordnungen vor bis hin zum Elch mit fast zwei Metern Schulterhöhe (Abbildung links).

Europa – Alt- und Neubürger

In Europa teilt sich der Rothirsch *(Cervus elaphus)* seinen Lebensraum überall mit dem in der Regel sehr häufigen Reh *(Capreolus capreolus)*[6]. Der Elch *(Alces alces)* ist in Europa heute überwiegend auf Skandinavien und einige osteuropäische Länder beschränkt.[7] Denn er zeigt genauso wie seine nordamerikanisch-kanadischen Kollegen eine ausgeprägte Anfälligkeit für Hitzestress – im Sommer ab etwa 14°C. Wahrscheinlich deshalb bevorzugt er auch Lebensräume, in denen er tagsüber ausreichend Schatten finden oder sich bis zum Bauch im Wasser stehend kühlen kann. Das Rentier (*Rangifer tarandus*; vgl. Abb. 17, S. 50) ist in Europa gänzlich auf die polarkreisnahen Regionen Schwedens und Norwegens beschränkt und, wie schon gesagt, die einzige Hirschart, bei der auch viele weibliche Tiere ein Geweih tragen (siehe S. 48). Warum das so ist, wissen wir immer noch nicht.

Neben diesen in Europa von jeher heimischen Hirscharten, wurden da und dort Damhirsche *(Dama dama)* und Sikahirsche *(Cervus nippon)* eingebürgert. Das Damwild stammt ursprünglich aus Klein- und Vorderasien. Die Heimat des Sikawildes sind eigentlich Südost-Sibirien, China, Korea, Japan, Taiwan und Teile Vietnams[8].

In Europa kommt Rotwild in allen Ländern vor, auch in Südschweden und dem südlichen Norwegen. In Großbritannien, das die größte Rotwildpopulation Europas beherbergt (ca. 350.000 Stück), hat es einen Schwerpunkt in Schottland, dessen heideartigen Highlands ihm ausgezeichnete Lebensbedingungen bieten (Abb. 3). Naturgemäß ist Rotwild auch in den

5 Der Name *Wapiti* ist die indianische Bezeichnung für die Art. Sonst ist in Nordamerika die Bezeichnung Elk gebräuchlich (die fälschlicherweise oft als Elch übersetzt wird, der im Englischen Moose heißt).

6 *Reh- und Rotwild* besetzen aufgrund ihrer voneinander abweichenden Körpergröße und Nahrungsansprüche ganz unterschiedliche ökologische Nischen im gleichen Lebensraum (Kap.1/4). Während Rotwild an eine Mischäsung aus Kräutern und Gräsern mit einem hohen Anteil v.a. Letzterer angepasst ist, brauchen Rehe Äsung mit einem möglichst hohen Anteil an leichtverdaulichen Kräutern und Blättern.

7 Die Beschränkung des *Elchs* auf Lebensräume nördlich des ungefähr 50. Breitengrades hat mit seiner Körpergröße zutun. Er hat eine im Vergleich zu dieser Größe relativ kleine Körperoberfläche. Das schützt ihn in seinen kalten, zirkumpolaren Lebensräumen (Tundra, Taiga) vor Wärme- bzw. Energieverlusten. Andererseits wird's ihm deshalb im Sommer weiter südlich, z.B. bei uns, zu warm.

8 Die Wissenschaft ist sich noch nicht ganz einig, ob es sich bei Rot- und Sikahirsch wirklich um zwei Arten oder nur Unterarten handelt. Jedenfalls können die beiden unfruchtbare Hybriden bilden, was nach dem klassischen Artbegriff von Ernst Mayr gegen eigenständige Arten spricht (siehe S.13).

Familie Hirsche				
Echte Hirsche		**Trughirsche**		
Eurasien	**Südostasien**	**Eurasien**	**Eurasien und Nordamerika**	**Nordamerika**
Axishirsch Rothirsch Damhirsch Davidshirsch Barasingahirsch Mähnenhirsch	Muntjakhirsch Schopfhirsch **Nordamerika** Wapiti	Reh Wasserreh	Elch Ren	Weiß- und Schwarz-wedel-hirsch **Südamerika** Sumpfhirsch Andenhirsche Spießhirsche Pampashirsch Pudu

Tab. 2 Verteilung der verschiedenen Hirschgruppen (vgl. Abb.1) auf die Kontinente (links Echte Hirsche, rechts Trughirsche). Mit Ausnahme der nord- und südamerikanischen Odocoileini (z.B. Weißwedelhirsch) haben alle ihren Ursprung in Asien. I *Quelle: Heckeberg et al. 2016*

übrigen europäischen Ländern nicht gleichmäßig über die Landesfläche verteilt und erreicht in einigen Ländern zumindest regional hohe Dichten (z.B. Deutschland, Österreich, Dänemark, Ungarn, Rumänien).

In Frankreich und Belgien gibt es nur geringe Bestände, ebenso in Spanien, Italien und Griechenland. Die Schweiz war nach der Ausrottung der Art etliche Zeit rotwildfrei, wurde dann aber ab 1870 insbesondere von Tirol und dem an Vorarlberg grenzenden Prättigau aus nach und nach wieder besiedelt. Genetische Daten lassen eine relativ enge Verwandtschaft auch mit dem Rotwild der Bayerischen Alpen (Ammergebirge, Berchtesgaden), ja sogar Mitteldeutschlands erkennen. Ein ausgeprägter »Rothirschkanton« war und ist Graubünden, wo vor allem der Schweizerische Nationalpark, der Art hervorragende und ungestörte Sommereinstände bietet. Er ist im Übrigen der einzige Nationalpark im deutschsprachigen Raum, in dem Rotwild ganzjährig nicht bejagt wird. Bemerkenswert ist, dass mit dem steigenden Sommerbestand die dort lebenden Gemsen und Rehe zahlenmäßig abnahmen. Mittlerweile hat sich Rotwild aber auch über andere Landesteile der Schweiz ausgebreitet.

Genetisch lassen sich in Europa zwei Linien voneinander unterscheiden: eine westliche, deren Verbreitung von Spanien über Frankreich und das nördliche Zentraleuropa bis nach Großbritannien, Skandinavien und Teile Osteuropas reicht; eine östliche, die den Balkan sowie Teile Zentral- und Osteuropas einschließt und eine isolierte dritte mit dem korsischen und sardinischen Rothirsch *(C. e. corsicanus)*, die mit dem nordafrikanischen Berberhirsch *(C. e. barbaraus)* eine genetische Einheit darstellen (S. 47).

Abb. 4 Der nordamerikanische Wapiti oder Elk *(Cervus canadensis)*. Seine Statur ist deutlich massiver und sein Gewicht um etwa ein Drittel schwerer als beim Rothirsch. Das Geweih hat in der Regel keine Krone. | *Photo: iStock.com/wwing*

Heute ist der Rothirsch zusammen mit seinem Bruder, dem nordamerikanischen Wapiti (Abb. 4), die am Weitesten verbreitete Hirschart der Welt. Seine Stellung im zoologischen System gibt die Tabelle 3 wieder.

Stamm	Vertebrata	Wirbeltiere
Klasse	Mammalia	Säugetiere
Überordnung	Ungulata	Huftiere
Ordnung	Artiodactyla	Paarhufer
Unterordnung	Ruminantia	Wiederkäuer
Teilordnung	Pecora	Stirnwaffenträger
Familie	**Cervidae**	**Hirsche**
Art	***Cervus elaphus***	**Rot- oder Edelhirsch**

Tab. 3 Systematische Einordnung des Rothirschs entsprechend der binären Nomenklatur aus Familien- und Artname, die auf den schwedischen Naturforscher Carl von Linné zurückgeht.

Eingesperrt und zum Tode verurteilt

In Deutschland ist der Rothirsch rechtlich gesehen eine »herrenlose« Sache, also niemandes Eigentum bzw. Allgemeingut und eine Naturressource, an der viele Interessengruppen interessiert sind. Die Frage nach einem artgerechten Umgang mit Rotwild ist also eigentlich eine gesamtgesellschaftliche Angelegenheit.

Das Recht, die Jagd auf diese und andere Tierarten auszuüben – das **Jagdrecht** – ist in Deutschland untrennbar mit dem Eigentum an Grund und Boden verbunden[9]. Das bedeutet: Kein deutscher Jäger darf einfach so auf die Jagd gehen. »Jagdausübungsberechtigte« sind primär die Grundbesitzer und erst sekundär die Jäger in den Revieren, die sie von jenen gepachtet haben. Und sie alle brauchen dazu einen gültigen Jagdschein, den sie mittels einer Prüfung erwerben müssen[10]. Eine behördlich neutrale Instanz für Wildtiere fehlt!

Insgesamt bringt es das Rotwild der Deutschen Wildtier Stiftung zufolge in unserem Land auf über 200.000 Tiere. Es kommt in allen Bundesländern außer Bremen vor. Die Tiere verteilen sich in den »alten« Bundesländern auf etwa 140 unregelmäßig verteilte, voneinander getrennte Rotwildgebiete (oder Rotwildbezirke), mit Größenordnungen zwischen 30 bis 3.000 km² Fläche.

Bundesländer	
mit Rotwildbezirken	**ohne Rotwildbezirke**
Nordrhein-Westfalen	Schleswig-Holstein
Hessen	Niedersachsen
Rheinland-Pfalz	Mecklenburg-Vorpommern
Saarland*	Brandenburg
Thüringen	Sachsen-Anhalt
Baden-Württemberg	Sachsen
Bayern	

*Auflösungsversuch gescheitert (siehe Kap. 10)

Tab. 4 Die Bundesländer mit behördlich ausgewiesenen Rotwildbezirken liegen alle im Südwesten und Süden der Republik. | *Quelle: Deutsche Wildtier Stiftung 2019.*

Außerhalb muss jedes Tier, es sei denn es handelt sich um einen Kronenhirsch, erlegt werden. Trotzdem gibt es auch in diesen Bundesländern abseits der Bezirke da und dort Rotwild. Aber viele Tiere leben außerhalb tatsächlich nicht lange, zu begehrenswert ist jagdlich die Gelegenheit einmal ein Stück Rotwild zu schießen. In Niedersachsen, Schleswig-Hollstein und vor allem den nord-östlichen, gering vom Menschen besiedelten und waldarmen »neuen« Bundesländern wird dem Rotwild »freier Lauf« gelassen (Abb. 5). Warum geht das dort, aber nicht in anderen Teilen der Republik? Ausgesprochene Verbreitungsschwerpunkte liegen in den waldreichen Mittelgebirgen und den bayerischen Alpen samt dem Alpenvorland. Die Trennung in Rotwild- und rotwildfreie Gebiete hat ihre Wurzeln in der Revolution von 1848, nach der die großen Schalenwildarten (das Wild des Adels) in die Waldgebiete verdrängt wurden.

9 Dieses Recht geht auf die Frankfurter Nationalversammlung von 1848 zurück (»Jedem steht das Jagdrecht auf eigenem Grund und Boden zu«) und wurde in der Verfassung des Deutschen Reichs vom 28. März 1849 (§ 169) festgeschrieben. Da »Eigenjagden« eine zusammenhängende Grundfläche von mindestens 75 Hektar haben müssen (§ 7 Bundesjagdgesetz), die nur wenige Grundbesitzer zusammenbekommen, können »mehr als 96 Prozent aller Landbesitzer ihr tatsächliches Jagdausübungsrecht auf eigenem Grund und Boden« (W. Bode) nicht wahrnehmen und haben dadurch nur mehr ein Mitspracherecht in Sachen Jagd (z.B. als Mitglied einer Hegegemeinschaft).
Auch die Binnenfischerei bzw. das Recht, zum Angeln an ein Gewässer gehen zu dürfen (auch eine Form der Jagd), gehört nach den deutschen Landesfischereigesetzen meist dem Eigentümer des jeweiligen Gewässergrundstücks.

10 Gegenwärtig gibt es in Deutschland etwa 384.500 Jäger und Jägerinnen.

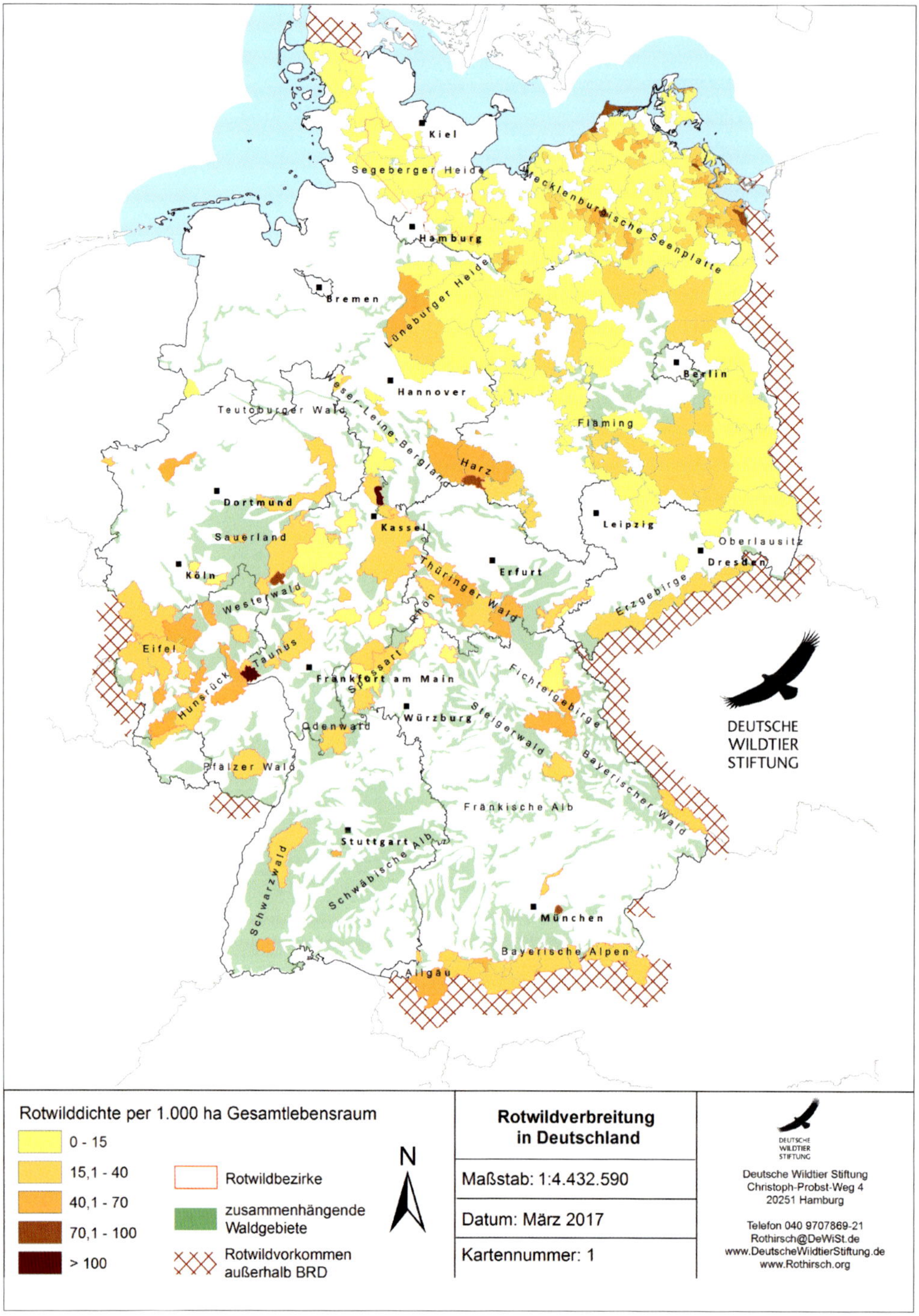

Abb. 5 Die Karte zeigt die dem Rotwild zur Verfügung stehenden Rotwildbezirke, und die uneingeschränkte Verbreitung von Rotwild in Teilen Niedersachsens, Schleswig-Holsteins und der nordöstlichen neuen Bundesländer. Die Populationsgröße wurde anhand der Abschussdaten aus Landkreisen, Rotwildbezirken und Hegeringen geschätzt. Frühjahrsbestand bedeutet vor Geburt der Kälber. | *Quelle: Deutschen Wildtier Stiftung, erarbeitet von Ulrich Wotschikowsky und Monika Kern.*

Die **Rotwildbezirke** (Rotwildgebiete), eine in Europa einmalige Regelung, sind eine überaus unglückliche Einrichtung, weil sie dem großen Raumbedarf und den Lebensraumansprüchen der Tierart nur in wenigen Fällen gerecht werden. Selbst die größeren von ihnen sind in dieser Hinsicht nicht wirklich tauglich, es sei denn, große Teile von ihnen bestehen aus »rotwildfreundlichen« Wäldern, es liegen zwei bzw. mehrere von ihnen dicht beieinander oder es besteht Kontakt zu Rotwildvorkommen unserer Nachbarländer (wie z.B. im bayerischen Alpenraum zu Österreich). Die Grenzen der Rotwildbezirke gehen ursprünglich in vielen Regionen auf die enormen Schäden durch Rothirsche in der Landwirtschaft zurück und das Bestreben, diese auf die Staatswälder zu begrenzen, sind also eine behördliche, aber keine ökologisch begründete Maßnahme gewesen. Durch diese Art der Einteilung des Landes sind die Probleme mit dem Rotwild nicht wirklich gelöst worden, eher im Gegenteil. Denn Lebensraumaspekte blieben vielfach auf der Strecke und viel zu lang wurde der Umgang mit dem Rotwild auf Bejagungsstrategien reduziert – ein politisches Versäumnis. Beim Rotwildmanagement versagen wir auf allen Ebenen, Standards fehlen. Das in den gegenwärtigen Rotwildvorkommen endlich so in die Reihe zu bekommen, dass es funktioniert, wäre der erste Schritt. Gleichzeitig sollte aber auch über die Ausweitung der Rotwildvorkommen bzw. über eine Entlassung des Rotwilds in die übrige Landschaft nachgedacht werden (Kap. 10).

»In Deutschland leben heute etwa 200.000 Stück Rotwild und 82 Millionen Menschen. Anders ausgedrückt: Auf 10 km² leben bei uns durchschnittlich 2.300 Menschen, aber nur fünf (5!) Hirsche.«
| *Deutsche Wildtier Stiftung*

Die wesentliche Fläche der Rotwildgebiete machen in der Regel Staatswälder aus, umgeben von einem Kranz gemeinschaftlicher, manchmal auch noch vereinzelter privater Reviere. Außerhalb dieser Bezirke ist Rotwild, wie schon gesagt, abzuschießen – »No-Go-Areas« für ein Wildtier? In einigen Bundesländern, z.B. Baden-Württemberg und Bayern, gibt es große waldgeprägte Gebiete, die Rotwildlebensraum sein könnten, es aber nicht sind (z.B. nach dem Zielartenkonzept von Baden-Württemberg die Schwäbische Alb; Photo rechts unten). Warum sind z.B. in Bayern die kleinen Isarauen Rotwildgebiet, nicht aber der Frankenwald, der Steigerwald oder der Vordere Bayerische Wald? In der Verbreitungskarte fehlen darüber hinaus Rotwildvorkommen außerhalb der Rotwildbezirke, weil brauchbare Daten fehlen. Nicht Natur und Landschaft schränken also die Lebensmöglichkeiten des Rotwilds ein, sondern ausschließlich wir Menschen.

Aber nicht nur das. In einem Viertel der deutschen Wälder und in hohen Anteilen auch in vielen der Rotwildbezirke stockt ein verfichteter Wald, der so gar nicht als Lebensraum für diese Tierart geeignet ist (Abb. 6): Fichtenreinbestände in Reih und Glied, mit oft nicht einem Grashalm am Boden – gepflanzte Wirtschaftswälder, in denen Rotwild gezwungenermaßen nur zu Schaden gehen kann, sei es durch Schälen der Bäume (abbeißen und abreißen der Rinde), Verbeißen (abbeißen der Gehölzknospen und -triebe) oder Schlagen beim Fegen des Geweihs

Photo: Sabine Wiedmann

Abb. 6 Ein für viele Rot wildgebiete typischer Tageseinstand: Eine Fichtenwüste und dam. so überhaupt nicht das was sich diese Basthir- sche wünschen würder | *Photo Bertram Georg*

Die **Rote Liste gefährdeter Arten** (ursprünglich Red Data Book) enthält die von der IUCN* zusammengestellten Listen weltweit unterschiedlich stark gefährdeter bzw. vom Aussterben bedrohter Tier- und Pflanzenarten (soweit bekannt). Sie ist eine wichtige Grundlage für Entscheidungen im Arten-, Natur- und Umweltschutz. Sie kennt folgende Gefährdungskategoiren:

0 Ausgestorben oder verschollen. ...
1 Vom Aussterben bedroht. ...
2 Stark gefährdet. ...
3 Gefährdet. ...
G Gefährdung unbekannten Ausmaßes. ...
R Extrem selten. ...
V Vorwarnliste. ...
D Daten unzureichend.

* International Union for Conservation of Nature and Natural Resources (Weltnaturschutzunion)

(vgl. Abb. 67, S. 145). Insbesondere das Verbeißen ist aber vor allem eine »Unart« der Rehe. Die Forstleute scheinen jedoch schon länger, wenigstens zum Teil, dazuzulernen und in Richtung natur- und standortnäherer Wälder zu wirtschaften (S. 150). Und die Anforderungen wachsen: Der Klimawandel könnte Anlass für einen ganz andersartigen Waldbau sein als den gegenwärtigen.

Die starke Zerstückelung der bundesdeutschen Rotwildpopulation (in vielen Nachbarländern ist die Situation allerdings nicht anders) ist der kümmerliche Rest der früher flächendeckenden Verbreitung der Art in Deutschland und Zentraleuropa. Rotwild hat dadurch an die 90 Prozent seines ursprünglichen Verbreitungsgebietes verloren. In Deutschland kommt es nur mehr auf 23 Prozent der Landesfläche vor. Ausgerechnet in Baden-Württemberg, das als einziges Bundesland den Rothirsch und sein Geweih im Wappen führt (Abbildung links), ist die Art sogar nur noch auf 4 Prozent der Landesfläche zu finden. Jede andere Art stünde unter solchen Umständen längst auf der Roten Liste der bedrohten Tier- und Pflanzenarten! Einige Bundesländer (z.B. Schleswig-Holstein) haben die Art deshalb schon in die Vorwarnstufe (Kategorie V) der Roten Liste aufgenommen; die Kriterien dafür, »fortschreitende Arealverluste« und »zerstückelte Verbreitung«, lassen das zu. Auch zu anderen internationalen Regelungen (z. B. Berner Übereinkommen 1979, S. 191; UN-Konvention über die Biologische Vielfalt 1993) passt der bundesdeutsche Umgang mit dem Rotwild überhaupt nicht.

Steckbrief	
Art	Rothirsch *(Cervus elaphus)*
Familie	Hirschartige *(Cervidae)*
Männchen (♂, ≥ 3. Lj)	Hirsch
Weibchen (♀, ≥ 3. Lj)	Kahlwild (Mehrzahl; »kahl« = geweihlos), Tier oder Alttier (Einzahl)
Jungtiere (im 2. Lj)	Schmalspießer (männlich), Schmaltier (weiblich)
Kälber (im 1. Lj)	Hirschkalb (männlich), Wildkalb (weiblich)
Kopf-Rumpf-Länge	180 – 210 cm
Schulterhöhe	120 cm (Tiere) – 150 cm (Hirsche)
Gewicht	≤ 100 kg (Tiere), ≤ 235 kg (Hirsche)
Fellfarbe	rotbraun (Sommer) – graubraun (Winter)
Lautäußerungen	Brunftschrei (Hirsche), bellender Warnlaut (♂ und ♀), Lockruf (♀)
Geschlechtsreife	zwischen 5 Monaten und 3 Jahren
Höchstalter	20 – 25 Jahre
Lebensweise	Einzeln, Mutterfamilie oder Rudel (je nach Jahreszeit)
Paarungszeit (Brunft)	September – Mitte Oktober (regional unterschiedlich)
Trächtigkeitsdauer	≈ 8,5 Monate
Setzzeit	Mitte Mai – Mitte Juni
Jungenzahl	1, selten 2
Speisezettel	opportunistischer Wiederkäuer, »Mischäser mit Tendenz zum Grasfresser« (Gras, Kräuter, Knospen, Heidekraut, Kastanien, Eicheln, Baumrinde etc.)

Rothirsch und Reh

Wie gesagt, in Deutschland und Europa teilt sich Rotwild überall, wo es vorkommt, seinen Lebensraum mit dem sehr viel kleineren Reh. Deshalb macht es vielleicht Sinn, hier kurz auf das Auskommen der beiden Arten miteinander einzugehen. Wie der Rothirsch so ist auch das Reh eine äußerst anpassungsfähige Wildart, die nahezu unsere gesamte Kulturlandschaft nutzen kann. Schon der Körperbau der Rehe weist sie als »Schlüpfer« aus, die besonders gut an gebüschreiche Randbiotope, z.B. Waldrandlebensräume, angepasst sind, wo sie ungehindert vom Wald ins Offenland wechseln können.

So häufig Rehwild Land auf Land ab ist, so auffallend geringer sind seine Bestände in Anwesenheit des großen Verwandten. Dieser Effekt ist schon lange bekannt. Wie unlängst die Studie eines Forscherteams von der polnischen Universität Warmia und Mazury in Olsztyn ergeben hat, beeinflusst Rotwild obendrein die räumliche Verteilung der Rehe, vor allem durch seine Wirkung auf deren Nahrungsbasis. Dessen ungeachtet sind die Rehwildjagdstrecken in den letzten Jahrzehnten überall stark angestiegen. In Deutschland erreichen sie jedes Jahr rund 1,2 Millionen Stück und trotzdem: Dem Rehwildbestand kann das nichts anhaben.

Photo: http://stock_adobe.com/

Dass die beiden Arten dennoch nebeneinander existieren können, hat ökologische Gründe, vor allem, das sehr unterschiedliche Nahrungswahlverhalten von Reh und Rothirsch. Rehe werden als »Konzentratselektierer« bezeichnet, weil sie, anders als Rotwild, sehr wählerisch sind, d.h., nur leicht verdauliche Pflanzen(teile) nutzen, Kräuter, Blätter oder – worüber sich die Waldbauern aufregen – im Frühjahr die Knospen und jungen Triebe von Gehölzen abbeißen. Dieser Verbiss kann die Waldverjüngung erheblich beeinflussen. Sehr rohfaserreiche Nahrung können die Tiere wegen ihres kleinen Pansens nicht verdauen.

Diese Art der Nahrungswahl bestimmt auch wesentlich ihre Raumwahl: Rehe leben eher territorial. Die Territorien werden von den Böcken markiert und vor allem in der Brunft, die in der Jägersprache »Blattzeit« heißt[11], und um die Monatswende Juli/August stattfindet, gegen Artgenossen verteidigt. In dieser Zeit leben die Böcke mit einer Ricke sowie deren Schmalreh und dem fälschlicherweise oft als »Bambi« bezeichneten Kitz zusammen (Bambi ist nämlich das Kitz des nordamerikanischen Weißwedelhirsches). Die Ricken halten aber anscheinend nicht viel von Treue und besuchen auch die Territorien anderer Böcke. Das spricht dafür, dass bei Rehen Damenwahl angesagt ist. Das übrige Jahr gehen die beiden Geschlechter meist getrennte Wege – Böcke in der Regel als Einzelgänger, die Weibchen in kleinen Cliquen aus nahen Verwandten. In der halboffenen Feldlandschaft bilden sie im Winter und manchmal auch im Sommer bisweilen jedoch auch große »Sprünge« (wie Rudel bei den Rehen in der Jägersprache heißen) aus bis zu 20 Rehen, manchmal sogar noch mehr Tieren. Außerhalb der territorialen Wochen belaufen beide Geschlechter, ähnlich wie Rotwild, ein von Jahr zu Jahr immer wieder genutztes Streifgebiet von selten mehr als 150 Hektar Größe. Eine Ricke setzt Ende Mai Anfang Juni in der Regel zwei, ganz selten mal drei Kitze oder halt nur eines (heute übrigens etwa zwei Wochen früher als noch vor 50 Jahren – der Klimawandel lässt grüßen). Vor allem die Bockkitze verlassen meist die mütterlichen Streifgebiete und wandern dann gelegentlich mehrere hundert Kilometer weit.

Das Konzept der **ökologischen Nische** beschreibt einen abstrakten Raum, in dem für die Individuen einer Art alle Voraussetzungen erfüllt sein müssen, um dort leben zu können: Temperatur, Feuchtigkeit, Geländestruktur sowie andere abiotische und ebenso biotische Faktoren wie Nahrung, Verstecke, Konkurrenten, Symbionten, Parasiten etc.
D.h., zwei Arten können im selben Gebiet nur zusammen existieren, wenn sich ihre Lebensraumansprüche wenigstens in einem dieser Faktoren voneinander unterscheiden.

Im Gegensatz zu Rotwild lässt sich die räumliche Verteilung von Rehen jagdlich nur schlecht beeinflussen, allenfalls kann örtlich auf eine Absenkung der Rehdichte hingewirkt werden. Rothirsch und Reh sind ein geradezu klassisches Bespiel dafür, wie zwei Arten denselben Lebensraum nutzen, indem sie unterschiedliche ökologische Nischen besetzen.

Und noch ein Letztes: Wie beim Rotwild steht auch bei Rehen das Geweih (im jagdlichen Sprachgebrauch fälschlicherweise als »Gehörn« bezeichnet) im Zentrum der hegerischen Bemühungen: ein starkes Sechsergeweih. Mehr Enden hat das Rehgeweih in der Regel nicht; höchstens gelegentlich mal vier Enden an einer oder beiden Stangen.

11 Der Begriff *Blattzeit* beschreibt die Art, wie früher in der Brunft Rehböcke vom Jäger angelockt wurden: Er nahm ein Blatt, z.B. ein Buchenblatt, zwischen die Daumen der aneinander gelegten Handflächen an die Lippen und erzeugte damit den Fieplaut einer Geiß oder eines Kitzes. Verstand er diese Kunst, »sprang der Bock auf's Blatt«, wie man sagt. Heute wird dafür eine »Rehblatter« verwendet, eine Art Pfeife oder ein Gummiball, der zusammengedrückt wird. Auch auf Hirsche wird vom Jäger in der Brunft eine Rufjagd praktiziert. Er imitiert dazu mit einem »Hirschruf« genannten Instrument das Röhren der Hirsche, dem gewundenen Gehäuse der Tritoniummuschel, einer Röhre aus dem Stängel des Riesenbärenklaus (Herakleumrohr) und mittlerweile auch diversen »moderneren« Klangkörpern.

2. MYTHOS GEWEIH

Auf einen Blick

Das offenkundigste »Alleinstellungsmerkmal« der Hirschfamilie schlechthin ist der Besitz eines Geweihs.

Es wird jedes Jahr bei einem bestimmten Schwellenwert des Verhältnisses von lichten zu dunklen Tagesstunden, d.h., dem Licht-/Dunkel-Verhältnis als Zeitgeber, abgeworfen und in den folgenden Wochen neu gebildet.

Das Geweih dient vor allem als Imponier- und Kampfwaffe in der Brunftzeit, aber auch als Waffe gegen Beutegreifer (z.B. Wolf).

Wer kennt sie nicht die Wirtsstuben, insbesondere ländliche, die mit Reh- und Hirschgeweihen geschmückt sind. In vielen Jägerheimen sind oft ganze Wände mit diesem Knochenschmuck gepflastert, oder wird »das Hirschgeweih als Aufhänger für Gamsbarthüte und schöne Erinnerungen« benutzt, wie es der Wissenschaftsjournalist Horst Stern in seinen legendären, ungemein bissigen »Bemerkungen über den Rothirsch« am Weihnachtsabend 1971 formuliert hat. Er hat damit auf die Überbewertung des »Geästs«[12] auf dem Kopf der Hirsche angespielt, mit dem lange Zeit ein gewaltiger Kult um die »heilige Kuh« Hirsch betrieben wurde: möglichst kapitale Trophäen heran zu hegen, oftmals zu Lasten der Wälder, in denen Rotwild lebte.

Trophäenkult
ist nichts Neues, sondern hat seine Wurzeln in frühen Jägerkulturen. Schon lange vor Beginn des Neolithikums (vor etwa 10.000 Jahren) ging es bei der Jagd nicht allein um die Beschaffung von Nahrung. Die Erbeutung eines gefährlichen Tieres, wie etwa eines Auerochsens, war eine für Männer prestigeträchtige Angelegenheit. Und was heute ein möglichst kapitales Geweih über dem Sofa, war damals der Schädel einer Jagdbeute an der Wand. Das wirkte sich auch positiv auf die Konkurrenz um weibliche Partner aus. Bei den Buschleuten im südlichen Afrika, den San, die wie vor etlichen tausend Jahren leben, ist das heute noch die Voraussetzung, heiraten zu können.

»Der Hirschkult gehört zu den fragwürdigsten Aspekten der Jagd in Deutschland«, wie der Jäger und Journalist Eckard Fuhr betont. Auch für die zumeist unglaublich kitschige Jagdmalerei muss das Hirschmotiv bis heute herhalten, im vergoldet-geschnörkeltem Rahmen über dem Sofa. Allerdings hat die Jagd seither in weiten Kreisen insbesondere der jungen Jägerschaft wieder einen naturnäheren Stellenwert erhalten. Jedenfalls aber ist das Geweih das »Alleinstellungsmerkmal« der Hirschfamilie schlechthin. Von jeher hat es einen ganz besonderen Status unter den Jagdtrophäen vieler Jäger im In- und Ausland. Endenreiche Kronenhirsche (»Erntehirsche«) sind immer noch das Hegeziel und lassen sich auf den jährlichen »Trophäenschauen« bewundern.

rsche im März: Rechts vorne mit ginnendem Wachstum des Kolben-weihs; dahinter ein Hirsch, der erst ne Geweihstange abgeworfen hat.
Photo H.-D. Hubatsch

12 Der Ursprung des Begriffs Geweih: vom Mittelhochdeutschen *»Gewige«* = Geäst ist seit dem 13. Jahrhundert belegt.

Abb. 7 Ein Kunstwerk aus der Cueva de la Vieva del Monte, Spanien – Rothirsch-Jagd anno dazumal und als Urmotiv kulturellen Schaffens. | *Quelle: Jaime Fernando, Wikimedia Commons*

Die Nutzung von Rothirschgeweihen reicht weit in unsere Geschichte als Menschen zurück. Auch damals schon, vor 40.000 Jahren, hatte das Geweih der Hirsche Kultstatus. So war diese Tierart Gegenstand phantastischer Kunstwerke an den Wänden der Höhlen, in denen unsere prähistorischen Vorfahren gelebt haben, man denke nur an die bekannten Höhlen von Altamira, Lascaux und andernorts (Abb. 7). Die Darstellungen sind u.a. Ausdruck dafür, dass Geweihe (und Hörner) schon damals Symbole der Männlichkeit waren – die »Trophäenjagd« lässt grüßen. Aus Hirschgeweihen ließen sich aber auch die verschiedensten Utensilien für den täglichen Gebrauch anfertigen, Speerspitzen zum Beispiel, Werkzeuge oder Schmuck. Diese Dienste leisten sie heute noch, wenn man an ihre Nutzung als Kleiderhaken, an hirschhörnerne Knöpfe am Trachtenrock oder den Hirschhorngriff am Jagdmesser denkt.

Vor allem in Asien und Fernost haben aus Hirschgeweihen gewonnene Substanzen aber auch Eingang in die Medizin gefunden. Einem Sud aus gekochtem Hirschgeweihpulver etwa, wird eine Gesundheit und Potenz sowie ein langes Leben fördernde Wirkung zugeschrieben. Pulverisiertes Hirschgeweih steht in der chinesischen Medizin überhaupt hoch im Kurs, weil es die Nieren, das Herzkreislauf- und das Immunsystem stärken soll. Pulverisierter Hirschgeweihbast wird als natürliches Nahrungsergänzungsmittel genutzt und gilt – auch wissenschaftlich erwiesen – blutdrucksenkend, entzündungshemmend, den Muskelaufbau und die Energie fördernd sowie vieles andere mehr.

Und schließlich kann das Geweih als Bioindikator zur Messung von Schadstoffbelastungen der Umwelt herangezogen werden. Zum Beispiel konnte an der Fluoridakkumulation im Geweihknochen die Zunahme der Umweltbelastung durch dieses Element seit 1950 im Umfeld von Industriegebieten gemessen oder am Gehalt von Blei die ansteigende Bleibelastung durch den Blei-Erzbergbau und der Bleiverhüttung während der letzten Jahrhunderte und der verbleiten Kraftstoffe im letzten Jahrhundert verfolgt und schließlich auch der Fallout radioaktiver Substanzen dokumentiert werden.

Mittlerweile findet die Fähigkeit von Hirschen, jedes Jahr ein neues Geweih zu bilden in der medizinischen Forschung enormes Interesse: In der Krebsforschung, weil bei der jährlichen Geweihbildung sowohl tumorfördernde als auch, was medizinisch besonders interessant sein könnte, tumorhemmende Gene aktiv sind (siehe nächstes Kapitel) oder in der Regenerationsmedizin. Denn die alljährliche Neubildung des ganzen »Organs« Geweih, unter Beteiligung von Stammzellen, könnte den Weg weisen, vielleicht eines Tages auch beim Menschen die Wiederherstellung funktionsgestörter Gewebe und Organe möglich zu machen.

Andererseits ist das Geweih biologisch gesehen ein Unding: Ein offen liegender Knochen an einem lebendigen Säugetier! Jeder andere Knochen – auch von Hirschen – würde, wenn ihm verletzungsbedingt Haut und Muskelfleisch abhandenkämen, eine fürchterliche Entzündung entwickeln. Aber so knöchern dieses absurde Gebilde auch wirken mag, ganz tot ist es anscheinend nicht, wie Wissenschaftler vom Schwerpunkt für experimentelle Osteologie[13] der Universität Göttingen 2002 publiziert haben. So werden die Geweihstangen bis zu ihrem Abwurf von etlichen funktionierenden Gefäßen durchzogen. Frisch abgeworfene Geweihstangen können deswegen auch noch eine ganze Weile aus der »Petschaft«, der Bruchstelle unter der Rose (vgl. Abb. 11, S. 37) an der Abwurfstange, nachbluten.

Abb. 8 Für unsere Rothirsche typische Geweihstange mit sechs Enden (linke plus rechte Stange ergeben einen Zwölfender).

Alle Geweihe sind heute nach dem gleichen Muster aufgebaut (Abb. 8): Auf dem Stirnzapfen, dem sogenannten Rosenstock, der zum Schädelknochen gehört, sitzt bei mehrjährigen Hirschen ein Geweih mit dem ringförmig um die Geweihstange verlaufenden Knochenvorsprung, der Rose, am unteren Ende der Stange. Das Geweih entwickelt sich aus einer Zellgruppe, beidseits des Neuralrohrs (die anfängliche embryonale Entwicklungsstufe des zentralen Nervensystems) auf dem Rücken des Embryos. Ihre Zellen können an die verschiedensten Orte im Embryo wandern und sind an der Organisation von rund 40 unterschiedlichen Geweben und Organen beteiligt (Schädel, Sinnesorgane, Schnäbel etc.). Einige dieser Zellen müssen schon früh in der Evolution genetisch für die Fähigkeit, ein Geweih zu bilden, programmiert worden sein. Verpflanzt man solche Zellen in andere Bereiche des Embryos, bilden sich nach der Geburt auch dort Geweihansätze aus.

13 Die *Osteologie* beschäftigt sich mit Bau, Entstehung und Krankheiten der Knochen sowie dem Vergleich von Skelettsystemen.

Und natürlich stellt sich auch die Frage nach der biologischen **Funktion von Geweihen**. Sie wird seit langem und sehr kontrovers diskutiert. Aus evolutionärer Sicht müssen sie für etwas »gut« gewesen sein, d.h., einen Selektionsvorteil gehabt haben; andernfalls wären sie wegen des hohen Energieaufwands, der für ihre Ausbildung erforderlich ist, von der natürlichen Selektion eliminiert worden.

So macht die Vermutung des deutschen Zoologen Hans Krieg aus den 30er-Jahren des vorigen Jahrhunderts, in Geweihen würden überschüssige Materialien aus der Nahrung »ausgelagert«, keinen Sinn, denn das wäre ein Luxus, den sich die Natur nicht leisten würde. In den 1960er-Jahren meinte der Polarforscher Bernard Stonehouse von der University of Canterbury in Neuseeland, Geweihe dienten der Thermoregulation: je größer ein Geweih, desto stärker die Wärmeabgabe. Auch das erscheint wenig sinnvoll, haben doch ausgerechnet Hirscharten warmer Tropenklimate eher kleine und in der Nordhemisphäre der Erde lebende Arten, wo Wärmeabgabe nachteilig wäre, sehr große Geweihe, wie etwa der Elch. Und die geweihlosen weiblichen Tiere? Außerdem, so der britische Zoologe und Rotwildforscher Tim Clutton-Brock von der britischen University of Cambridge, gäbe es in den Tropen keine Beziehung zwischen Geweihwachstum und Temperatur. Und schließlich gibt es Arten wie das Reh, deren Geweihe in der Winterzeit wachsen, wenn wenig Grund besteht, überschüssige Wärme abzugeben. Der kanadische Wildbiologe Valerius Geist schließlich argumentierte, Geweihe dienten einerseits der Verteidigung von Futter, andererseits gegen Beutegreifer. Aber warum haben dann, mit Ausnahme der Rentiere, nur männliche Individuen solche Verteidigungswaffen?

»Solange das Waidwerk besteht, war der Hirsch (Cervus elaphus) seine vorzüglichste Zierde und wird sie bleiben.«
Franz von Kobell, 1859

Die heute gängigste und akzeptierteste Erklärung ist, dass Geweihe vor allem dem innerartlichen Wettstreit um Weibchen und damit der Fitness bzw. dem möglichst guten Fortpflanzungserfolg der Männchen dienen. Eine Studie von Wissenschaftlern der University of Montana aus dem Jahr 2018 hat aber am Beispiel von Wölfen und Wapitis im Yellowstone Nationalpark deutlich gemacht, dass Geweihe auch eine Funktion als Waffen haben. Sie erklärt auch, was der Grund für das bekannte Phänomen sein könnte, das ältere Hirsche früher abwerfen als jüngere (s.u.). Ältere Hirsche haben dadurch mehr Zeit, in den energetisch kostspieligen Geweihaufbau zu investieren. Das hat zwar für die Maximierung ihres Fortpflanzungserfolgs durch eventuell mächtigere Geweihe Bedeutung, wird aber mangels »Waffen« nach dem Abwurf durch höhere Verluste durch Wölfe erkauft. Auch die schwach bewaffneten Spießer werden sehr viel häufiger Opfer von Wölfen. Später im Frühjahr abwerfende Hirsche haben hingegen wegen des längeren Geweihbesitzes einen deutlichen Vorteil gegenüber angreifenden Wölfen gezeigt. Darwins Prinzip der sexuellen Sektion zeigt hier eine interessante Kosten-Nutzen-Bilanz.

Nicht zuletzt sichern Geweihe ihren Trägern aber auch einen gewissen Rang in der Rudelgemeinschaft, wie schon Experimente aus den späten 1960er- und frühen 1970er-Jahren gezeigt haben. Damals hat der britische Biologe Gerard Lincoln Hirschen ihre Geweihe abgesägt, woraufhin diese Individuen in der sozialen Hierarchie des Rudels sofort abgestürzt sind und dann oft von jüngeren Hirschen gepiesackt wurden. Beides passiert meist auch nach dem natürlichen Geweihabwurf. Haben alle Hirsche abgeworfen, wird die vorherige Rangordnung jedoch wiederhergestellt.

Ein Knochen besonderer Art

Im 18. Jahrhundert vermutete der französische Naturforscher Georges Louis Leclerc de Buffon (1707–1788), Geweihe bestünden aus Holz.
Anders sein französischer Kollege Georges Cuvier (1769–1832): er erkannte 1817, dass Geweihe aus Knochen bestehen.

Die für die verschiedenen Hirscharten bis zu einem gewissen Grad arttypische Gestalt dieses sekundären Geschlechtsorgans ist zweifellos im Erbgut jeder Hirschart festgelegt. Deshalb sind Reh und Rothirsch bzw. seine nordamerikanische Variante, der Wapiti, dessen Landsleute der Weißwedel- und der Maultierhirsch, oder der Elch stets an einer charakteristischen Geweihform erkennbar (vgl. Abb. Seite 12). Das war's dann aber auch schon mit der genetischen Vorgabe. Sie liefert nämlich nur eine »Reaktionsnorm«, keinen eng festgelegten »Phänotyp« (so nennen die Genetiker das äußere Erscheinungsbild der Erbanlagen, des »Genotyps«). So hat sich auch die Hoffnung, durch Einkreuzung von Wapitis in den Rothirsch, die Trophäen unseres »Königs der Wälder« aufzubessern, nach einem entsprechenden Versuch in der ersten Hälfte des vorigen Jahrhunderts (und auch später noch) nicht erfüllt. Zu einem vergleichbaren Ergebnis kam eine britische Studie über den Effekt von Wapitieinkreuzungen auf Rotwild in den schottischen Highlands. Das andere Äußere des Wapitis (vgl. Abb. 4) zeigt im Übrigen sehr deutlich eine der Auswirkungen, die seine Anpassung an einen anderen Lebensraum – nämlich den nordamerikanischen – bewirkt hat, weshalb er auch dorthin und nicht hierher gehört. Jede Form der Einbringung nicht autochthoner Wildtiere ist aus Gründen der Erhaltung der autochthonen genetischen Variabilität abzulehnen.

Die Erblichkeit der Geweihmerkmale ist zwar gegeben; wie pompös das Geweih einer bestimmten Hirschart wird, d.h. wieviel Enden es ausbildet, ist jedoch weitgehend der sogenannten »phänotypischen Plastizität« überlassen. Sie lässt eine gewisse Variabilität der Geweihform zu, wie an der oftmals von Jahr zu Jahr unterschiedlichen Gestalt des Geweihs desselben Hirsches zum Ausdruck kommt. Der jährlich wechselnden Nahrungssituation oder reichlicher Winterfütterung kommt dabei erhebliche Bedeutung zu. Die Hirsche der Insel Rum[14] z.B. schoben in Jahren, in denen das Frühjahr sehr nahrungsreich war, stärkere Geweihe. Und die Auswertung von 4.000 Geweihen spanischer Rothirsche im Alter von zwei bis drei Jahren hat ergeben, dass Konkurrenz zwischen den Trägern während der Bastzeit[15](weil sie in Hirschrudeln lebten) ebenfalls zu stärkeren Geweihen führte als bei weniger miteinander rivalisierenden Hirschen (die in Kahlwildrudeln lebten). In jedem Organismus steckt zwar das genetische Erbe seiner Eltern bzw. seiner langen Ahnenreihe, aber entscheidend ist letztendlich, was vom

Abb. 9 Geweihansatz an der Mittelhand (Metacarpus) des Vorderlaufs eines Damhirsches. Sein »ektopisches« Wachstum (»an falscher Stelle«) wurde durch Transplantation von geweihbildendem Periost ausgelöst. Gefegte Geweihstange unterhalb des von normaler Knochenhaut bedeckten Rosenstockanteils (R). | *Photo Uwe Kierdorf*

14 Die *Isle of Rum* aus dem Inselarchipel der Inneren Hebriden vor der Westküste Schottlands ist etwa 105 km^2 groß, weitgehend unbewaldet und zählt nur etwa 20 Bewohner. Sie gehört heute dem Scottish Natural Heritage und war ein wahrer Glücksfall für die Erforschung der unterschiedlichsten Aspekte des Rothirschlebens am Beispiel eines teilweise unbejagten, sich selbst überlassenen Rotwildbestandes. Mehr als die Hälfte der Hirsche und Alttiere war aufgrund von natürlichen Körpermerkmalen oder Halsbändern individuell unterscheidbar, weshalb auch ihre Verwandtschaftsverhältnisse bekannt waren. Die Forschungsarbeiten umfassten rund 30 Jahre der Mitte des vorigen Jahrhunderts.
Die auf der Insel maßgeblich tätige Forschergruppe um Tim Clutton-Brock geht aufgrund ihrer jahrzehntelangen Studien an Rothirschen davon aus, dass die Geweihentwicklung nur zu etwa 17 Prozent genetisch fixiert ist.

15 Als *Bastzeit* bezeichnen Jäger die Aufbauzeit des Geweihs, in der das Geweih von der Basthaut überzogen ist (s.u.).

Genotyp realisiert wird. Die verschiedenen Geweihformen sind wahrscheinlich nur als mannigfaltige Lösungen für letztendlich gleiche Erfordernisse zu interpretieren.

Die Ansatzpunkte der Rosenstöcke sind beim Rothirschembryo ab etwa dem 5.–7. Lebensmonat im Bereich der äußeren Stirnbeinleiste des Kopfes als schwache Erhebungen zu erkennen. Die eigentliche Geweihbildung startet mit der beginnenden Pubertät, wenn der Hirsch etwa ein Jahr alt ist. Dann bildet er zunächst einmal meist nur Spieße aus (daher die jagdliche Bezeichnung »Spießer«). Die für das Rothirschgeweih so charakteristischen Rosen, die das Geweih gegen den Rosenstock abgrenzen, erscheinen erst an den zweiten Geweihstangen (sind aber nicht unbedingt für die Ausbildung des Geweihs erforderlich, wie gelegentlich rosenlose Stangen zeigen; schlägt da ein evolutionäres Erbe durch (vgl. Kap.3)? Die Rosenstöcke werden mit dem Alter eines Hirsches kürzer und umfangreicher.

Die primäre Geweihentwicklung geht von einem spezialisierten Knochenhautbereich aus (s.u.), für den einer der US-amerikanischen Altväter der Geweihforschung, Richard R. Goss, damals Brown University in Rhode Island, schon in den 1980er-Jahren den Begriff »Geweihbildungsperiost«[16] gewählt hat. Entfernt man das Initialperiost operativ, unterbleibt das Geweihwachstum. Dreht man das Periost operativ um 180 Grad erfährt das Geweih eine falsche Ausrichtung, transplantiert man es z.B. an einen Vorderlauf, wird dort die Bildung eines Geweihs induziert (Abb. 9). Bei den weiblichen Tieren unterbleibt das Geweihwachstum, weil ihnen das männliche Geschlechtshormon fehlt. Injiziert man ihnen jedoch männliche Hormone, kann auch bei ihnen Geweihentwicklung ausgelöst werden.

16 Periost = Knochenhaut

Es gibt auch gelegentlich von Geburt an geweihlose Rothirsche (Vorkommen nach schottischen Angaben ≤ 1 von 1000 Individuen), die in der Jägersprache als *Mönche* bezeichnet werden (oder »Plattköpfe«). Das Phänomen scheint genetisch rezessiv vererbt zu werden. Meistens haben diese Mönche wenigstens rudimentäre, aber erkennbare Rosenstöcke. Möglicherweise hat die Geweihlosigkeit zur Folge, dass die Tiere die Energien, die ihre männlichen Artgenossen in die Geweihentwicklung stecken, für den Körperaufbau nutzen können; denn Mönche sind manchmal größer und kräftiger als gleichaltrige Geweihträger.

Die zwei Gene eines doppelten Chromosomensatzes liegen oftmals in zwei unterschiedlichen Ausprägungen (sog. Allelen) vor: als dominantes (lat.: dominare = herrschen) oder rezessives (lat.: recedere = zurückweichen). Das dominante Allel bestimmt dann, wie das von ihm ausgeprägte Merkmal aussieht. Ein **rezessiv** vererbtes Merkmal findet nur Ausdruck, wenn es reinerbig (homozygot), d.h., wenn das rezessive Allel auf beiden Chromosomen vorkommt.

Bis zu seiner Fertigstellung ist das Geweih von einer leicht flauschigen Haut fellartig überzogen, die aus der den Rosenstock umkleidenden Knochenhaut hervorgeht. Dieser »Bast«, eine besondere Form von Haut (z.B. ohne Schweißdrüsen), beinhaltet ein dichtes Netz aus Arterien und Venen, das den wachsenden Knochen mit den nötigen Nährstoffen versorgt. Deshalb fühlt sich ein Bastgeweih auch ganz warm an (es hat fast Körpertemperatur). Und diese Blutgefäße verursachen die Rillen auf dem fertigen Geweih. Ab Ende Juni beginnen sie zu veröden und der Geweihknochen auszuhärten. Der Bast vertrocknet allmählich und wird dann von den Hirschen durch »fegen« an zumeist jungen Bäumchen abgestreift. In dieser Zeit hängt der Bast oft in Fetzen von den

Rotwild auf der Isle of Rum.
| *Photo: www.lauriecampbell.com*

Abb. 10 Vorderer Hirsch mit teilweise gefegtem Geweih und herabhängenden Bastfetzen. | *Photo: Burkhard Stöcker*

Stangen (Abb. 10). Der frischgefegte Kopfschmuck wäre eigentlich weiß, färbt sich dann jedoch schon beim Fegen durch die Pflanzensäfte dunkelbraun. Das fertige Geweih bleibt bis zu dem Zeitpunkt im nächsten Frühjahr erhalten, an dem der Testosteronspiegel nach dem winterlichen Tiefstand allmählich wieder den Schwellenwert erreicht, der den Abwurf[17] der Stangen auslöst (s.u.). Wird ein Hirsch mit fertig gefegtem Geweih kastriert, wirft er sein Geweih ziemlich umgehend ab und bildet ein neues, dass aber nicht mehr gefegt wird. Wird ein Hirsch mit wachsendem Bastgeweih kastriert, wächst das Geweih unter Ausbildung tumorartiger Formen unkontrolliert weiter.

Ab dem zweiten Geweih nimmt dessen Größe und meist auch die Endenzahl von Jahr zu Jahr zunächst zu. Das rapide Längen- und Dickenwachstum des Geweihs, eine Spitzenleistung im Tierreich, wird durch die enorme Produktivität der in der äußersten Zellschicht des Periosts lokalisierten Zellen erreicht, lässt aber mit der Zeit nach. Im hohen Alter nimmt die Geweihgröße in der Regel wieder ab, ein Hirsch »setzt zurück«, wie die Jäger sagen. In den Studien auf der Insel Rum war eine abnehmende Geweihgröße im Übrigen auch mit der steigenden Populationsdichte zu beobachten. Insgesamt kann ein Hirsch bis zu 20 Geweihpaare im Laufe seines Lebens bilden.

Die Geweihknochen sind aber ganz andere als die Skelettknochen. Im Vergleich zu den stark enervierten und bis zu einem gewissen Grad flexiblen Skelettknochen, besitzt der fertige Geweihknochen eine Bruchfestigkeit, die etwa 6,5 mal so hoch ist wie die eines gleich dicken Oberschenkelknochens, was bei den Brunftkämpfen von Vorteil ist. Das spricht auch dafür, dass Geweihe in der Evolution als Waffen angelegt wurden (s.o.).

Wundersame Regenerationsfähigkeit

Der *alljährliche Geweihzyklus* ist eine biologisch in vielerlei Hinsicht interessante Geschichte. Gesteuert wird er genauso wie die endogene (innere) circadiane (ungefähr auf den 24-Stunden-Tag programmierte) Periodik vieler Körperfunktionen (z.B. der Körpertemperatur) durch die Veränderung des täglichen Licht-Dunkel-Verhältnisses im Jahreslauf. So nimmt der lichte Anteil des Tages ab der Sommersonnenwende stetig ab und läuft einem Schwellenwert (einem bestimmten Licht-Dunkel-Verhältnis) entgegen, der den Tieren zunächst signalisiert, dass es Zeit wird, sich in die Brunft zu stürzen (siehe S. 65). Ab der Wintersonnenwende nimmt dann die tägliche Lichtzeit wieder zu und ergibt schließlich ebenfalls einen Schwellenwert, der den Abwurf des Geweihs triggert (Ende Februar, Anfang März).

17 Das Geweih wird nicht wirklich *abgeworfen*, sondern es *fällt* ab.

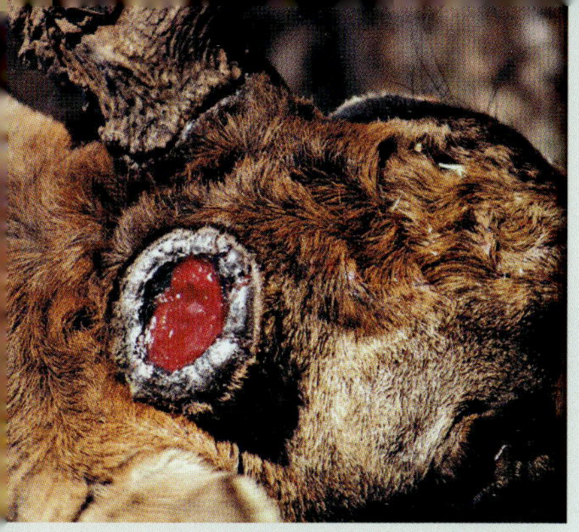

Abb.11 Blutende Bruchfläche auf dem Rosenstock am Schädel eines Hirsches, der gerade seine rechte Geweihstange abgeworfen (verloren) hat. Auch das Gegenstück, die Bruchfläche an der Abwurfstange unter der Rose, blutet noch eine ganze Weile nach.
| *Photo: Burkhard Stöcker*

Dann werden in der Knochenschicht zwischen Rosenstock und Rose sogenannte Osteoklasten[18] aktiv. Sie beginnen nach und nach von außen nach innen die Knochensubstanz zwischen dem toten Geweihknochen und dem lebenden Knochen des Rosenstocks abzubauen, d.h. die Knochenzellen sterben ab[19]. Dadurch wird das Knochenmaterial in dieser Trennschicht immer brüchiger. Gleichzeitig wandert in die sich bildende Trennschicht Bindegewebe aus der Haut des Rosenstocks ein. Schließlich fallen den Hirschen irgendwann so ab Ende Februar, Anfang März die Geweihstangen vom Kopf (Abb. 11). Der Abwurf der beiden Geweihstangen erfolgt übrigens nur selten synchron, weshalb sich die Prozedur über wenigstens einige Minuten, meist jedoch mehrere Stunden, manchmal sogar Tage hinziehen kann. Ältere Hirsche verlieren ihre Geweihstangen in der Regel früher als jüngere (was auch für viele andere Hirscharten gilt). Die Entwicklung des neuen Geweihs beginnt unmittelbar danach. Und diejenigen Hirsche, die mit beidem früher dran sind als ihre männlichen Artgenossen, bilden meist größere Geweihe aus. Warum deshalb aber nicht alle Hirsche den Geweihwechsel so früh wie möglich vollziehen ist bisher nicht geklärt. Spießer, die ihr erstes, meist endenloses Geweih überhaupt erst im Alter von einem Jahr, d.h. ab Mai/Juni, bilden, werfen oft erst im Juni des darauffolgenden Jahres ab.

Unmittelbar nach dem Geweihabwurf setzt an der Bruchstelle auf dem Rosenstock (die Rose verbleibt am abgeworfenen Geweih) ein Wundheilungsprozess ein, der den Rosenstock innerhalb von 7–9 Tagen wieder mit Stirnhaut überzieht[20]. Der Wundheilungsprozess ist Voraussetzung dafür, dass statt einer Vernarbung die Bildung eines sogenannten Blastems[21] auf dem Rosenstock beginnen kann, einer Gewebeknospe, aus der der Geweihknochen hervorgeht. Die Hautzellen erzeugen gleichzeitig neue Haarfollikel, die beginnen, den Bast zu bilden, der dann das werdende Geweih überzieht. Das Wachstum vollzieht sich von Anfang an auf der vollen Fläche des Rosenstocks. Wie eine Göttinger Forschergruppe um den Biologen Hans J. Rolf und den Mediziner Karl G. Wiese herausgefunden hat, liegt dem Wachstum sowohl des primären Geweihknochens als auch der jährlichen Geweihneubildung eine periodische Aktivierung von Stammzellen zugrunde. Sie ruhen überall im Körpergewebe, in sogenannten Stammzellnischen. Und solche Stammzellnischen gibt es auch in verschiedenen Bereichen des Knochengewebes der Rosenstöcke und an der Geweihbasis in deren Knochenhaut, dem Periost. Entfernt man dieses Initialperiost operativ, unterbleibt das Geweihwachstum. Aus diesen »multipotenten«[22] Vorläuferzellen können die unterschiedlichsten Zelltypen entstehen, so auch die knorpelbildenden Zellen in den Wachstumszonen der Hirschgeweihe. Bei der weiteren Entwicklung sind sie zudem an den Geweihenden lokalisiert. Gesteuert wird die Ausdiffe-

18 *Osteoklasten* sind 2- bis ca. 25-kernige Riesenzellen an der Knochenoberfläche. Sie lösen die Knochensubstanz und die kollagene Knochenmatrix (ein spezielles Gewebe, das dem Knochen seine Stabilität verleiht) auf und resorbieren sie.

19 Das entspricht praktisch einer Osteoporose (Knochenschwund), wie sie auch die Medizin als eine unserer bedeutsamsten Volkskrankheiten kennt.

20 Bei manchen Hirscharten liegen zwischen Geweihabwurf und -neubildung jedoch Wochen oder sogar Monate.

21 griech.: blastos = Spross, Keim

22 *Die Stammzellen* sind multi- oder pluripotente Zellen, die die Fähigkeit besitzen, sich zu jedem Zelltyp eines Organismus entwickeln zu können, da sie noch nicht auf einen bestimmten Gewebetyp festgelegt sind.

renzierung der pluripotenten Zellen durch spezielle Gene, die sich in den Periostzellen nachweisen ließen.

Wie ein Forscherteam um den Genetiker Yu Wang von der chinesischen Northwest A&F University herausfand, werden bei der Geweihbildung einige tumorfördernde Gene aktiv, gleichzeitig aber durch tumorhemmende Gene die Entstehung von Krebs verhindert. Deshalb meint der Paläobiologe Edward Davis von der University of Oregon, man könne den Wachstumsprozess der Geweihe eigentlich mit einem »kontrollierten Knochenkrebs« vergleichen. Wang und Kollegen weisen außerdem auf die Erfahrung aus Zoos hin, dass Hirscharten wie es scheint aus dem gleichen Grund resistenter gegen Krebs sind als andere Säugetiere.

Der alljährliche Abwurf des Geweihs und seine anschließende Neubildung ist das einzige Beispiel im ganzen Säugetierreich für die Regeneration eines Organs (bei Amphibien und Reptilien gibt's das öfter, z.B. die Wiederherstellung eines abhanden gekommenen Schwanzes). Außerdem gehört die Produktion der Geweihknochen zu den schnellsten Wachstumsprozessen, die man von Säugetieren kennt. So wächst das Geweih großer Arten wie Rothirsch oder Elch zwei bis vier Zentimeter pro Tag (oder 4 mm pro Stunde!). Das Geweihwachstum folgt typischerweise einer sigmoiden Kurve (S-förmig: am Anfang langsam, dann immer schneller, um schließlich wieder langsamer zu werden). Und schon nach etwa drei Monaten ist ein bis zu zehn Kilo schweres Rothirschgeweih, nach sechs Monaten das rund 15 bis 20 Kilogramm schwere Schaufelgeweih der Elche fertig. Das erfordert einen mords Mineralieninput, vor allem Calcium und Phosphor. Neuseeländische Forscher haben schon in den 1980er-Jahren kalkuliert, dass die Produktion von drei Kilogramm Geweihmasse ein halbes Kilo Calcium und bis zu einem Kilo anderer Mineralien erfordert. Eine Mineralienquelle dafür ist das Skelett, dessen Masse deshalb in der Geweihbildungsphase auch messbar abnimmt. Dafür müssen vor allem Rippen, Elle und Mittelfußknochen herhalten. Das holen sich die Tiere unter anderem auch dadurch wieder zurück, dass sie im nächsten Frühjahr und Sommer während der Bastzeit an Abwurfstangen herumkauen, die eine bekannte Mineralienquelle darstellen (auch für Mäuse und anderes Getier). Alttiere tun das ebenso, wie auf der Insel Rum häufig beobachtet wurde. Nach harten Wintern kann der Knochenschmuck bei allen Hirschen einer Population schwächer ausfallen als normal, weil die Tiere zusätzlich auch noch die winterlichen Energieverluste ausgleichen müssen.

Eine gelegentlich auftretende Abnormität sind die sogenannten *Mönche/Doppelköpfe* (siehe S. 35). Diese Hirsche werfen aufgrund hormoneller Störungen die Geweihstangen eines Jahrgangs einseitig oder beidseitig nicht ab und die neuen Stangen bilden sich um oder neben den Vorjährigen. Ein Rosenstock trägt dann die Geweihstangen zweier Jahrgänge. Doppelköpfe sind bei Damhirschen allerdings wesentlich häufiger als bei Rothirschen.

Alle Jahre wieder – das Wegwerfgeweih

Was aber ist die Ursache, der Zeitgeber, für die auffallende Jahresperiodik des Geweihabwurfs? Es ist, wie schon erwähnt, das Licht-Dunkel-Verhältnis, der tägliche Beleuchtungswechsel, z.B. 15 Stunden Tag und 9 Stunden Nacht. Diese sogenannte *Photoperiode* verändert sich Jahr für Jahr nach dem gleichen Muster und triggert entsprechend den Testosteronspiegel im Körper

(Abb. 12; und nicht nur ihn; an dem Prozess des periodischen Geweihwechsels ist ein ganzes Bündel interagierender Hormone beteiligt). Mit zunehmender Tageslichtdauer steigt der Testosteronspiegel, bis er im Juli seinen höchsten Level erreicht. In dieser Zeit fegen zunächst ältere, dann auch jüngere Rothirsche.

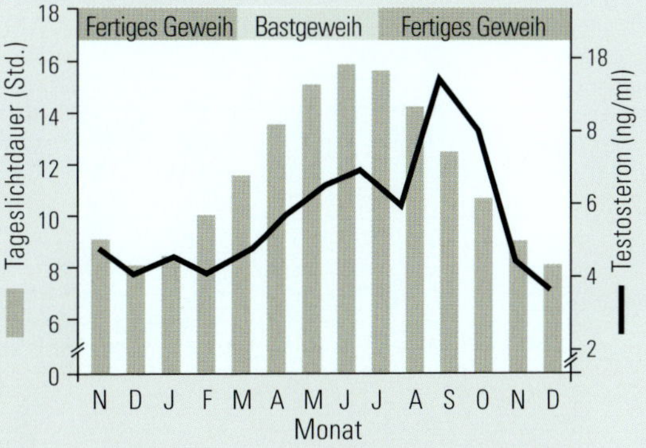

Abb.12 Abhängigkeit der Geweihentwicklung vom Jahresgang der Tageslichtdauer unter europäischen Verhältnissen (beige Säulen) und des Testosteronspiegels im Blut (schwarze Linie); ng = Nanogramm; 1 Nanogramm = 1 Milliardstel Gramm

Wie die Photoperiode mit dem Geweihwachstum verlinkt ist, ist aber immer noch nicht restlos geklärt. Wahrscheinlich hat dafür eine Veränderung der Melatoninsekretion[23] der lichtempfindlichen, endokrinen[24] Zirbeldrüse (Epiphyse) Bedeutung, einer Ausstülpung des vorderen Zwischenhirndachs bei allen Wirbeltieren. Dieses Hormon wirkt dann über den Nucleus suprachiasmaticus, einen Teil der Hypophyse (Hirnanhangsdrüse), in einem komplizierten hormonellen Prozess auf den Spiegel des männlichen, in den »Brunftkugeln« produzierten Geschlechtshormons Testosteron (damit sind in der Jägersprache die Hoden gemeint). Es mehren sich allerdings seit der Jahrhundertwende Hinweise darauf, dass auch das weibliche Geschlechtshormon Oestrogen an diesem Prozess beteiligt ist (S. 49). Die endogene Rhythmik ist eine von vielen evolutionären Errungenschaften, die es Tieren ermöglicht, sich im Jahresablauf verändernde Umweltbedingungen messen und sich darauf einstellen zu können.

Photo: iStock.com/DianeSchuler

Je ausgeprägter die Saisonalität des täglichen Licht-Dunkel-Wechsels ist, desto regelmäßiger ist auch der Geweihzyklus. In tropischen Regionen kann er dagegen recht unregelmäßig sein oder sogar gänzlich fehlen, wie etwa beim Schopfhirsch (oder Schopfmuntjak, *Elaphodus cephalophus*; Photo rechts). In einem deutschen Zoo wurde jedoch beobachtet, dass diese ostasiatische Hirschart wegen der hierzulande ausgeprägten Photoperiode einen regelmäßigen Wechsel ihrer kleinen, endenlosen Geweihe vollzieht (der Schopfhirsch ist im Übrigen die einzige Hirschart, die immer noch die entwicklungsgeschichtlich vormals großen Hauer als obere Eckzähne besitzt).

Siedelt man Rothirsche in Äquatornähe um, wird der in unseren Breiten circadian gesteuerte Geweihzyklus jedoch weitgehend beibehalten, obwohl am Äquator wegen der konstanten Tag-Nacht-Gleiche (je 12 Stunden das ganze Jahr über) das sich sukzessive verändernde Licht-Dunkel-Verhältnis als Zeitgeber fehlt. Auch von Richard Goss in den 1970er-Jahren experimentell bei konstantem Licht-Dunkel-Verhältnis gehaltene Sikahirsche behielten die Periodik ihres Geweihwechsels bei, wenn auch von 12 Monaten leicht abweichend. Schon zuvor war es dem polnischen Wildbiologen Zbigniew Jaczewski andererseits gelungen, durch längere oder kürzere, also künstliche, »Jahres«-Zyklen der Photoperiode eine Verkürzung der Geweihperiodik bis auf drei Monate bzw. ihre Verlängerung auf 24 Monate zu erreichen. Das unterstreicht die Bedeutung der Photoperiode als treibendem Zeitgeber.

23 *Melatonin* ist das Hormon, das bei Säugetieren den Tag-Nacht-Rhythmus des Körpers steuert.
24 Drüse mit innerer Sekretion

3. EVOLUTION DER HIRSCHE

Schädel eines ca. 18 Millionen Jahre alten Hirsches aus der Gattung Procervulu mit dem für die damaligen Hirsche typischer Weise se aufrecht auf dem Dach der Augenhöhle stehenden gegabelten Geweih.

Auf einen Blick

Das erste Auftreten von Hirschen in der Erdgeschichte ist aus dem frühen Miozän (23,03 bis 5,3 Millionen Jahre vor heute) belegt.

Der Rothirsch hat seinen Ursprung in Eurasien, wo etwa sieben Millionen Jahre alte Fossilien von seinen Vorfahren gefunden wurden.

Er verbreitete sich von dort aus in zwei Linien einerseits bis nach Europa (Rothirsch), andererseits bis nach Nordamerika (Wapiti).

»Nichts in der Biologie macht Sinn, außer im Licht der Evolution betrachtet« titelte Theodosius Dobzhansky, ein russisch-US-amerikanischer Genetiker, Zoologe und Evolutionsbiologe 1973 im Wissenschaftsjournal *The American Biology Teacher*. Ein Blick in die Evolution der Hirsche ist deshalb hilfreich, wenn man verstehen will, warum Hirsche heute so aussehen und sich so verhalten, wie wir sie erleben. Denn immerhin liegt ein Weg von 17–19 Millionen Jahren hinter ihnen. Gemessen an der Evolution des Lebens insgesamt, die vor etwa vier Milliarden Jahren begann, sind diese Millionen allerdings nur ein Wimpernschlag.

Die **Epigenetik** ist ein noch junges Forschungsfeld der Genetik. Dabei geht es um Modifikationen der DNA, weil heftige äußere Ereignisse, etwa der Tod eines Artgenossen, dazu führen können, dass sich an die DNA Molekülgruppen heften und dadurch die Wirksamkeit der Gene beeinflussen, sie z.B. ausschalten. Die betroffene DNA-Sequenz selbst wird dadurch nicht verändert, aber ob und wie sie abgelesen wird. Es handelt sich also nicht um Mutationen, sondern chemische Markierungen! Derartige Wirkungen können über wenigstens einige Generationen weitergegeben werden.
Die Epigenetik ist damit die dritte große Kraft neben Genen und Erfahrung.

Darwin & Wallace

Die Ersten, die eine Vorstellung dazu entwickelt haben, dass und wie sich verschiedene Arten aus einer Stammart entwickelt haben, waren die britischen Naturforscher *Charles Robert Darwin* und zeitgleich Alfred Russel Wallace, ohne zunächst voneinander zu wissen. Mit Darwins Theorie des *»Descent with Modification«* (Abstammung mit Abwandlung), einem Teil seiner bahnbrechenden *Evolutionstheorie*, hat er den Nagel auf den Kopf getroffen. Und das, obwohl man damals noch nichts von der genetischen Spielwiese der Evolution wusste: *Mutationen* in der DNA, immer wieder neuen Kombinationen der Erbanlagen bei der geschlechtlichen Fortpflanzung (sogenannte *Rekombination*) und epigenetischen Einflüssen der Umwelt auf das Genom (die Gesamtheit der Erbanlagen). Die Informationen des Genoms sind in der DNA (vom englischsprachigen Begriff **d**esoxyribo**n**ucleid **a**cid), dem wundersamen, spiralig gewundenen Riesenmolekül mit der unaussprechlichen Bezeichnung Desoxyribonukleinsäure gespeichert (die deutsche Abkürzung dafür, DNS, ist kaum noch gebräuchlich). Sie legen fest, was es braucht, dass ein bestimmtes Lebewesen entsteht: ein Bakterium, ein Insekt, ein Frosch und eben ein Hirsch oder unsereins.

Natürliche Selektion ist das zentrale Prinzip von Darwins Evolutionsidee, nämlich die entscheidende Triebkraft des Artenwandels. Die Auslese der »Bestangepassten« (das verbirgt sich hinter dem Begriff »the fittest«) verschafft diesen eine bessere Fortpflanzungsrate.

Eine weitere Form von Selektion ist die **sexuelle Selektion**, nämlich die beim Paarungsprozess. So besteht bei Männchen eine Tendenz, sich mit vielen Weibchen zu paaren, während Weibchen sich bevorzugt solchen Männchen zuwenden, die mit attraktiven Reizen punkten können, z.B. einem großen Geweih.

Das DNA-Molekül weicht bei den Mitgliedern einer Population geringfügig voneinander ab, was ihnen letztendlich geringe Unterschiede in ihrer *Fitness* beschert. Dadurch sind sie unterschiedlich gut an ihre jeweiligen Lebensbedingungen (Lebensraum, Nahrung, Feinde etc.) angepasst (das steckt hinter dem Begriff *Fitness*). Diese unterschiedliche Angepasstheit ebnet den Nachkommen verschiedene Wege zur Weiterentwicklung. Daran ist die *natürliche Selektion* – das zentrale Prinzip von Darwins Evolutionstheorie – ganz wesentlich beteiligt. Umweltfaktoren wie z.B. Winterbedingungen, Nahrungskonkurrenten oder Feinddruck, »sortieren« die schlechter angepassten Individuen aus der Masse der Nachkommen allmählich aus, während die besser angepassten sich erfolgreicher fortpflanzen. So wird die Ausbildung neuer Formen gefördert, wodurch sich die Nachfolger einer Stammart allmählich in verschiedene Richtungen auseinanderentwickeln. Geht diese Auseinanderentwicklung einer Ursprungsart so weit, dass sich die Nachkommen irgendwann nicht mehr miteinander fortpflanzen können, sind zwei neue Arten entstanden. So haben sich in der Evolution die unzähligen Tier- und Pflanzenarten entwickelt, die es einmal gegeben hat bzw. heute noch gibt. Dafür sind aber in der Regel Zeiträume von vielen Millionen Jahren erforderlich.

Photo: iStock.com/MaikLane45

Die zwei Gruppen der Hirschfamilie (Echte Hirsche und Trughirsche Abb. 1, S. 15) unterscheiden sich durch bestimmte Gen-Abschnitte oder Gene bzw. deren Allele voneinander: Das heißt, bei allen Echten Hirschen sind diese untereinander ähnlicher und die Arten enger verwandt (haben einen jüngeren Urahn, rote Punkte in Abb. 1) und genauso sind alle Trughirscharten untereinander ähnlicher und diese Arten enger miteinander verwandt. Deshalb steht z.B. unser Rothirsch (*Cervus elaphus*) dem Muntjakhirsch (*Muntiacus reevesi*; Photo links) verwandtschaftlich näher als dem Reh (*Capreolus capreolus*), das in die Schwestergruppe der Trughirsche gehört. In letztere gehört auch der Elch (*Alces alces*), der also trotz seines Schaufelgeweihs nicht etwa nahe mit dem Damhirsch (*Dama dama*), sondern näher mit dem Reh verwandt ist. Aus dem Ur-Urahnen (roter Punkt links in Abb. 1), den wir aber (noch) nicht kennen, haben sich vor langer Zeit demnach einmal die zwei Urahnen aufgespalten, die sich dann ihrerseits wieder in verschiedene Arten weiterverzweigt haben ... und so weiter und so fort. Das Ergebnis zeigt der Stammbaum in Abbildung 1, reduziert auf die wichtigsten der heute lebenden Cervidenarten.

Schwesterart, Schwestergruppe
Zwei Arten oder Gruppen von Arten, die aus einer nur ihnen gemeinsamen Stammart (Urahn) durch Aufspaltung in zwei Tochterarten hervorgegangen sind.

Aus dem Nebel längst vergangener Zeiten

Um der recht komplexen Evolution der Hirsche nachzuspüren und ihren Stammbaum zu rekonstruieren, orientierte sich die Wissenschaft zunächst überwiegend an den sehr reichlichen Fossilfunden von Hirschen. Dabei spielte die Gestalt der Geweihe eine prominente Rolle. Wie in der Paläontologie, die sich mit den Lebewesen aus längst vergangenen Zeiten befasst, und in Studien zur Evolution von Wirbeltieren und des Menschen üblich, wurden auch die Zähne zu Hilfe genommen.

Wesentliche Erkenntnisse zur Evolution der Hirsche verdanken wir aber seit einigen Jahrzehnten den phantastischen Möglichkeiten der neuen molekulargenetischen Methoden, die mittlerweile zu einem ganz neuen Forschungsfeld, der Paläogenetik, geführt haben. Im Prinzip geht es dabei darum, aus Sequenzen sogenannter »ancient DNA« (aDNA), d.h. aus Resten uralter DNA, die stammesgeschichtliche Evolution von Tierarten zu rekonstruieren. Neben dem Erbgut im Zellkern werden dazu auch die in den Mitochondrien, kleinen Zellorganellen[25], vorhandenen Erbanlagen (mtDNA) verwendet, die weitaus häufiger sind als Zellkerne. Eine Schwierigkeit ist allerdings, dass sich aus fossilen Knochen in der Regel nur sehr bruchstückhafte DNA gewinnen lässt.

Im Laufe der Evolution der Hirsche kam es einmal eventuell sogar mehrfach zu einer Hybridisierung, einer Paarung zwischen Eltern nahe verwandter Arten, woraus eine neue Art entstanden ist. Unter den Altwelthirschen ist der Davidshirsch (*Elaphurus davidianus*) sehr wahrscheinlich eine so entstandene Hirschart (S. 45).

Wann genau der erste Hirsch auf der Bühne des Lebens erschien, wissen wir ebenfalls (noch) nicht genau, ebenso wenig, was der Grund für die Entwicklung von Geweihen gewesen sein könnte. Auch wird noch diskutiert, ob die verschiedenen Formen von Stirnwaffenträgern (*Pecora*; siehe S. 13) einen gemeinsamen evolutionären Ursprung hatten (einen Ur-Wiederkäuer). Für diese Variante besteht heute der größte Konsens. Ein getrennter Entwicklungsweg der Stirnwaffen (statt von einem gemeinsamen Vorfahren aus) kann aber noch nicht definitiv ausgeschlossen werden. Ebenso wird der Entstehungsort der Hirsche noch diskutiert: Während lange Zeit angenommen wurde, dieser sei in Ost-Eurasien/Asien zu verorten, wird aufgrund des Fossilberichts neuerdings auch das Europa des frühen Miozäns als ihre Ur-Heimat nicht ausgeschlossen. Von dort aus breiteten sie sich aber rasch über Eurasien aus und entwickelten eine große Artenvielfalt. Das war noch lange bevor unser Rothirsch auf dem Plan erschienen ist (s.u.). Sehr umfangreiche Einblicke in die wechselvolle Geschichte der Hirscharten lieferten die Arbeiten der Evolutionsbiologin Nicola Heckeberg.

Sie ist, wie die meisten Experten, der Ansicht, dass die »Stirnwaffen«, wie der Biologe auch zu Hörnern und Geweihen sagt, zunächst wohl nur kleine höckerartige Auswüchse des Schädeldachs gewesen sind. Daraus sind dann im Lauf der Zeit noch von einer behaarten Haut überzogene Stirnzapfen geworden, die ein bisschen so ausgesehen haben könnten, wie die Stirnzapfen der Giraffen. Eine wirkliche evolutionäre Neuheit und in Anbetracht der zeitlichen Dimensionen der Erdgeschichte eine sehr junge, waren schließlich die knöchernen Geweihe, beispielsweise zunächst bei zwei Gattungen von Hirschen, die durch Fossilfunde dokumentiert sind (*Ligeromeryx* und *Procervulus* (siehe S. 40).

25 Die *Mitochondrien* sind die »Kraftwerke« der Zellen, die allen Zellen, Geweben und damit letztlich dem gesamten Körper von Lebewesen ihre Energie verschaffen. Sie enthalten kleine, ringförmige DNA-Doppelstränge.

Alle Geweihe (auch die noch Rosen-losen) waren damals schon ebenso abwerfbar wie heute, wie die Münchner Paläontologin Gertrud Rössner zusammen mit Kollegen durch den Vergleich fossiler Geweihe aus dem frühen bis mittleren Miozän mit modernen Geweihen nachweisen konnte. Der Geweihzyklus scheint auch nicht durch eine länger währende evolutive Entwicklung zustande gekommen zu sein, sondern von Anfang an existiert zu haben.

Zu einer der wichtigsten Zeitabschnitte in der Evolution der Hirsche wurde das schon mehrfach erwähnte *Miozän*, das vor etwa 23,03 Millionen Jahren begann und vor etwa 5,3 Millionen Jahren endete. Aus dem frühen Miozän, vor etwa 18 Millionen Jahren, stammen die ersten fossilen Nachweise von Hirschen, unter anderem auch aus Deutschland, Frankreich und Spanien. Die Geschichte der miozänen Hirsche war eine sehr wechselvolle, Arten entstanden und verschwanden auch wieder.

Im mittleren Miozän begann die Evolution der Hirsche dann so richtig Fahrt aufzunehmen. Von Bedeutung war wahrscheinlich, dass sich nach dem kühlen und trockenen Klima des vorausgegangenen Oligozäns (etwa 33,9 bis 23,03 Millionen Jahre vor heute) die damaligen Baum- zunehmend in offenere Graslandschaften verwandelt hatten. Diese savannenartigen Gebiete breiteten sich im Miozän nach und nach immer weiter über Europa und Asien aus[26]. Damit entstanden günstige Bedingungen für die schon damals vorzugsweise Gras und Laub fressenden Hirscharten. Das begünstigte die Diversifizierung der Wiederkäuer bzw. der Hirsche sowohl hinsichtlich ihrer sehr unterschiedlichen Körpergrößen als auch ihrer so unterschiedlichen Geweihgrößen und -formen.

Die Vertreter der frühen miozänen Hirscharten waren in tropischen Waldregionen zuhause und kleine Arten[27]. Denn das frühe Miozän war warm und feucht. Noch heute kommen kleine Arten mit vergleichbar einfachen Geweihen hauptsächlich in den Tropen vor. Denn mit kleinen, wenig verzweigten Geweihen sind Hirsche in dichter Vegetation beweglicher. Kleine Körper sind in tropischen Wäldern außerdem aus energetischen Gründen geeigneter, weil sie im Vergleich zur Körpergröße eine größere Körperoberfläche haben und die Tiere deshalb besser Wärme abgeben können, während sie in kalten Regionen lebensgefährliche Energie- bzw. Wärmeverluste erleiden würden (s. Kap. 4/6). Die fehlende Saisonalität dieser warm-feuchten Lebensräume hatte obendrein wahrscheinlich eher unregelmäßige Geweihzyklen zur Folge, während in Breiten mit ausgeprägten Jahreszeiten die Geweihe regelmäßig gewechselt werden. Das dürfte eine wichtige Voraussetzung für die Evolution größerer und komplexerer Stirnwaffen gewesen sein.

Photo: iStock.com/ Tobias Nowlan

Im *Pliozän*, das ab 5,3 Millionen Jahren vor heute auf das Miozän folgte und bis 2,6 Millionen Jahre vor heute dauerte, setzte sich die Evolution der Hirsche fort. Die evolutionären Trends gingen dabei in Richtung größerer Körper und größerer Geweihe. Diese machten auch einen grundsätzlichen Gestaltwandel durch. Anfangs ragten die Stirnzapfen meist noch fast senkrecht in die

26 Etwa sieben bis fünf Millionen Jahre alte Fossilfunde, u.a. Fußspuren, weisen darauf hin, dass sich im späten Miozän auch bereits der aufrechte Gang des Menschen in Europa entwickelt haben könnte, wo es damals bereits Savannen gab, die in Afrika erst vor etwa 2,6 Millionen Jahren entstanden sind. Die Entstehung von Savannen wird als eine sehr wichtige Triebfeder für die Entwicklung der Bipedie (Gang auf zwei Beinen) angesehen.

27 Einige der heutigen sehr kleinen Hirscharten, wie z.B. die waldbewohnenden südamerikanischen Spießhirsche oder Mazamas (*Mazama*) und Pudus (*Pudu*; Photo oben), gehen auf eine evolutionär nachträgliche Verzwergung zurück, wie sie auch schon von fossilen Arten, wie der im Pleistozän auf Kreta lebenden Hirschart *Candiacervus* bekannt ist.

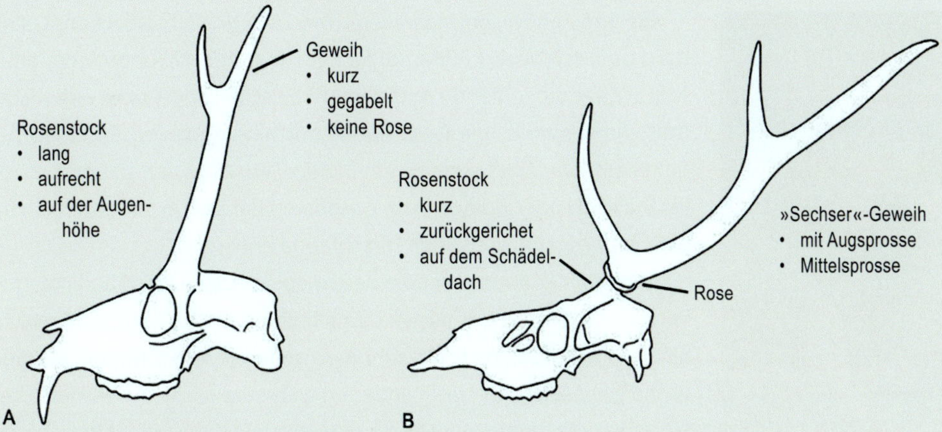

Abb. 13 Schädel und Geweih eines typischen miozänen Hirsches (A) im Vergleich zum Schädel samt Geweih eines heutigen Rothirschs (B). | *Quelle: Heckeberg 2020, verändert*

Höhe (Abb. 13A). Die Rosenstöcke waren auch im Verhältnis zu den meist einfach gegabelten Geweihen lang und am Übergang zwischen beiden Elementen befanden sich nur selten Rosen. Derartig gestaltete Geweihe waren typisch für die Cerviden Eurasiens aus dem mittleren Miozän (ca. 18–12 Millionen Jahre vor heute).

Mit zunehmender Größe der Geweihe verkürzten sich die Rosenstöcke und nahmen nach und nach die heutige, ungefähr 45–60 Grad rückwärts gerichtete Neigung ein (Abb. 13B). Die Verkürzung der Rosenstöcke hatte wahrscheinlich biomechanische Gründe, um die schwereren Geweihe tragen zu können. Typisch war auch eine erste Verzweigung direkt über der Stangenbasis, die Augsprosse. Gleichzeitig wurden die ausgeprägten, reißzahnähnlichen Eckzähne im Oberkiefer der frühen Cerviden immer kleiner und verschwanden bei den meisten Arten schließlich. Beim Rothirsch treten noch Rudimente als »Grandeln« im Oberkiefer auf, die von den Jägerinnen gerne als Schmuck verwendet werden. Rothirsche drohen Artgenossen immer noch, indem sie den Kopf in den Nacken werfen, was früher dem Kampf mit den Eckzähnen diente – ein Verhalten, das also Jahrmillionen überdauert hat (W. Bützler).

Im frühen *Pleistozän* (2,58 Millionen bis 11.700 Jahre) traten erstmals auch moderne Formen von Hirschen auf und lösten nach und nach die pliozänen ab: Arten wie Davidshirsch (Photo rechts), Mähnenhirsch (*Rusa*; Photo nächste Seite links oben), Riesenhirsch (*Megaloceros*; siehe S. 51). Im späten Pleistozän erschienen dann auch Arten wie Rothirsch (*Cervus elaphus*), Reh (*Capreolus capreolus*) oder das europäische Rentier bzw. das nordamerikanische Caribou (*Rangifer tarandus*) auf der Bühne des Lebens. Dagegen starb der Riesenhirsch in der ausgehenden letzten Kaltzeit vor etwa 13.000 bis 11.700 Jahren wieder aus. Neben den veränderten klimatischen Bedingungen geht sein Verschwinden möglicherweise aber auch genau wie das anderer Großwildarten (Mammut, Wollhaarnashorn) auf Bejagung durch die damaligen drei gleichzeitig lebenden Menschenarten (Neandertaler, Denisovaner, moderner Mensch) zurück.

Photo: iStock/Deborah Kletch

Photo: iStock/JustinRaybourn

Der **Nationalpark Bayerischer Wald** ist ein Nationalpark im Hinteren Bayerischen Wald direkt an der Grenze zu Tschechien. Er wurde am 7. Oktober 1970 als erster Nationalpark Deutschlands gegründet. Seit der Erweiterung vom 1. August 1997 hat er eine Größe von 24.217 Hektar. Zusammen mit dem unmittelbar angrenzenden tschechischen Böhmerwald bildet der Bayerische Wald die größte zusammenhängende Waldfläche Mitteleuropas. Quelle: jagd-land-fluss.de

Die ältesten Hirschfossilien, die man aus Nordamerika kennt, sind rund fünf, solche aus Südamerika nur rund drei Millionen Jahre alt, weil vorher die fehlende mittelamerikanische Landbrücke – der Isthmus von Panama – die Ausbreitung dorthin unterband. So kommt heute z.B. der Weißwedelhirsch (*Odocoileus virginianus*) von Kanada bis Brasilien oder Bolivien vor. Ansonsten hat sich in Südamerika aber eine ganz eigene, vielfältige Hirschfauna entwickelt.

Was aber könnten über die beschriebenen, klimatisch bedingten, Veränderungen der damaligen europäisch-asiatischen Lebensräume hinaus die treibenden Kräfte für die so auffällige Vergrößerung der Geweihe gewesen sein? Unter anderem wahrscheinlich eine verbesserte Futterqualität, deren Einfluss auf die Geweihbildung jeder Jäger kennt. Noch entscheidender war jedoch, dass große Geweihe für die männlichen Hirsche mit Sicherheit ein ausgesprochener Selektionsvorteil waren, einerseits um den weiblichen Tieren in der Paarungszeit imponieren und Paarungskonkurrenten auf Abstand halten zu können, andererseits auch als Waffen zur Verteidigung gegen Raubtiere. So konnten z.B. Mitarbeiter der Verwaltung des Nationalparks Bayerischer Wald an Spuren im Schnee ablesen, dass ein Jungluchs von einem Rothirsch mit dem Geweih tief in den Schnee gedrückt und dabei tödlich verletzt worden war.

Das sind geradezu klassische Voraussetzungen für eine Evolution hin zu immer größeren Geweihen. Ihre Träger waren erfolgreicher als Artgenossen mit kleineren Geweihen und hatten deshalb mehr reproduktiven Erfolg, d. h. durch mehr Nachwuchs auch vermehrt die eigenen Gene in Umlauf zu bringen. Häufig geht das gleichzeitig mit mehr Körpergröße und größeren Brunftrudeln einher. Dieser so verbesserte Reproduktionserfolg ließ sich in eindrucksvollen langfristigen Studien nachweisen: von Tim Clutton-Brock im Rahmen seiner jahrzehntelangen Rothirschstudien auf der Insel Rum ebenso wie kürzlich von Matthew Metz von der University of Montana und seinen Kollegen an Wapitis im Yellowstone Nationalpark.

Rothirsch

Und unser Rotwild, dem dieses Buch ja in erster Linie gilt? Nach einer Studie der Arbeitsgruppe Molekulare Zoologie um Ralph Kühn von der Technischen Universität München in Freising hat der Rothirsch seinen geographischen Ursprung in Eurasien, wo Fossilien von seinen Vorfahren gefunden wurden, die ein Alter von etwa sieben Millionen Jahren haben. Um mehr über die Stammesgeschichte der Art herauszufinden hat die Arbeitsgruppe Gewebe- und Geweihknochenproben von 51 Populationen aus dem gesamten Verbreitungsgebiet der Cervinae (Echte Hirsche, vgl. Abb. 1) genetisch untersucht[28].

28 Für derartige Verwandtschaftsanalysen wird häufig ein Protein namens Cytochrom b verwendet, so auch in diesem Fall. Es ist ein relativ stark konserviertes Protein (d.h., im Lauf der Evolution weitgehend unverändert geblieben). Benützt werden dabei DNA-Sequenzen aus der mitochondrialen DNA (mtDNA), die für dieses Protein codieren (d.h., die Bauanleitung für das Protein beinhalten).

Die Entwicklung der modernen Rothirscharten in sehr ursprünglicher Form begann am Übergang vom Miozän ins Pliozän. Wie mtDNA-Analysen ergaben, hat sich die Gattung Cervus wohl vor etwa 1,3 Millionen Jahren in eine westliche und eine östliche Stammlinie (zu letzterer gehört auch der Sikahirsch) aufgespalten (Abb. 14), die jeweils von einem gemeinsamen Vorfahren abstammen. Der Damhisch (*Dama dama*) ist nicht nahe mit *Cervus* verwandt (vgl. Abb. 1).

Der westliche Rothirsch lässt sich weiter in vier geographische Gruppen unterteilen: eine westeuropäische, balkanische, kleinasiatische und afrikanische; der östliche Rothirsch in drei: eine süd- und eine ostasiatische sowie die nordasiatisch-amerikanische (Abb. 14). Diese evolutionäre Diversifikation des Rothirschs wird auch durch weitere genetische Studien bestätigt.

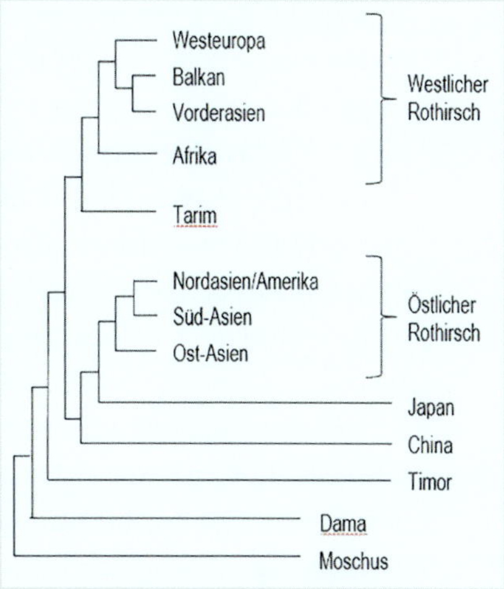

Abb. 14 Stammesgeschichtliche Beziehungen der Mitglieder der Rothirschfamilie. | *Quelle: Arbeitsgruppe Kühn, Freising, vereinfacht.*

Die Gründe für die unterschiedliche Evolution dieser Hirschformen liegen in der »Architektur« der besiedelten Landschaften. Entscheidend für die Artbildung sind nämlich unter anderem geographische Barrieren, wie schon Darwin und Wallace erkannt hatten. In Richtung Westen waren das vor allem das Pamir-Gebirge, die Karpaten, der Bosporus und die Alpen (Abb. 15); in Richtung Osten die zentralasiatische Taklamakan-Wüste (die zweitgrößte Sandwüste der Erde), die Wüste Gobi und das Amur-Gebirge.

Auch verschiedene Kältewellen mit großräumigen Vergletscherungen haben durch Isolation einzelner Hirscharten voneinander zu der Ausbildung verschiedener Arten beigetragen.

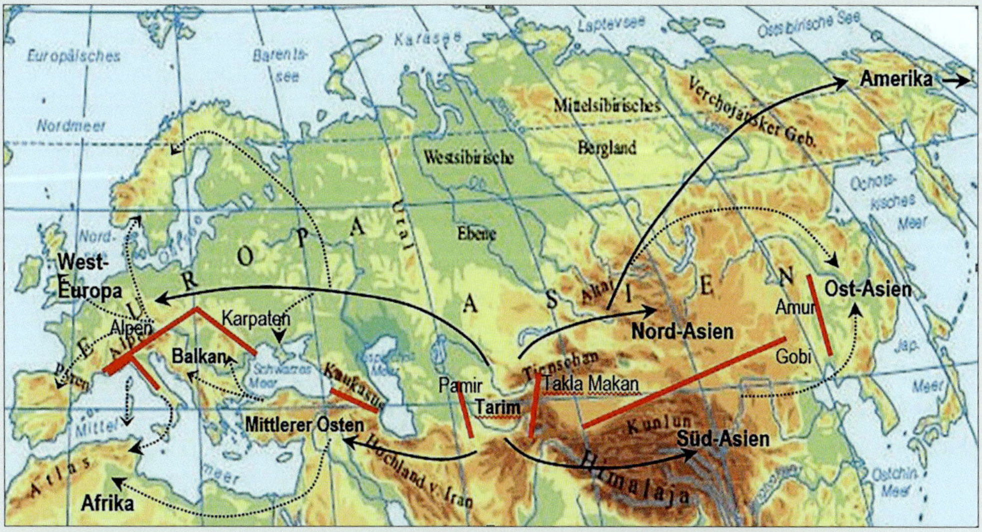

Abb. 15 Ausbreitungsrouten der verschiedenen Rothirscharten in Europa sowie Asien (Pfeile) und geographische Barrieren (rote Balken) zwischen den Rothirschgruppen. | *Quelle: Arbeitsgruppe Kühn, verändert*

Ihre Ausbreitung führte über die damals noch vorhandene Landbrücke zwischen Asien und Alaska zu einer Besiedelung der Neuen Welt durch die Vorfahren des heutigen Wapitis. Einen vergleichbaren Dienst leistete die damalige Landbrücke über den Bosporus für die Ausbreitung der Art nach Westen.

Das letzte Eiszeitmaximum überlebte der Rothirsch in spanischen und angrenzenden Regionen Südwest-Frankreichs (Gascongne, Dordogne, Languedoc), in Italien, Griechenland und dem Balkan. Auch nach Nordafrika haben sich Vertreter der Rothirscharten irgendwann verirrt, wo heute noch einer ihrer Nachfahren, der Berberhirsch (*Cervus elaphus barbarus*), im Atlasgebirge Tunesiens, Algeriens und Marokkos lebt.

Eine Besonderheit, aber nicht die Einzige, stellt das in Korsika und Sardinien lebende, tyrrhenische Rotwild dar[29]. Es stammt vom italienischen Festlandrotwild ab, mit dem zusammen es eine eigene genetische Linie darstellt, zu der auch der afrikanische Berberhirsch gehört. Ihr Ursprung ist bisher noch nicht restlos geklärt. Typisch für das korsische und sardische Rotwild ist eine geringere Körpergröße (wie oft bei Arten auf Inseln) und folglich auch ein geringeres Körpergewicht sowie ein relativ einfaches Geweih.

Aus der Reihe gefallen

Eine interessante Sache ist das mit dem **Wasserreh** (*Hydropotes inermis*; Abb. 16). Diese kleine (50 cm Widerristhöhe) solitär (d. h. einzeln) lebende Hirschart hat kein Geweih (daher *inermis* = unbewaffnet), dafür aber große Eckzähne. Das Wasserreh ist nicht, wie von den Paläontologen lange vermutet wurde, eine primitive Art Urform der Hirsche. Aufgrund der verlängerten Eckzähne im Oberkiefer der männlichen Individuen wurde die Art früher zu den Moschustieren gerechnet, anstatt zu den Hirschen, wie heute.

Vielmehr haben molekulargenetische Analysen schon früh ergeben, dass das Wasserreh eine Schwesterart unseres Rehes (*Capreolus capreolus*)Mochus ist (vgl. Abb. 1). Die Zuordnung des Wasserrehs zu den Trughirschen ist gegenwärtig die am ehesten akzeptierte Einschätzung, genauso wie andererseits die Genetik zeigen konnte, dass der Muntjakhirsch (*Muntiacus*) zu den Echten Hirschen gehört. Fossil ist das Wasserreh erstmals aus dem unteren Pleistozän nachgewiesen, das war vor etwa 1,8 Millionen Jahren.

Ursprünglich war das Wasserreh eine weit verbreitete Art. Dann aber haben Lebensraumverluste und Wilderei den Beständen so zugesetzt, dass die Art heute nur noch in zwei Unterarten in China (*H. inermis inermis*) und Korea (*H. inermis argyropus*) vorkommt. In England wurde sie im 19. Jahrhundert eingebürgert und scheint mit den dortigen Lebensbedingungen gut zurechtzukommen. Wegen seiner immer noch zurückgehenden fernöstlichen Populationen steht das Wasserreh auf der Roten Liste gefährdeter Tierarten der IUCN[30].

Wann und warum indessen in der Evolution der Hirsche nur einmal eine Art entstanden ist, bei der auch viele Exemplare des weiblichen Geschlechts ein Geweih entwickeln, nämlich

29 Korsika und Sardinien werden auch als die *Tyrrhenischen Inseln* bezeichnet.

30 IUCN = International Union for Conservation of Nature, Weltnaturschutzorganisation

Photo: iStock/JustinRaybourn

Abb.16 Das Wasserreh und seine großen Eckzähne im Oberkiefer.

das europäische **Rentier** und das nordamerikanische **Caribou** (beide gehören zur einen Art *Rangifer tarandus*; Abb. 17), ist noch unklar. Sie sind auch die einzige Hirschart, bei der das Geweih direkt nach der Geburt zu sprießen beginnt (beim Rothirsch erst zu Beginn des zweiten Lebensjahres, s.o.). Allerdings sind die Geweihe der weiblichen Individuen in der Regel deutlich kleiner als die der männlichen. Außerdem verlieren sie ihre Geweihe erst im Frühling kurz nach dem Setzen der Kälber. Nicht beschlagene (trächtige) Tiere werfen sie erst einige Wochen später ab, die männlichen Tiere schon im Herbst.

Dieser bei weiblichen Rentieren andere Geweihzyklus, wird wesentlich vom Hormon Östradiol reguliert. Es veranlasst im Herbst (!) die endgültige Reifung des weiblichen Geweihs, seine Aushärtung und seinen Bestand während der winterlichen Trächtigkeit (Tragzeit). Der kanadische Biologe Valerius Geist, damals an der University of Calgary, ging 1998 in seinem Buch »Deer of the World« (Hirscharten der Welt) deshalb davon aus, dass bei diesen zirkumpolar vorkommenden Tundra- und Taigabewohnern auch die Geweihe der weiblichen Tiere Waffen sind. Sie werden allerdings weniger (oder nicht nur) als solche gegen große Beutegreifer (z.B. Wolf) eingesetzt. Vielmehr könnten sie in den großen Rudeln, in denen Rentiere vor

Abb. 17 Männliche Rentiere zur Bastzeit im schwedischen Sarek-Nationalpark. | *Photo: Bertram Georgii*

allem in harschen Wintern zusammenleben, bei der Auseinandersetzung mit Artgenossen um Futter hilfreich sein, wie der französische Genetiker Clément Gilbert von der Université Paris Saclay vermutet. Das wäre eine plausible Erklärung für das Vorhandensein von Stirnwaffen bei weiblichen Rentieren[31].

Im Übrigen gibt es in allen eurasischen und kanadischen Rentierpopulationen stets auch geweihlose Weibchen. In Herden schlechter körperlicher Verfassung häufiger als in solchen guter Kondition, bei Wald-Rentieren häufiger als bei Tundra-Rentieren. Das Rentier ist ferner die einzige zum Fleisch- und Milchlieferant sowie Lasttier domestizierte Hirschart.

Unter den Hirschen gab es – wie so oft in der Evolution – wahre Giganten: die **Riesenhirsche**, wie *Megaloceros giganteus* (Abb. 18), den hirschartigen Vertreter der sogenannten Megaherbivoren (Große Pflanzenfresser). Die Megacerinen (großwüchsige Hirscharten) waren eine im Pliozän und Pleistozän über ganz Eurasien, Nord-Afrika und einige mediterrane Inseln verbreitete Gruppe von Hirscharten. Aber auch sie haben einmal klein

31 Möglicherweise war es auch eher umgekehrt, wie manche Wissenschaftler meinen, dass die Geweihlosigkeit der weiblichen Tiere aller anderen Hirscharten auf eine sekundäre Reduktion zurückgeht, weil zur Schwangerschaft dazu auch noch ein Geweih zu produzieren den Energiestoffwechsel der weiblichen Tiere überfordern würde.

Abb. 18 Der irische Riesenhirsch.
| *Quelle: http://independent.ie/*

angefangen. Aus etwa rehgroßen Arten, mit denen ihr Aufstieg vor etwa 400.000 Jahren begann, wurden Hirsche wie der *Megaloceros giganteus* mit mehr als 2 Metern Schulterhöhe und einer Geweihauslage von bis zu 3,60 Metern. Bekannte Zeitgenossen von ihm waren das gigantische Wollhaarmammut oder das ebenso imposante Wollhaarnashorn.

Ab dem mittleren Pleistozän verlangsamte sich diese Entwicklung allerdings. Zu Beginn des Holozäns, unserer gegenwärtigen Warmzeit, vor etwa 12.000 bis 11.000 Jahren, erwies sich diese Seitenlinie der Cerviden den sich ändernden Umweltbedingungen im damaligen Europa nicht gewachsen. Die klimatischen Kapriolen mit mehrfachen Wechseln zwischen Eis- bzw. Kalt- und Warmzeiten und eine zunehmende Bewaldung waren für eine Art mit so ausladendem Geweih vermutlich problematisch. Diskutiert wird ebenso, ob an seinem Niedergang nicht auch die gegenüber den Neandertalern und den Denisovanern verbesserten jagdlichen Fähigkeiten von Homo sapiens, dem modernen Menschen, beteiligt gewesen sein könnten.

4. DER ROTHIRSCH – EIN GEWOHNHEITSTIER

Photo: i©shaftinaction/stock_adobe.com

Auf einen Blick

Der tägliche Aktivitätsverlauf von Rotwild entspricht einem regelhaften 24-Stunden-Rhythmus mit zwei Aktivitätsspitzen in den beiden Dämmerungszeiten.

Die Raumnutzung des Rotwilds ist von Traditionen geprägt, d.h., der Überlieferung von Erfahrungen vor allem der Mutter- auf die Jungtiere (z.B. Raumwechsel zwischen Winter- und Sommereinständen) und der Abwanderung zwei- bis dreijähriger, geschlechtsreif werdender Hirsche.

Im Winter reduziert Rotwild seine Energieausgaben auf das Nötigste und kann sich während extrem niedriger Temperaturen vorrübergehend sogar in eine Art »Winterschlaf« versetzten, um Energieverluste zu drosseln.

Ein wesentlicher Grund für die so erfolgreiche Ausbreitung des Rothirsches liegt in seiner Lebensweise. Die meiste Zeit des Jahres lebt Rotwild in lockeren Gruppen, kleineren und größeren Rudeln (in den schottischen Highlands bis zu mehreren hundert Stück), deren Größe und Zusammensetzung sich ständig ändert. Außerhalb der Paarungszeit (Brunft) tendieren die Tiere dazu, sich mit anderen Individuen des eigenen Geschlechts zusammen zu tun.

So entstehen Rudel einerseits überwiegend aus »Alttieren« (erwachsene weibliche Tiere), Kälbern und »Schmaltieren« (weibliche Kälber des Vorjahres), unter die sich allerdings auch jüngere Hirsche mischen; andererseits gibt es reine Männergesellschaften, im Sommer aus den »Kolbenhirschen« (Geweih im Bast) und ab Mitte Juli den »Feisthirschen«[32]. Diese Trennung von weiblichen und männlichen Vertretern der Art hängt wesentlich mit den unterschiedlichen Nahrungsansprüchen der beiden Geschlechter zusammen. Die Männergesellschaften lösen sich Ende August Anfang September auf und jene Feisthirsche, die in der Blüte ihres Lebens stehen (etwa 7- bis 11-jährige), hüten dann für die etwa drei Wochen dauernde Brunft ein mehr oder weniger großes Kahlwildrudel, im Flachland etwas früher (ab Anfang September) und im Gebirge meist etwas später (Ende September; s.u.[33]). Während der Brunft ist von überall her das Röhren der Hirsche zu hören, das die Hirschbrunft zu einem so einzigartigen Erlebnis macht.

Die Rudelbildung ist einerseits eine Anpassung an die notwendige Feindvermeidung, und hat andererseits eine wichtige Funktion für die Weitergabe von individuellen Erfahrungen an die nachfolgende Generation (was die Biologen als »Tradition« bezeichnen; nächstes Kapitel). Die Lernfähigkeit des Rotwildes zusammen mit seinem hervorragenden Erinnerungsvermögen sind hierfür entscheidende Voraussetzungen. Dabei spielen zwei Ressourcen, die ein

32 Nur sehr alte, über 12-jährige Hirsche sind manchmal notorische Einzelgänger. Die Bezeichnung *Feisthirsch* kommt daher, dass die Hirsche in dieser Zeit am meisten Fettvorrat angesetzt haben.

33 Alttiere, die in der regulären Brunftzeit nicht »beschlagen« (befruchtet) werden, können bis in den Januar immer wieder Eisprünge haben, brunftig und eventuell dann noch beschlagen werden. Hirsche quittieren das mit Röhren zur Unzeit, z.B. an der Winterfütterung. Ich selbst habe einmal im September (!) ein wenige Tage altes Kalb von unserer Drahthaarhündin »gezeigt« bekommen, dass sich in einer ungemähten Wiese gedrückt hatte. Sowohl für Mutter- wie Jungtier ist das wegen der verkürzten Zeitspanne zwischen Setztermin und Winterbeginn keine gute Situation. Es fehlt ihnen dann die nötige Kondition, um den Winter erfolgreich überstehen zu können.

Lebensraum den Tieren bieten muss, eine dominante Rolle: Etwas zu futtern (Äsung) zu haben und Deckung, um sich vor Feinden (oder auch störenden Menschen) verstecken zu können. Die Tiere kennen ihre Streifgebiete bis in den letzten Winkel, was die Überlebenswahrscheinlichkeit gewaltig erhöht und auch aus energetischen Gründen wichtig ist (z.B. um bei harschem Wetter Schutz zu finden oder auch hochwertige Äsungspflanzen in ihrem energetischen Optimum zu nutzen). Für pflanzenfressende Tierarten, wie das Rotwild, ist die räumlich und saisonal unterschiedliche Verfügbarkeit von Futter im Jahreslauf maßgeblich für die Wahl ihrer Aufenthaltsorte (ihrer »Einstände«, um wieder ein Wort aus der Jägersprache zu benützen), die sie tagsüber und nachts aufsuchen.

Die Folge davon ist eine in der Regel arttypische Nutzung mehr oder weniger begrenzter, oft jahreszeitlich wechselhaft genutzter Areale, die im Englischen als *Home ranges*, im Deutschen meist als *Streifgebiete* bezeichnet werden (Tab. 5). Sie sind keine individuellen Territorien, die verteidigt werden, wie das z.B. Rehe mit ihren persönlichen Revieren tun, sondern bezeichnen Landschaftsbereiche, die den Hirschen oder Alttieren alles bieten, was sie zum Leben im Verlauf eines Jahres brauchen. In vielen Gebieten wird das Raum- und Rudelverhalten aber auch von der (Ansitz-)Jagd, d.h. vom Verhalten der Jäger, beeinflusst.

Streifgebietgrößen	**Alttiere**	[Hektar]	**Hirsche**
Ammergebirge	< 200		~ 200 - ~ 400
Nationalpark Bayerischer Wald	6.100		>1.000
Hunsrück	833		2.700
Harz (Fielitz)	602		1.928
Schorfheide	3.830		14.000
Ostseehalbinsel Darß	1.300		2.000
Insel Rum (Schottland)	400		500
Bulgarien (Zlatanova)	2.085		7.393

Tab.5 Streifgebietsgrößen aus verschiedenen Rotwildgebieten. Sie zu vergleichen macht wenig Sinn, weil sie von zu vielen ökologischen Einflussgrößen bestimmt werden (Gebiet, Geschlecht, tradiertes Raumverhalten, saisonal variierendes Äsungsangebot); auch die Abgrenzungsmethoden sind oft unterschiedlich. Es besteht aber eine Tendenz in Richtung kleinerer Homeranges der weiblichen Tiere.

Für die Nahrungsaufnahme ist die ursprünglich aus Savannen stammende Wiederkäuerart aus evolutionärer Sicht an offenes Grünland (im weitesten Sinn, Heiden, Moore, alpine Matten) oder wenigstens halboffene Wälder angepasst. In ihnen gelangt so viel Licht auf den Boden, dass sich auch im Bestand eine Gras- und Krautvegetation entwickeln kann (vgl. Kap.7)[34]. Rotwild ist aber nicht ausschließlich hierauf angewiesen, sondern frisst auch gerne Strauch- und Baumzweige oder Kastanien, Eicheln und Obst oder in der Feldflur Mais, Getreide, Rüben, Raps oder Kartoffeln; der Speisezettel der Tiere zeigt also auch, aus welchen Lebensräumen die Art eigentlich stammt. Die aufgenommene Nahrung wird zunächst in den Pansen geschluckt (wo sie einen halben bis mehrere Tage verweilen kann) und dort durch Gärung aufgeweicht, an der Unmassen von Bakterien(arten) und Einzellern beteiligt sind.

34 Rotwild nutzt eine Vielzahl verschiedener Pflanzenarten, wobei je nach Region und Jahreszeit (die Inhaltsstoffe, speziell Gifte, von Pflanzen sind nicht immer gleich) ausgeprägte Vorlieben für bestimmte Pflanzen bestehen.

Sobald es sich ein Tier wieder in der Deckung bequem gemacht hat, wird die aufgenommene Kost portionsweise hochgewürgt und wiedergekäut. Dieser Prozess kann sich mehrfach wiederholen. Dann wandert die Nahrung durch den Blättermagen in den Labmagen, wo schließlich die eigentliche Verdauung mittels Drüsensekreten stattfindet. Dieser Verdauungsvorgang wird während der Passage durch Dünn- und Dickdarm abgeschlossen. Die phantastische Erfindung des Wiederkäuens im Lauf der Evolution war der Wegbereiter für die enorme Vielgestaltigkeit der Wiederkäuer, ihre ökologische Flexibilität, eine effektive Feindvermeidung (schnelle Aufnahme größerer Nahrungsmengen und deren geruhsame Verdauung in der Deckung) und ihrer weltweiten Verbreitung.

An der räumlichen Einordnung des Verhaltens in den Tages- und Jahresgang der Umweltbedingungen sind beim Rotwild Traditionen ebenso beteiligt, wie genetisch fixierte Zeitprogramme (»Innere Uhren«). Mit ihrer Hilfe vermögen sie ihre Reaktionsbereitschaft rechtzeitig auf periodisch wiederkehrende Umweltereignisse einzustellen, z.B. auf den passenden Zeitraum für die spätherbstlichen Wanderungen aus den Sommereinständen in die klimatisch günstiger gelegenen Wintereinstandsgebiete.

Innere (biologische) **Uhren** justieren bei allen Organismen die verschiedenen Körperprozesse, wie z.B. Körpertemperatur, Blutdruck, Herzfrequenz, Atemtiefe, Stoffwechselaktivität oder Wachheit auf eine circadiane, d.h. ungefähr an 24 Stunden angepasste Tages-Rhythmik – ob Einzeller, Fliege, Maus oder Mensch. Steuerzentrum ist ein etwa reiskorngroßer Verband aus Nervenzellen im Gehirn der »Suprachiasmatische Nucleus«. Er aktiviert jeden Morgen, wenn Licht auf die Augennetzhaut fällt, die Produktionszyklen einer Vielzahl biologisch aktiver Substanzen, die als Taktgeber wirken. Äußerer Taktgeber ist der Licht-Dunkel-Wechsel.

Unser Jetlag bei Transatlantikflügen kommt daher, dass sich die verschiedenen Körperfunktionen unterschiedlich schnell auf den neuen Tag-Nacht-Wechsel am Ankunftsort einstellen und es deshalb einige Zeit braucht, bis sie sich resynchronisiert haben.

Was für Raumnutzungs- und Aktivitätsmuster unter den topographischen und klimatischen Bedingungen des Hochgebirges für Rotwild typisch sind, haben wir in den späten 1970er- und frühen 1980er-Jahren an Tieren beiderlei Geschlechts, die im bayerischen Ammergebirge gelebt haben, untersucht. Es ist Teil des großen alpinen Verbreitungsgebiets der Art. Es zeichnet sich durch ein Nebeneinander relativ naturnah verbliebener Hang- und Hochlagen und vom Menschen meist intensiver genutzter Talbereiche aus (vgl. Abb. 20). Wir hatten dort im Graswangtal nahe Oberammergau eine Außenstelle des Instituts für Wildforschung und Jagdkunde der Ludwig-Maximilians-Universität München (Fachbereich Forstwissenschaft) unter Professor Wolfgang Schröder.

Allda haben wir im Lauf mehrerer Jahre zumeist an verschiedenen Winterfütterungen insgesamt 10 weibliche und 9 männliche Tiere mit einem Narkosegewehr immobilisiert und mit Halsbandsendern ausgerüstet (Foto rechts). Das war damals eine in Deutschland noch sehr neue, *(Radio-)Telemetrie* genannte Forschungsmethode. Anhand der Sendersignale konnten wir sowohl die Standorte der Tiere bestimmen als auch deren Aktivität messen (bis heute sind in Deutschland rund 1000 Stück Rotwild mittels Halsbandsendern studiert worden).

Photo: Gisela Redlich-Georgii

Damals sind wir noch mit einer handgehaltenen Peilantenne durch die Berge gestiegen um die täglichen Standorte der Tiere festzustellen. Und in selbst gezimmerten, weit oben in den Bergen stehenden Kisten tickten batteriebetriebene Punktschreiber, um die Aktivität der besenderten Tiere aufzuzeichnen. Heute wird das mittels GPS-Sendern[35] gemacht. Sie senden ein Signal zu Satelliten, die dann die Position des besenderten Tieres an eine Bodenstation weiterleiten, die sich am Arbeitsplatz des Forschers befindet. Der kann am Bildschirm praktisch in Echtzeit verfolgen, wo sich seine Studienobjekte herumtreiben und was sie dabei tun – seinerzeit noch ein Traum. Die neue Technik erlaubt es außerdem, eine größere Zahl besenderter Tiere zeitgleich und nahezu lückenlos in ihrer Raumnutzung zu beobachten. Auch mit ihr lassen sich andererseits die Ursachen für ungewöhnliche Raumwechsel (z.B. eine Störung) nicht interpretieren. Dazu braucht es nach wie vor die Beobachtung durch den vor Ort anwesenden Forscher.

Aber betrachten wir mal einen Jahresablauf von Rotwild im Oberammergauer Studiengebiet.

35 von Englisch: Global Positioning System (Globales Positionsbestimmungssystem)

Unser damaliges Studiengebiet Graswangtal bei Oberammergau im Süden der Republik. | *Photo: Jörg Bodenbender*

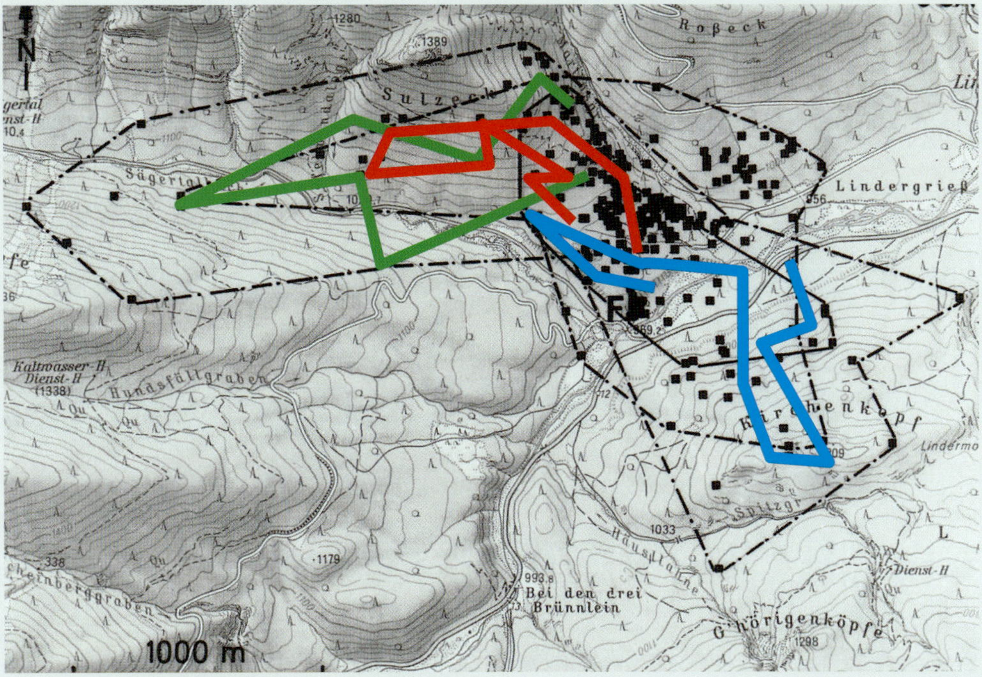

Abb. 19 Streifgebiete eines Alttieres (unterschiedliche schwarze Umrandungen), das sich das ganze Jahr im Tal und den angrenzenden Hanglagen aufhielt, während dreier Jahre und sein Bewegungsmuster an drei Tagen (farbige Linien); F = Fütterungsstandort | *Quelle: Georgii & Schröder 1983*

Von Tag zu Tag

Mittels der Sendersignale ließen sich den ganzen Tag die **Ortswechsel** der einzelnen Tiere verfolgen. In der Regel ist das Bewegungsmuster sehr variabel. So sind sie morgens hier, mittags dort und abends sowie in der Nacht nochmal wo anders. Sie bummeln umher, hat man den Eindruck (Abb. 19). Wie man heute weiß, sind auch solche kleinräumigen Ortswechsel an einem Tag das Resultat einer aus energetischen Gründen, Gründen der Feindvermeidung und für das Sozial- und Konfliktverhalten zielorientiert optimierten Raumnutzung.

Bei genauerem Hinsehen sind das Ortswechsel zwischen Lücken im Wald, wo Gräser, Kräuter oder Gehölzjungwuchs Äsung bieten und Dickungen oder Altbestände mit viel Unterholz, wo zwischendurch geruht wird. Denn Fortbewegung steht bei den Tieren fast ganz im Dienst von Futtersuche und -aufnahme.

Aufschlussreich waren auch die **Aktivitätsmuster** der Tiere. Sie waren nämlich sehr unterschiedlich, je nachdem, ob sich ein Stück Rotwild in den Talbereichen oder in den Berghängen aufhielt (Abb. 20). In den Tallagen haben die Tiere während Frühjahr und Herbst Zugang zu sehr hochwertigen Äsungsflächen (bewirtschafteten Weiden), die von ihnen aber ausgiebig nur in der Zeit von der Abend- bis zur Morgendämmerung genutzt werden können, weil sie tagsüber zu vielen anthropogenen (durch Menschen verursachten) Störungen ausgesetzt sind. Wie Arbeiten des Wiener Wildbiologen Walter Arnold ergeben haben (S.73), ist die Pulsrate,

Abb. 20 Aktivitätsmuster eines Alttieres im Herbst-, Winter- und Frühjahrsstreifgebiet in den Tallagen (links) und im Sommerstreifgebiet an den Berghängen und im alpinen Waldgrenzbereich (rechts); die einzelnen Aktivitätsschübe sind als schwarze Balken für jeweils 12 Tage, beide von morgens 6:00 Uhr bis wieder morgens 6:00 Uhr, dargestellt. | *Quelle: Georgii1980 (oben), Photos: Bertram Georgii (unten)*

der Tiere in dieser Zeit deutlich erhöht (gegenüber jener in den ruhigen Bergwaldeinständen), was darauf schließen lässt, dass hier das Rotwild unter ständigem »Hab-Acht-Stress« steht.

Im Bergwald dagegen ist ein sehr feines Patchwork aus bewaldeten Flecken und offenen Bereichen gegeben. Das schlägt sich in einem sehr erratischen Muster der Aktivitätsschübe, wie die Chronobiologen[36] zu den Aktivitätsphasen sagen, nieder: mal kurze, mal lange Schübe und am einen Tag zu ganz anderen Zeiten als am anderen, aber über den ganzen 24-Stunden-Tag verteilt. Im Sommer können Unterschiede in der Abfolge von Aktivitätsschüben auch davon abhängen, ob die Alttiere Kälber führen oder nicht, wie die schon erwähnten Studien der Arbeitsgruppe

36 *Chronobiologen* untersuchen die zeitliche Organisation von physiologischen Prozessen und wiederholten Verhaltensmustern bei Tieren und Pflanzen (biologische Rhythmen), so z.B. die Reaktion des Körpers auf den Tag-Nacht-Wechsel, die Steuerung des Vogelzugs etc.

um Tim Clutton-Brock auf der Insel Rum ergeben haben. Dort haben laktierende Alttiere mehr Zeit mit grasen verbracht als kälberlose. Trotzdem ist auch in der sommerlichen Verteilung der Aktivitätsschübe eine Neigung zu etwas Konzentration in den Nachtstunden zu erkennen.

Im Winter beschränkt sich die Raumnutzung der Tiere in Bundesländern mit Fütterungsbetrieb heutzutage auf ein meist kleines Streifgebiet – bei unseren Tieren von nur etwa 50 bis etwas mehr als 100 Hektar – rund um die Fütterungen. Ein wesentlicher Grund dafür ist, dass die am Tag genutzten Ruheplätze nicht weit von den Fütterungsanlagen entfernt liegen. Hier versammeln sich kleinere und größere Familienverbände, die sich im Frühjahr wieder trennen. Und weil die Fütterungen in dieser Zeit die Hauptnahrungsquelle der Tiere sind und aus Sicherheitsgründen von ihnen nur in den Abend- und Nachtstunden aufgesucht werden, konzentrieren sich im Winter die Aktivitätsschübe auch nur weitgehend auf diese Zeit.

Es sind also ständig Tiere auf den Beinen (Abb. 21), während andere pausieren. Das gilt für beide Geschlechter

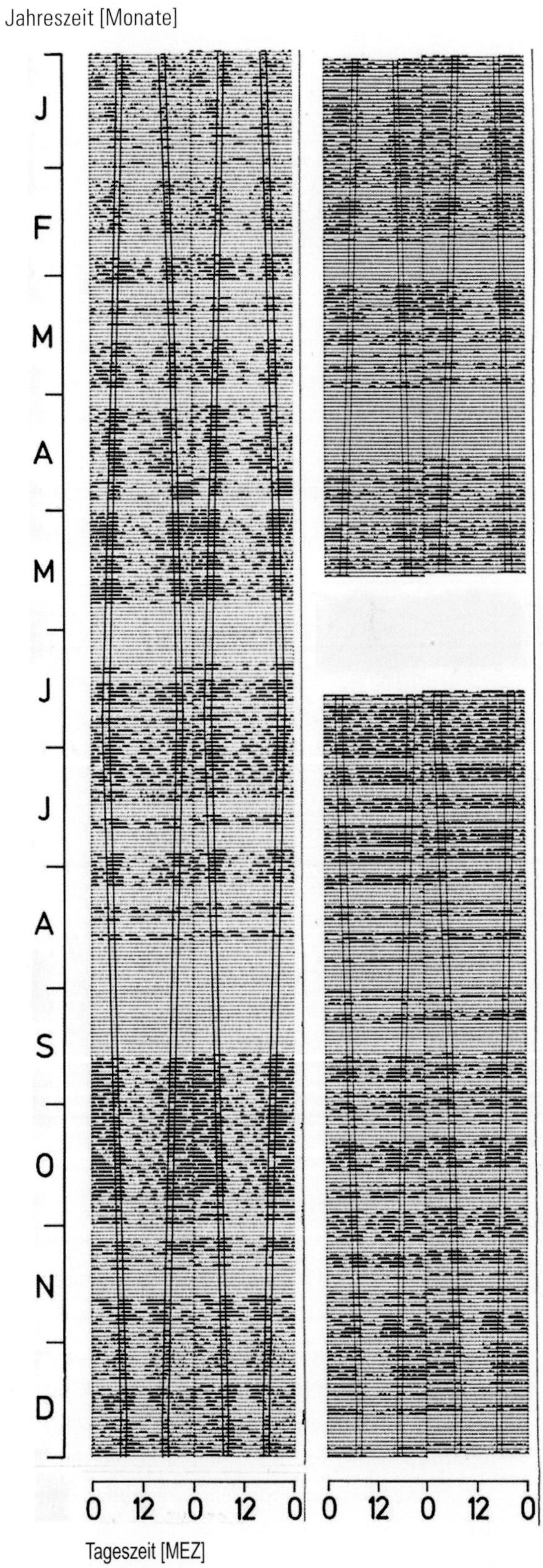

Abb. 21 Aktogramm links eines Alttiers und rechts eines Hirsches von Januar bis Dezember. Die bis mehrere Tage umfassenden Lücken ergeben sich daraus, dass sich die Tiere immer wieder in »Funklöchern« aufhielten. Jede Zeile zeigt immer zwei aufeinanderfolgende Tage, um auch von der Nacht ein durchgehendes Bild zu haben. Der Bereich zwischen den zwei der von oben nach unten verlaufenden, leicht schrägen Linien kennzeichnet die Dauer von Morgen- bzw. Abenddämmerung. Die hier registrierte Aktivität ist praktisch gleichbedeutend mit Nahrungsaufnahme. | *Quelle: Georgii & Schröder 1983*

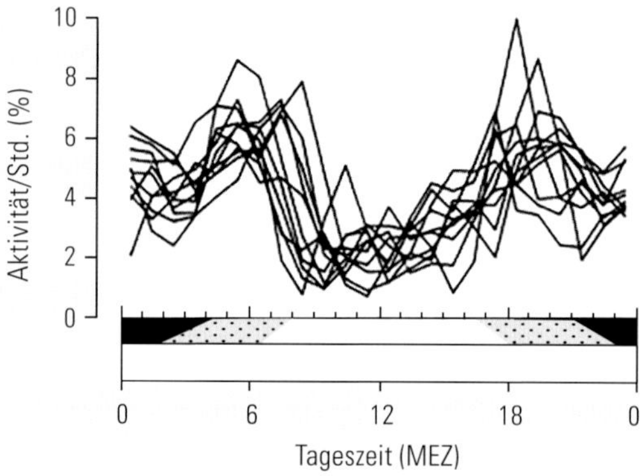

Abb. 22 Bimodale (zweigipfelige) Verteilung der Aktivität über den 24-Stunden-Tag. 11 Monate desselben Alttieres. Balken unter den Kurven: Nacht- (schwarz), Dämmerungs- (gepunktet) und Taganteil (weiß).
| *Quelle: Georgii1980*

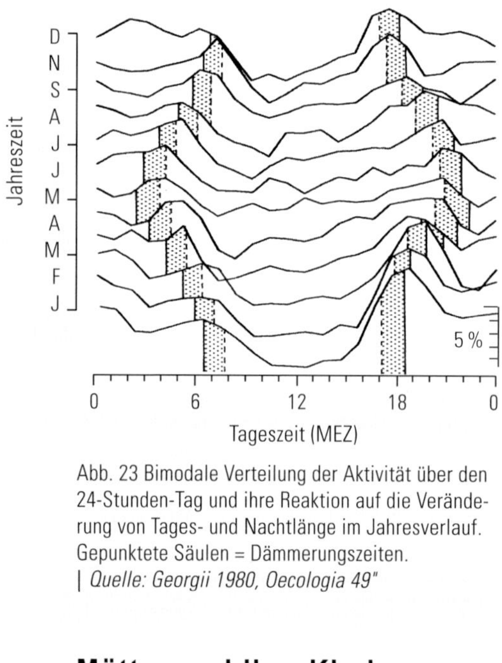

Abb. 23 Bimodale Verteilung der Aktivität über den 24-Stunden-Tag und ihre Reaktion auf die Veränderung von Tages- und Nachtlänge im Jahresverlauf. Gepunktete Säulen = Dämmerungszeiten.
| *Quelle: Georgii 1980, Oecologia 49"*

gleichermaßen. Es gibt deshalb keine »kollektiven« Ruhezeiten, d.h. Tageszeiten, zu denen Rotwild grundsätzlich ruhen würde, oder »kollektive« Aktivitätszeiten wie oftmals angenommen. Abbildung 22 lässt deutlich erkennen, dass sich das tägliche Verteilungsmuster der Aktivitätsschübe während des Jahres immer wieder ändert, sich die Aktivität z.B. mal mehr und mal weniger in den Dämmerungszeiten konzentriert.

Aber wenn man die Aktivität jeder einzelnen Stunde über einen Monat aufsummiert und dann den Mittelwert für jede Stunde bildet, wird deutlich, dass die Aktivität beider Geschlechter doch immer einem regelhaften bimodalen (d.h. zweigipfligen) Tagesablauf folgt (Abb. 22). Diese Aktivitätsperiodik mit zwei Maxima rund um die Morgen- und Abenddämmerung und gegenüber dem Tag in der Nacht meist etwas höherer Mobilität ist im Tierreich außerordentlich verbreitet und erreicht bei manchen Arten eine enorme Präzision. Mit dem Länger- und Kürzerwerden der Tage im Verlauf des Jahres verschieben sich die Aktivitätsmaxima (Abb. 23).

Daran kann man gut erkennen, wie die endogene circadiane *Aktivitätsperiodik* durch das tägliche Licht-Dunkel-Verhältnis gesteuert wird. Sie ist ein evolutionär so sehr konservierter Rhythmus, dass er bei Rentieren sogar während der sommerlichen Sonnenwende mit 24 Stunden Tageslicht bestehen bleibt.

Mütter und ihre Kinder

Im vorigen Kapitel konnte man immer wieder einmal zwischen den Zeilen lesen, dass das Verhalten der Tiere auch im Jahresverlauf ein – im wahrsten Sinne des Worts – Auf und Ab zeigt. Rotwild hat im Lauf der Evolution gelernt, sich glänzend mit dem Wechsel der Jahreszeiten zu arrangieren. So werden die im Winter auf Sparflamme gehaltenen Tätigkeiten mit Einsetzen des Frühjahrs wieder ausgedehnt: die Wege werden länger und das tägliche Aktivitätspensum nimmt zu. Die Frühjahrsstreifgebiete werden dadurch ebenfalls wieder größer.

Um die Monatswende Mai/Juni greifen dann viele Alttiere und Hirsche gewissermaßen das

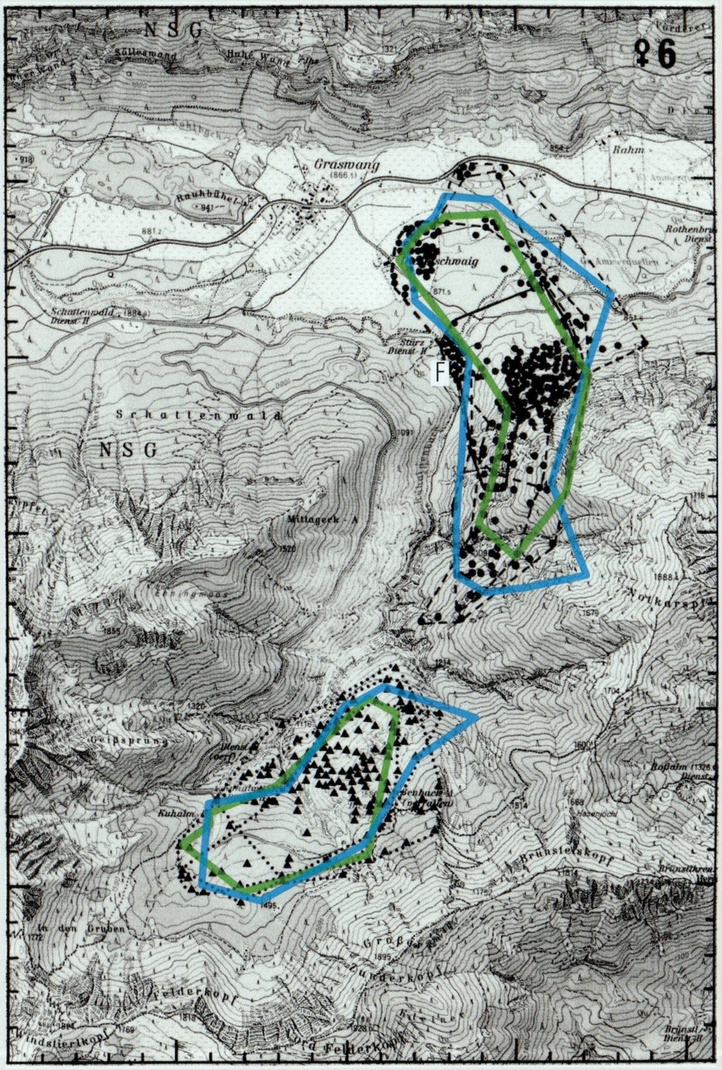

Abb. 24 Aufenthaltsorte (Punkte) und Streifgebiete eines Alttieres aus drei Jahren (gestrichelte Umgrenzungen); Punkte geben einzelne Ortungen wieder; Winterstreifgebiet mit durchgezogener Linie). Lage des Herbst-, Winter- und Frühjahrsstreifgebiets (oben, runde Punkte) im Einzugsbereich der Fütterung (F) und Sommerstreifgebiet in den Hochlagen (unten, dreieckige Punkte); außerdem zwei Jahrgänge eines der Kälber des Alttieres: 1978 (grün) und 1979 (blau). | *Quelle: Georgii 1980*

alte Wanderverhalten wieder auf. Sie verabschieden sich aus den Tallagen und stellen sich innerhalb oft nur einer Nacht in ihre Sommerstreifgebiete um, die bei uns meist im Bereich der oberen Waldgrenze liegen (Abb. 24) und Wald ebenso wie offene alpine Matten einschließen (früher waren das aber vieltägige Wanderungen aus den Wintereinständen im Alpenvorland in die Berge). Dieser Lebensraumwandel ist typisch für Rotwild im Gebirge wie Studien aus dem Schweizerischen Nationalpark, dem Nationalpark Hohe Tauern, dem Pinzgau sowie etlichen anderen Regionen zeigen. Auch dort haben, wie bei uns, manche Alttiere dazwischen aber noch für mehrere Tage einen Stopp auf halber Höhe eingelegt. Das erinnert stark an die frühere alpine Viehwirtschaft mit ihren »Nieder-, Mittel-« und »Hochlegern« (Almen) und hat mit dem je nach Höhenlage und Jahresentwicklung unterschiedlichen Ergrünen vor allem der Bodenvege-

Phänologischer Kalender
Im Unterschied zu den astronomischen oder kalendarischen Jahreszeiten kennen die Botaniker zehn Jahreszeiten, z.B. Vor-, Erst- und Vollfrühling ...

Jeder phänologischen Jahreszeit entsprechen bestimmte Zeigerpflanzen. So beginnt zum Beispiel der Vollfrühling mit der Apfelblüte. Der Beginn der einzelnen phänologischen Jahreszeiten kann aber – abhängig von der je nach Region früher oder später einsetzenden Entwicklung der Natur – zu unterschiedlichen Zeitpunkten beginnen.

tation (Gräser, Kräuter) zu tun (der Phänologie). Damit verbunden sind auch jahreszeitliche Unterschiede in der Nahrungsqualität. Anfangs ist nämlich eine gute Verdaulichkeit von Gräsern und Kräutern nur in den Tallagen gegeben. Und die Qualität der Nahrung in den Streifgebieten ist entscheidend für den Fortpflanzungserfolg der Alttiere. Der Start in die Hochlagen oder im Herbst wieder zurück in die Täler wird ebenfalls von der inneren Uhr getriggert, manchmal um einige Tage modifiziert durch ein besonders frühes oder spätes Frühjahr oder die ersten spätherbstlichen Schneefälle in den Hochlagen.

Wir haben damals den »Futterwert«, die chemische Zusammensetzung, von Gras in den verschiedenen Höhen übers ganze Jahr hinweg untersucht. Da zeigte sich eine gegenläufige Entwicklung von Rohfaseranteil und Eiweißgehalt: Ersterer nimmt im Jahresverlauf ab, während letzterer bis August zunimmt. Im Sommer bieten die Hochlagen mit ihren Matten also hochwertige, kalorienreiche und rohfaserarme Nahrung. Das ist ein wesentlicher Grund für die Frühjahrswanderung in die Hochlagen. Denn austragen, setzen und säugen des Kalbes ist mit einem hohen Bedarf an leicht verdaulichem energiereichem Futter verbunden. Der gesamte Verdauungstrakt stellt sich auch morphologisch auf diesen jährlichen Nahrungswechsel zwischen Winter und Sommer und genauso umgekehrt im Hebst ein. Die gleichzeitige Beweidung der Almen durch Vieh ist dabei eher ein Vor- als ein Nachteil: Sie erhöht die Attraktivität dieser Flächen, weil die verbissenen Gräser nachwachsen und in dieser Phase erneut einen hohen Nährstoffgehalt produzieren[37]. Die beweideten Flächen werden vom Wild auch nach dem Almabtrieb des Viehs noch eine Zeit lang bevorzugt beäst. Oft haben wir Rotwild und Weidevieh gleichzeitig auf unseren Almen äsen sehen. Der Rückgang der Almwirtschaft hat deshalb seine Schattenseiten. Auch die Murmeltiere leiden darunter, weil die für ihre Sicherheit vor Beutegreifern wichtigen offenen Flächen nach und nach zuwachsen.

Andererseits kann der Beweidungsdruck von Rotwild (bei hohen Dichten) auch Einfluss auf die Vegetation dort oben haben. So ergaben Untersuchungen der Universität Zürich im Schweizerischen Nationalpark im vorigen Jahrhundert, verteilt über 80 Jahre, dass einerseits vom Rotwild verschmähte Pflanzenarten häufiger wurden, sich andererseits aber auch die Zahl der Arten insgesamt verdoppelt hat, die Artenvielfalt also erheblich reicher wurde (das ist ein Beitrag zur Biodiversität; siehe S. 141). Den genau umgekehrten Prozess zeigten gezäunte, der Beweidung durch Rotwild entzogene Weiserflächen auf dem Truppenübungsplatz Grafenwöhr: die Pflanzendiversität nahm ohne Hirsche signifikant ab, in Weisergattern, die in Wiesen und Heiden lagen, nahm die Höhe von Vegetation und Streuschicht zu, der Anteil offenen Bodens ging zurück und die Gehölze (Sträucher, Baumarten) wurden mehr, weil die Flächen nicht von Rotwild beäst werden konnten.

---

37 Das funktioniert im Übrigen v.a. bei den Gräsern, nicht bei den Kräutern. Der Grund dafür ist die uralte Koevolution der Gräser mit pflanzenfressenden Säugetieren. Durch die Beweidung haben Gräser ihre Wachstumszonen von der Spitze der Pflanzen (wo sie bei krautigen Pflanzen sitzen), in ihren Wurzel- bzw. unteren Stängelbereich verlegt, so dass sie nach Verlust von Blättern oder Stängel sehr schnell erneut austreiben und weiterwachsen können.

In den Sommereinstandsgebieten werden dann auch die Kälber nach einer Tragzeit von etwa 230 Tagen gesetzt (geboren) – in der Regel bei Rotwild nur eines, ganz selten mal Zwillinge. Sie werden von der Mutter zunächst abgelegt und nur zum Säugen aufgesucht. Männliche Kälber sind bei der Geburt nach den Erfahrungen aus Schottland nicht nur schwerer, sondern werden auch häufiger und länger von der Mutter gesäugt und wachsen deshalb schneller als die Wildkälber. Schon nach einer Woche folgt das Kalb der Mutter, und zwar bis zur nächsten Brunft und darüber hinaus. Es wird nach fünf bis sieben Monaten von der Mutter entwöhnt, nimmt aber schon früher so nach und nach auch immer mehr feste Äsung auf. Das dann bestehende Dreiergespann – Alttier, Kalb und Schmaltier (das vorjährige Kalb) – ist eine verschworene Gemeinschaft, die sich wiederum mit anderem Kahlwild zu kleineren oder größeren Rudeln zusammentut.

Während der Zeit im Sommerstreifgebiet lernen die Kälber durch ihre Mutter dessen sämtliche Ecken kennen und dann auch den Weg zurück in die Tallagen (sie übernehmen auch ihr Verhalten gegenüber Feinden und anderen Gefährdungen). Der Abschied aus den Hochlagen erfolgt spätestens nach der Brunft Ende September, Anfang Oktober, manchmal erzwungen durch die ersten Schneefälle. Unten im Tal angekommen, lernt das Kalb ebenso das dortige Streifgebiet der Mutter und den Wintereinstand kennen und zieht mit ihr schließlich an dieselbe Winterfütterung (an den Winterfütterungen hält sich im Übrigen in der Regel weibliches und männliches Wild gemeinsam auf). Im nächsten Frühjahr marschieren dann die Drei wieder in das Sommereinstandsgebiet der Mutter, wo sich das ganze Prozedere mit dem nächsten Kalb wiederholt.

Anders als die Hirsche ziehen die weiblichen Tiere in der Regel nicht zu (weit) entfernten Brunftgebieten. Vielmehr liegen diese in ihrem Sommer- oder Herbststreifgebiet, bei uns in den Hochlagen oder im Tal, die sie jedes Jahr nutzen. Einzelne Tiere wechseln jedoch gelegentlich zwischen verschiedenen Brunftrudeln hin und her, wenn es in diesen Verwandte von ihnen gibt.

Als Schmaltier wieder mit der Mutter ins bekannte Sommerstreifgebiet gewechselt, zeigt das Tier ab da Jahr für Jahr nahezu das gleiche Raumnutzungsmuster wie die Mutter, obwohl sich das enge Band zwischen den beiden durchaus lockert (Abb. 24). Dabei kommt den Tieren ihr hervorragendes Erinnerungsvermögen zugute. Und selbst Mutter geworden, zeigt der Teenager seinem Sprössling genauso wieder den erlernten Raumwechsel. **Das Wissen um die Lage günstiger Winter- und Sommereinstände samt Wanderroute zwischen ihnen wird bei Rothirschen also über den engen Mutter-Kind-Zusammenhalt von einer Generation an**

Die **Winterfütterung** von Rothirschen wird in ganz Zentraleuropa praktiziert und dient v.a. folgenden Zwecken:

- **Die Folgen fehlender natürlicher Wintereinstände zu überbrücken**
- Sicherung der Überlebenschancen im Winter
- Verbesserung von Körpergewicht und Kondition
- Verbesserung des Fortpflanzungserfolgs
- Verbesserung der Trophäen (Größe, Endenzahl)
- Reduzierung von Schäl- und Verbissschäden

Heute sind Winterfütterungen darüber hinaus wichtige Instrumente, um lenkend auf die räumliche Verteilung von Rotwildbeständen einzuwirken. Winterfütterung bedeutet aber auch immer geringere Wintersterblichkeit und mehr Zuwachs. Das kann wiederum die Notwendigkeit höherer Abschüsse nach sich ziehen. Eine Domestikation der Tiere ist damit nicht verbunden.
Die maßgeblichen Begründungen für Winterfütterung sind hier fett herausgehoben.
Wegen der Konzentration vieler Tiere in einem bestimmten Gebiet sind Fütterungen immer Krisenherde für den Wald. Eine Einstellung der Fütterung sollte wo immer möglich in Betracht gezogen werden. Überraschenderweise geht das meist ohne größere Probleme.

die andere weitergegeben, »tradiert«, wie die Biologen sagen. In jedem Rotwildgebiet gibt es aber auch Tiere, die das ganze Jahr im gleichen Einstandsgebiet (oft in den Tallagen) bleiben (vgl. Abb. 19). Bei ihnen funktioniert die Einstandstradition genauso, nur dass sie dann nicht so auffällig abläuft wie im zuvor geschilderten Fall. Diese Standorttreue ist vor allem dort vorteilhaft, wo ein und derselbe Lebensraum im weiteren Umfeld einer Winterfütterung zu allen Jahreszeiten ein Auskommen bietet. Und wie immer in der Natur, gibt es auch beim Rotwild – vermutlich genetisch beeinflusst – Ausreißer, d.h., Tiere mit einer Neigung zur Abwanderung ohne Wiederkehr.

So nehmen sich vor allem die Hirsche regelmäßig die Freiheit heraus, auch mal die Welt kennenlernen zu wollen. Die meisten verlassen das mütterliche Streifgebiet nämlich mit zwei bis drei Jahren – mit Beginn der Geschlechtsreife – und gehen auf Wanderschaft. Nach den Erfahrungen von der Insel Rum, wo etwa ein Drittel der jungen Hirsche in andere Inselteile abwanderte, waren das stets solche, die ein höheres Geburtsgewicht hatten als ihre Cousins.

Die gleiche Art von Raumnutzung hat sich auch in Telemetriestudien im Nationalpark Hohe Tauern und im Schweizerischen Nationalpark abgezeichnet. Das zeigt, dass fast jede Eigenschaft im Leben von Rotwild den Bedingungen des Lebensraums, in dem sie sich aufhalten, angepasst ist. Im Gebirge mit seinen topographischen und klimatischen Extremen ist das ganz besonders ausgeprägt. Aber auch in unseren Mittelgebirgen, etwa dem Bayerischen Wald, dem Fichtelgebirge (Abb. 25) oder dem Harz, ist dieser Wechsel zwischen Sommer- und Winterstreifgebieten üblich gewesen, heute aber nur noch selten so deutlich. Selbst in manchen Flachlandgebie-

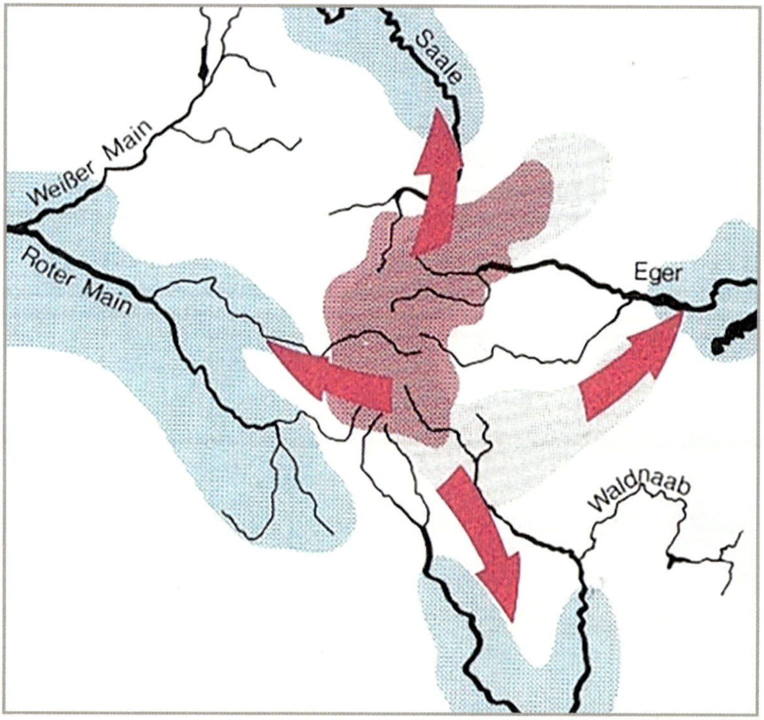

Abb. 25 Das Rotwildgebiet Fichtelgebirge mit den historischen Wintereinstandsgebieten außerhalb dieses Mittelgebirges (hellblaue Flächen). Heute lebt das Rotwild ganzjährig dort, wo es früher nur die Vegetationsperiode verbrachte (rote Fläche). | *Quelle: Konradin Verlag Robert Kohlhammer GmbH*

ten gibt es das. Die damaligen Wege in die Auenlandschaften entlang der großen Flüsse sind jedoch schon lange genauso unterbunden wie die weiten Wanderungen im Voralpengebiet. Allerdings sind diese Auen heute so beschädigt und intensiv durch uns Menschen genutzt, dass sie sich als Wintereinstände ohnehin nicht mehr eignen würden.

Die endogen gesteuerte Jahresperiodik des Energiehaushalts (Nahrungsaufnahme, Aktivität) beider Geschlechter bleibt auch bestehen, wenn die äußeren Zeitgeber außer Kraft gesetzt werden, z.B. wenn man beide Geschlechter ad libitum füttert, d.h., ihnen in Experimenten das ganze Jahr über mehr Futter bietet als sie eigentlich brauchen oder wenn Rentiere im arktischen Sommer oder Winter wochenlang Dauerlicht oder Dauerdunkel ausgesetzt sind.

Rauflustige Väter

Wie schon am Ende des vorigen Kapitels angedeutet, haben junge Hirsche im Vergleich zu ihren weiblichen Geschwistern die Neigung, die mütterlichen Streifgebiete zu verlassen. Daraus ergibt sich ein in vielerlei Hinsicht anderes Raumverhalten als bei den weiblichen Stücken.

So war auffallend, dass die älteren der von uns telemetrierten Hirsche anstatt zwischen Tal- und Hochlagenstreifgebieten hin und her zu wechseln in den unteren bis mittleren Hanglagen der Täler blieben. Auch sie haben ihre Streifgebiete dort vom Winter in den Frühsommer hinein ausgedehnt. Dass Hirsche, sobald sie ein Alter von mehr als fünf Jahren erreicht haben,

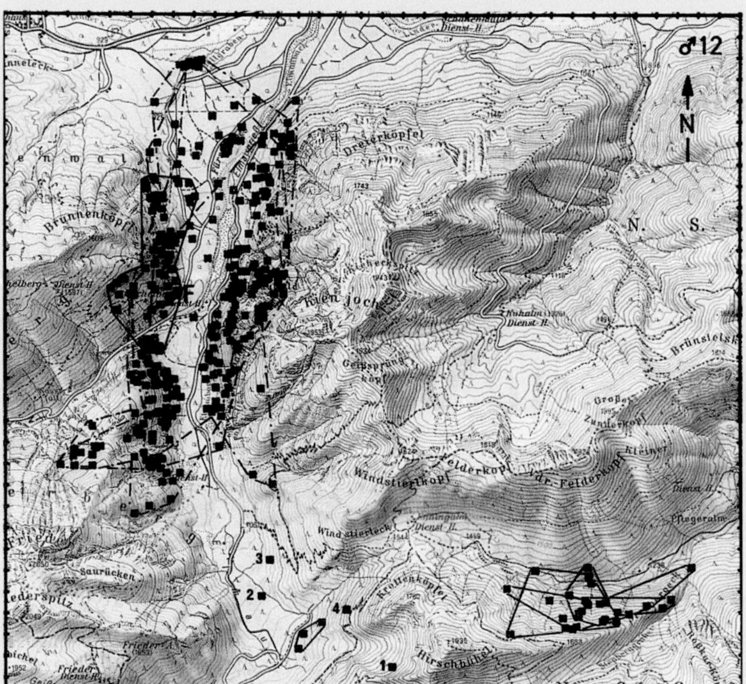

Abb. 26 Streifgebiet eines alten Hirsches während dreier Jahre (links, gestrichelte Linien); Fütterungsstandort mit Winterstreifgebiet (durchgezogene Linie). Brunftgebiet in Nachbarstal (rechts unten siehe Abb. 33, S. 75). | *Quelle: Georgii1980*

Als **Kommentkampf** bezeichnen Verhaltensbiologen eine ritualisierte Auseinandersetzung zwischen zwei Rivalen, bei der es meist zu keinen Verletzungen kommt. Kommentkämpfe verlaufen wie nach festgelegten Regeln, weshalb das Verhalten des einen Kontrahenten für den anderen weitgehend vorhersehbar ist. Meist wird der Streit beendet, sobald einer der beiden Hirsche Unterlegenheit signalisiert und das Weite sucht. Kommentkämpfe können aber in Beschädigungskämpfe übergehen, bei denen es dann auch zu ernsthaften Verletzungen kommt.

andererseits zur Brunft in oft weit entfernte Gebiete wechseln, ist jedem Rotwildkenner ein geläufiges Phänomen, weil es auch in anderen Bereichen der Republik vorkommt. Etliche Dutzend Kilometer können dabei schon mal zusammenkommen (manchmal 50–100 km oder noch mehr). Bei uns lagen die beiden Gebiete selten mehr als zwei Kilometer auseinander (Abb. 26), oft in einem benachbarten Tal. Sind sie in ihrem Brunftareal erfolgreich, wechseln sie Jahr für Jahr zur Brunft wieder dorthin. Der Aufbruch in die Brunftgebiete und wieder zurück erfolgte mit solcher Präzision an jeweils zwei Tagen, dass wir nach zwei Jahren den Kalender danach hätten stellen können. Außerdem machten sich die älteren Hirsche früher auf den Weg als die noch etwas jüngeren. Der Auslöser dieser Brunftwanderungen ist noch immer nicht richtig geklärt. Jedenfalls aber hat er etwas mit der Altersabhängigkeit des Testosteronspiegels zu tun. Und die Trennung von »Alltags-« und »Brunftgebiet« verhindert Inzucht.

Die »Brunftplätze« scheinen die Hirsche, einmal in Erfahrung gebracht, sehr genau im Gedächtnis zu behalten, denn sie werden von ihnen jedes Jahr wieder erneut angesteuert. Oder sie liegen in dem Gebiet, in dem sie geboren wurden, wie die Studien auf der Insel Rum vermuten lassen. In ihrem Brunftgebiet stehen sie dann für zwei bis drei Wochen ihren Mann, sofern nicht ein Herausforderer vor Ort erscheint, dem es gelingt, ihnen den Platz streitig zu machen, nachdem sich die beiden Recken im Stil eines *Kommentkampfs* miteinander gemessen haben. Ein charakteristisches Element dieses Imponierverhaltens ist bei Hirschen der sogenannte *Parallelmarsch*, bei dem die zwei Hirsche nebeneinander her stolzieren und versuchen, so auf den Gegner möglichst viel Eindruck zu machen bzw. ihn abzuschätzen (Abb. 27/2 und Abb. 28a). Dabei spielt das Geweih natürlich eine wichtige Rolle. Aber auch Körpergröße, die Brunftmähne (auffallend dicke und lange Halsbehaarung), optisches Drohverhalten, Geruchsreize und das imposante Röhren (oder Schreien, wie die Jäger einfach sagen[38]) sind wichtige Hilfsmittel. Wie aus den Studien von Tim Clutton-Brock und Brian Mitchell sowie dessen Arbeitsgruppe vom Institute of Terrestrial Ecology in Banchory an schottischen Rothirschen deutlich wurde, erlaubt das Röhren den Gegnern, ihre kämpferischen Fähigkeiten schon vorweg auf größere Distanz abzuschätzen (Abb. 27/1). Der Hirschruf steckt voller Informationen über den Rufer. Die Intensität des Röhrens steigt mit der Größe des Brunftrudels und wenn sich im Rudel empfängnisbereite Alttiere befinden. Oder er ist besonders intensiv während erfolgreicher Kämpfe. Der Nutzen davon besteht darin, dass so mancher potenzielle Angreifer von vornherein abgeschreckt wird.

Kommt es zu einer kämpferischen Auseinandersetzung, schieben sich die beiden Rivalen oft Dutzende von Metern über Stock und Stein hin und her (Abb. 27/4 und 28b); das kann viele Minuten dauern. Auf der Insel Rum war ein Platzhirsch etwa fünfmal pro Brunft in einen Kampf verwickelt. Verletzungen sind recht häufig, tödliche jedoch erstaunlich selten. Verletzungen – seien es solche am Körper oder abgebrochene Geweihstangen – sind oftmals mit dem sofortigen Verlust des Rudels oder auch dem Aus für die Teilnahme am Brunftgeschehen der Folgejahre ver-

38 Rotwild »äußert« sich aber auch noch auf andere Weise: Hirsche und Alttiere »schrecken«, wenn sie unsicher bezüglich einer wahrgenommen möglichen Gefahr sind. Muttertiere »mahnen«, um Kontakt zu ihrem Nachwuchs zu halten.

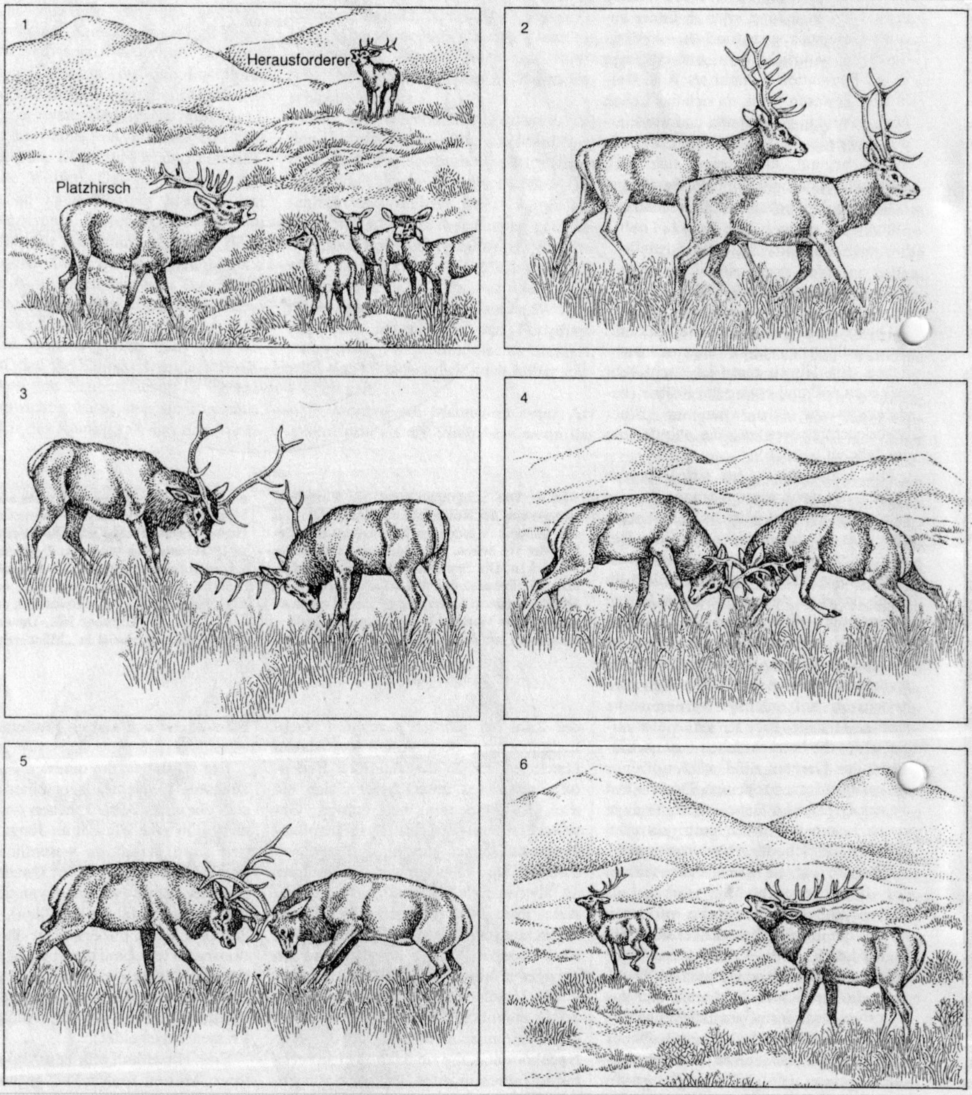

Abb. 27 Eine typische Auseinandersetzung zwischen zwei Hirschen auf einem Brunftplatz. Ein potenzieller Kontrahent fordert einen Platzhirsch heraus und sie versuchen sich schon auf Distanz durch Röhren abzuschätzen (a); dann nähern sich die beiden Hirsche mit bedächtigen Schritten und schwenken in einem Abstand von wenigen Metern auf einen Marsch Seite an Seite ein, den sog. Parallelmarsch (b); er kann mehrfach über einige Dutzend Meter hin und her gehen; plötzlich drehen sich beide mit gesenktem Kopf zueinander (c) und prallen mit krachenden Geweihen ineinander (d); eine ganze Weile schieben sie sich hin und her und drehen sich zwischen durch auch mal im Kreis (e), bis der Unterlegene plötzlich abdreht und flüchtet; der Sieger folgt im noch einige Schritte und röhrt im noch ein paar Mal nach. Die weiblichen Tiere äsen während der ganzen Szene anscheinend unbeeindruckt weiter. | *Quelle: Clutton-Brock, Guiness & Albon 1982*

bunden. Ohne Kampf gibt ein Platzhirsch sein Rudel nur selten auf. Es kann passieren, dass sich die Geweihe so ineinander verhaken, dass die beiden Kämpfer sich nicht mehr voneinander lösen können und nach einem langen Siechtum verenden (oder, wie bei einem unserer Senderhirsche,

Abb. 28a Zwei Hirsche auf der Insel Rum beim Parallelmarsch während einer Auseinandersetzung in der Brunft. | *Photo: Clutton-Brock, Guiness & Albon 1982*

Abb. 28b Grabenkampf. | *Photo: Gerald Reiner*

eine Geweihstange mitsamt einem Teil des Knochens aus dem Schädel herausgebrochen wird). Am häufigsten lassen sich Platzhirsche in jener Phase der Brunft auf Kämpfe ein, in der die meisten Alttiere paarungsbereit sind, also offenkundig dann, wenn sie ihren »persönlichen« Fortpflanzungserfolg maximieren können. Auch dabei spielt die Modulation des Röhrens eine bedeutsame Rolle, denn tiefe Rufe stimulieren die Alttiere. »Der Sieger nimmt sich eine heiße Kuh, der Verlierer einen kühlen Schluck« (aus Horst Sterns Bemerkungen über den Rothirsch)[39].

Das Brunftrudel ständig zu umkreisen und gelegentlich in kämpferische Auseinandersetzungen verwickelt zu werden ist ein anstrengender Job. Weil die Platzhirsche kaum dazu kommen, zu äsen (nur etwa fünf Prozent der üblichen Zeit), verlieren sie während der Brunft bis zu zwanzig Prozent ihres Körpergewichts. Das ist der Input, den sie für die Vielweiberei (Polygynie[40]) und Konkurrenz um möglichst viele Paarungschancen leisten müssen (auch das weibliche Geschlecht frisst in dieser Zeit weniger). Meist sind die aktiven und erfolgreichsten Brunftteilnehmer ältere, sieben- bis elfjährige Hirsche (Abb. 29 a). Beim weiblichen Geschlecht wird der Fortpflanzungserfolg mehr vom sozialen Rang und der Kondition bestimmt. In diesen Jahren ist auch das Körpergewicht der Hirsche am höchsten. Für noch ältere Hirsche scheint das Spektakel zu anstrengend zu werden. Aber auch jüngere Hirsche sind vor Ort und umschwärmen als »Beihirsche« das Rudel, um vielleicht wenigstens beiläufig mal zum Zuge zu kommen.

In der Brunft tummelten sich auch jede Nacht auf einer großen Wiese vor unserer Dienststelle im Graswangtal zwei Rudel. Das eine bestand aus rund dreißig Stück Kahlwild und einigen jüngeren Hirschen, das andere nur aus etwa fünf Tieren, beide Rudel getrennt durch einen teilweise alleeartigen Feldweg. Und jedes von ihnen wurde von einem starken Platzhirsch gehütet. In dem großen Rudel hielten sich auch in unterschiedlicher Kombination zwei oder drei unserer besenderten Tiere auf. Und diese haben – für uns ziemlich unerwartet – den Tag an ganz verschiedenen Stellen der umliegenden Berghänge verbracht. Das heißt, das große Brunftrudel hat sich tagsüber aufgelöst und sich erst nach der Abenddämmerung wieder auf der großen Talwiese zusammengefunden. Das scheint eine dem Sicherheitsbedürfnis

39 Sehr gut beschreibt W. Bützler in seinem Buch Rotwild die Einzelheiten des Brunftgeschehens und Christine Miller in einem Artikel der österreichischen Jagdzeitschrift Der Anblick Heft 9 aus dem Jahr 2011, was der Hirschruf an Geheimnissen birgt.

40 griech.: poly = viel, gyné = Frau; Fortpflanzung eines männlichen Individuums während der Brunft mit mehreren weiblichen Tieren. Polygynie ist bei Säugetieren die häufigste Lebensweise.

der Art geschuldete Verhaltensweise zu sein, die auch schottische und schweizer Kollegen beobachtet haben. Denn im Offenland in großen Gruppen zu leben bietet besseren Schutz vor Beutegreifern (oder Störungen durch Menschen), während im Wald große Gruppen schlicht unpraktisch sind.

Mütter und Väter, Töchter und Söhne

Sich erfolgreich fortpflanzen und dadurch möglichst viele der eigenen Gene in Nachkommen und Population einzubringen, war ein Grundprinzip in der Evolution aller Lebewesen und ist es immer noch. Um dabei so erfolgreich wie möglich zu sein, verfolgen die beiden Geschlechter ganz unterschiedliche Strategien. Sie haben im Laufe der Evolution auch zu dem offenkundigen Größenunterschied von männlichen und weiblichen Rothirschen geführt, der in der Biologie als *Geschlechtsdimorphismus* bezeichnet wird[41]. Hirsche können fast doppelt so schwer werden wie Alttiere. Wie die unterschiedlichen Strategien beim Rotwild funktionieren, haben Tim Clutton-Brock und sein Team während zwölfjähriger Beobachtungen an 1.000 Individuen beiderlei Geschlechts auf der Insel Rum herausgefunden.

Das in Abbildung 27 beschriebene Brunftplatzzeremoniell ist typisch für Säugetierarten, bei denen sich erfolgreiche Männchen, in diesem Fall Hirsche, das »Paarungsmonopol« über einen Harem aus Weibchen sichern. Entscheidende Erfolgsfaktoren sind dabei Körpergröße und Kampfkraft, die sie schon durch ein hohes Geburtsgewicht in die Wiege gelegt bekommen. Es sorgt auch für ein schnelleres Wachstum im ersten Lebensjahr. Sie werden dafür obendrein häufiger und länger von ihren Müttern gesäugt als Wildkälber. Durch diese vorzugsweise Investition der Energiereserven in schnelles Jugendwachstum, trifft Nahrungsmangel die Hirsche andererseits viel empfindlicher als die weiblichen Stücke, weil ihnen Reserven für strenge Winter fehlen. Dazu passt, dass auch die einzigen drei besenderten Individuen, die in unserem hochgebirgigen Studiengebiet im Winter umgekommen sind, Hirsche waren.

Der Fortpflanzungserfolg eines Hirsches beruht ganz wesentlich auf seiner Kampfkraft, weil sie über seinen Erfolg, ein Brunftrudel erobern und verteidigen zu können, entscheidet. Und davon hängt auch die Zahl seiner Nachkommen ab, wie das Beispiel aus den Beobachtungen auf der Insel Rum zeigt. Am erfolgreichsten erwiesen sich dort Hirsche im Alter zwischen sieben und zehn oder elf Jahren (Abb. 29a), während der sie in der Regel nicht mehr als sechs bis zehn überlebende Kälber pro Brunft gezeugt haben. In ihrem ganzen Leben waren es infolge der hohen Verluste selten mehr als zwei Dutzend. Das Platzhirschphänomen bedeutet im Übrigen, dass in jeder Brunft die meisten Hirsche einer Population nicht zum Zuge kommen.

Der Fortpflanzungserfolg der Alttiere hängt hingegen nicht, wie man vermuten könnte, von der Zahl der Geschlechtspartner, sondern davon ab, wie viele Nachkommen sie in ihrem Leben zur Welt bringen und erfolgreich aufziehen können (Abb. 29b). Dafür spielt ihre körperliche Verfassung, ihre Kondition, eine große Rolle, die wiederum von Quantität und Qualität der für ein Muttertier verfügbaren Nahrung abhängt, denn Trächtigkeit und Säugen

41 altgriech.: dímorphos = »zweigestaltig«

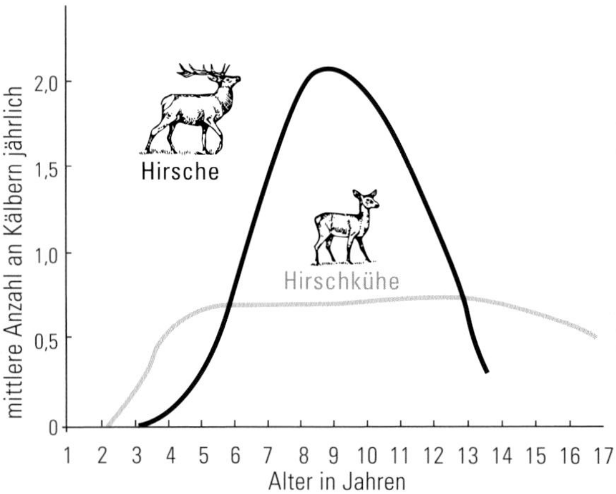

Abb. 29a Der Fortpflanzungserfolg männlicher Rothirsche ist altersabhängig, weil darüber die bis zum neunten oder zehnten Jahr zu- und dann wieder abnehmende Kampfkraft entscheidet. Bei den Alttieren wird der Fortpflanzungserfolg vor allem vom sozialen Status und der Kondition (Ernährungszustand) bestimmt.

verlangen den Müttern alles ab. Eine genaue Kenntnis der besten Äsungsplätze in ihrem Streifgebiet und deren möglichst stress-, das heißt konkurrenz- und störungsfreie Nutzbarkeit ist dafür eine wichtige Voraussetzung. Das Gleiche gilt für den sozialen Rang eines Muttertieres, der auch für den Status seiner Familie in der lokalen Population entscheidend war, indem er an den bevorzugten Äsungsplätzen über die Reihenfolge beim Fressen entschied. Außerdem zeigte sich, dass die Söhne ranghoher Mütter erfolgreicher waren als deren Töchter.

Jahr	**männliche Hirsche, geboren 1972**			
	erstes Individuum: Broc		**zweites Individuum: Yhoc**	
	mittlere Haremsgröße	**gezeugte Kälber**	**mittlere Haremsgröße**	**gezeugte Kälber**
1972	Kalb		Kalb	
1973	Jährling		Jährling	
1974	zweijährig		zweijährig	
1975	dreijährig		dreijährig	
1976	kein Harem	keine Kälber	eine Hirschkuh	keine Kälber
1977	kein Harem	keine Kälber	vier Hirschkühe	vier Kälber
1978	eine Hirschkuh	keine Kälber	drei Hirschkühe	zwei Kälber
1979	kein Harem	keine Kälber	vier Hirschkühe	zwei Kälber
1980	drei Hirschkühe	ein Kalb	fünf Hirschkühe	drei Kälber
1981	zwei Hirschkühe	keine Kälber	fünf Hirschkühe	zwei Kälber
1982	kein Harem	keine Kälber	stirbt	
1983	stirbt			

Abb. 29b Fortpflanzungserfolg zweier männlicher Rothirsche während 12 Beobachtungsjahren auf der Insel Rum. Das kampfkraftbedingt größere Rudel des Hirsches Yhoc (rechte Hälfte der Übersicht) führt zu einem besseren Fortpflanzungserfolg als dem von Broc (links). | *Quelle: Clutton-Brock 1985*

Etwa ein Drittel der Mütter, die Hirschkälber aufgezogen hatten, blieben im folgenden Jahr ohne Nachwuchs. Auf Rum gab es Alttiere, die fast jedes Jahr ihre Kälber verloren und das während ihrer gesamten sechs bis zwölf fortpflanzungsaktiven Lebensjahre (Abb. 29 b). Auf mehr als zehn in ihrem Leben erfolgreich aufgezogene Kälber kamen Alttiere daher meistens nicht.

Von Jahr zu Jahr

Doch wieder zurück zu unseren Oberammergauer Studien. Die Ausweitung der Streifgebiete mit ausgehendem Winter ist gleichzeitig mit mehr Mobilität verbunden, was sich deutlich in der Menge an täglich abgeleisteter Aktivität niederschlägt (Abb. 30). Bis weit in den Sommer hinein nimmt die tägliche Gesamtaktivität zu und bleibt bis in den Herbst hinein hoch. Hier fällt im Vergleich zu den Hirschen die von Juni bis in den November hinein deutlich höhere Aktivität der Alttiere auf. Sie ist wahrscheinlich der Kälberaufzucht geschuldet. Eine ganze Reihe von Studien hat darüber hinaus ergeben, dass die Muttertiere auch intensiver in Bereichen mit qualitativ höherwertigerem Futter unterwegs sind als die Hirsche (vgl. voriges Kapitel). Vermutlich deshalb sind auch die Streifgebiete der Alttiere kleiner als die der Hirsche. Deutlich wird im Verlauf der Kurven ebenso die »Feistzeit«, in der sich die Hirsche zurückziehen, um vor der Brunft nochmal kräftig Energie zu tanken. Im November fällt die Tagesmenge der Aktivität dann wieder auf ein niedriges Winterniveau ab. Auch hier gibt es deutliche Unterschiede zwischen einzelnen Individuen. Im Winter ist schlicht Energiesparen angesagt, das vermutlich genetisch programmiert ist.

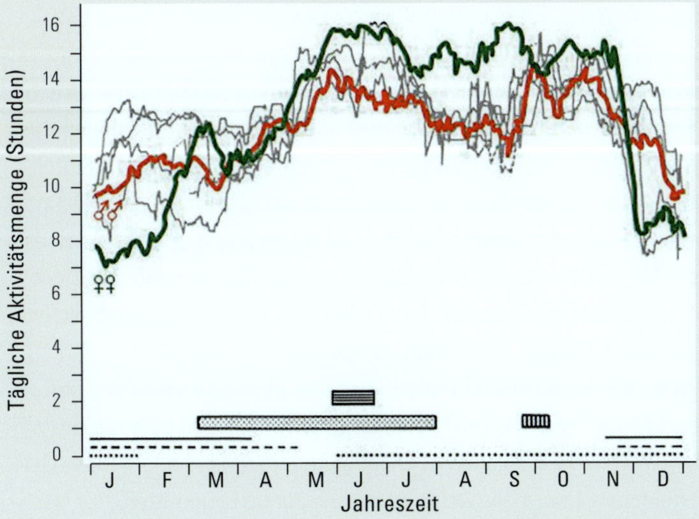

Abb. 30 Jahresgang der täglichen Gesamtaktivität. Gleitendes Mittel für Hirsche (rot) und Alttiere (grün). Die rote Hirschlinie ist mit den Einzelkurven von sieben Hirschen hinterlegt (graue Linien). Waagerecht schraffierter Balken = Setzzeit; punktierter Balken = Bastzeit; senkrecht schraffierter Balken = Brunftzeit; waagerechte Linie = Winterzeit mit geschlossener Schneedecke; gestrichelte Linie = Fütterungszeit; gepunktete Linie = Jagdzeit.
| *Quelle: Georgii1980*

Photo: ©rupbilder/stock-adobe.com

Gerüstet für eisige Zeiten

Knapp zwanzig Jahre nach unseren Studien hat sich der Biologe Walter Arnold vom Forschungsinstitut für Wildtierkunde und Ökologie der Universität Wien gefragt, was eigentlich hinter dem starken Abfall der Aktivität in den Wintermonaten steckt. Denn dass es da raffinierte Anpassungen gibt, zeigt sich schon äußerlich am Wechsel zwischen dünnem Sommer- und dichtem Winterfell (bzw. der »Decke«, wie die Jäger zum Fell sagen), die im Winter eher grau als braun-rot ist, wahrscheinlich um weniger aufzufallen. Das ist aber nicht die einzige Anpassung, mit der sich Rotwild (und auch die anderen heimischen Schalenwildarten) an den Nahrungsmangel und die niedrigen Temperaturen im Winter durch einen langen evolutionären Prozess angepasst hat. Eine seit langem bekannte Strategie von Säugetieren, die in kalten Winterzeiten mit ihren Kräften haushalten müssen, ist, neben der Absenkung ihrer Aktivität auch ihren Stoffwechsel wirksam zu reduzieren. Wie macht das Rotwild?

Arnold und sein Team haben vier männlichen und fünf weiblichen Individuen in Höhe des Brustbeins Sender implantiert, mit denen sie die Herzschlagfrequenz und die Temperatur im Unterhautgewebe dieser Körperstelle messen konnten. Die Tiere lebten frei beweglich in einem 35 Hektar großen Gehege unter relativ naturnahen Bedingungen in einem fünfzehnköpfigen Rudel und wurden ad libitum gefüttert, d.h., die Tiere hatten uneingeschränkten Zugang zu Futter. Trotzdem nahmen die Tiere im Winter weniger Nahrung zu sich und das, obwohl in dieser Jahreszeit die energetischen Kosten für die Wärmeregulation höher sind als im Sommer. Deshalb ist es für die Tiere überlebensnotwendig, mit den Energiereserven, die sie in Form von Fettdepots speichern, bei niedrigen Temperaturen möglichst sparsam umzugehen. Wie regeln sie das?

»Es muß mitunter auch die Sitte gewesen sein, einem gefangenen Hirsch ein Halsband umzulegen und ihn wieder freizulassen ... eine Halskette von Messing, deren Glieder zweifingerbreite Platten bilden ...«
Franz von Kobell 1859

Im Winter kann Rotwild notwendige Energieausgaben wegen der raren Nahrung nicht decken. Daher ist es wichtig, einen Lebensraum zu finden, in dem die Ausgaben geringgehalten werden können. Diese Orte sind heutzutage normalerweise Wintereinstände in unmittelbarer Nachbarschaft von Fütterungsanlagen. Während sich diese sinnvollerweise an mikroklimatisch günstigen Standorten befinden sollten, ist das aber oftmals nicht der Fall (befinden sich z.B. nordseitig in Waldbeständen, die den ganzen Tag keinen Sonnenschein sehen).

Im Wiener Gehege zeigte sich, dass die Verdauung der Nahrung umso mehr Energie kostet, je proteinreicher die Nahrung ist und nicht etwa die Nutzung der rohfaserreichen Winteräsung (Abb. 31). »Auf den ersten Blick erscheint dieses Ergebnis unverständlich«, so Arnold, »denn Rohfaser ist doch schwer verdaulich, im Gegensatz zu Eiweiß oder Fett. Den Aufschluss der Rohfaser übernehmen beim Wiederkäuer jedoch die Mikroorganismen im Pansen – dem Tier selbst entstehen dadurch keine direkten Energiekosten«. Gleichzeitig ist die Nahrungsausbeute eine effizientere als im übrigen Jahr. Auf diese Weise kann die unergiebige Nahrungssuche im Winter eingeschränkt werden.

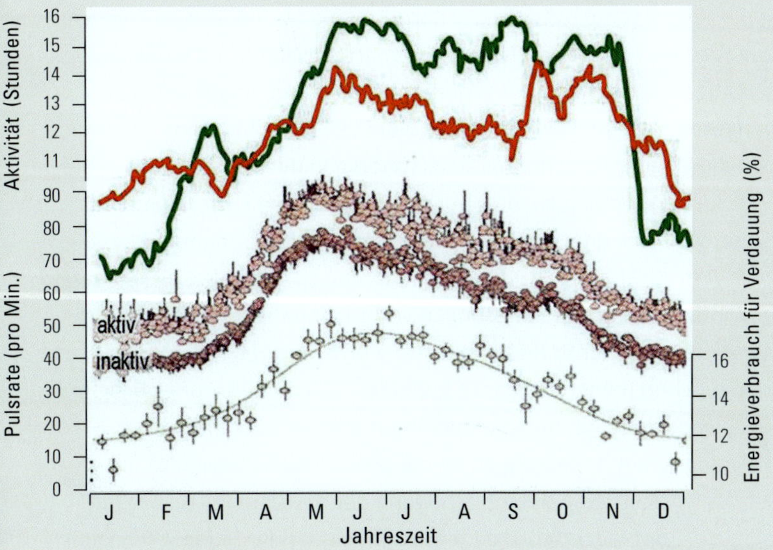

Abb. 31 Jahresgang der von uns gemessenen täglichen Gesamtaktivität (vgl. Abb. 30) im Vergleich zu den Daten von Walter Arnold: Herz-(Puls-)rate seiner Versuchstiere bei Aktivität (hellrote Punkte) und in Ruhe (dunkelrote Punkte) und der Energieaufwand, der auf die Verdauungsaktivität entfällt (graue Punkte). Die Pulsraten bei Aktivität und bei Inaktivität zeigen einen nahezu identischen Verlauf, nur auf unterschiedlichem Niveau. | *Quellen: Georgii & Schröder 1983; Arnold 2010*

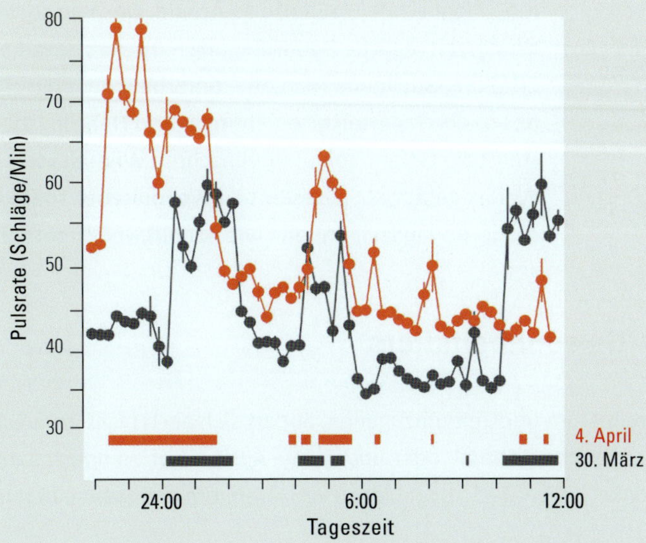

Abb. 32 Unterhauttemperatur (schwarze Kurve) und Puls- bzw. Herzrate (rote Kurve, als Messwert für den Energieverbrauch) eines zehnjährigen Hirsches aus den Versuchen von Walter Arnold in zwei Spätwinternächten (30. März) im Wiener Forschungsgehege. Schwarze Balken unten: Aktivitätsschübe. | Quelle: Arnold 2010

Photo: ©PIXATERRA/stock.adobe.com

Nicht minder erstaunlich waren die Ergebnisse der Temperaturmessungen im Unterhautgewebe (Abb. 32). Die Tiere können offensichtlich die »Körperschale, also die Gliedmaßen und die äußeren Teile des Rumpfes, über die Wärme an die Umgebung verloren wird, weniger durchbluten und so die Wärmeproduktion auf Sparflamme zurückfahren« so Arnold weiter, weshalb sie in den äußeren Körperteilen stark auskühlen, wodurch sie weniger von der inneren Körperwärme abgeben bzw. verlieren. Das ähnelt physiologisch winterschlafenden Tieren (z.B. Murmeltier, Igel oder Siebenschläfer; Photo oben links) allerdings mit dem Unterschied zu diesen, dass das Rotwild nicht über Tage, sondern nur im Bedarfsfall, d.h. bei widrigen Wetterverhältnissen, bis zu acht oder neun Stunden auf diesen Energiesparmodus schaltet.

Durch die Absenkung der Körpertemperatur in der Körperschale bis auf 15°C gelingt es Rotwild, seine Energieausgaben und damit den Nahrungsbedarf im Winter auf weniger als die Hälfte des Sommerniveaus zu senken. »In der Evolution«, so Arnold, »haben sich deshalb jene Individuen durchgesetzt, die im Winter einfach weniger Appetit hatten«. Und noch etwas Interessantes haben die Wiener Forscher herausgefunden: In der sozialen Hierarchie weiter unten stehende Individuen kommen leichter mit der winterlichen Futterknappheit zurande als dominante Tiere, weil ihre energetische Leistungsfähigkeit anscheinend besser ist. Im Übrigen hat es in unserem gebirgigen Studiengebiet ab und zu einzelne Stücke Rotwild gegeben, die den ganzen Winter abseits von Fütterungen verbracht haben, ein Phänomen was genauso im Nationalpark Bayerischer Wald beobachtet wurde und zeigt, wie winterhart Rotwild sein kann. Im Extrem, leben manchmal ganze Rudel fernab von Fütterungsanlagen in den verschneiten Hochlagen (vgl. auch Steinhirsch-Phänomen, nächstes Kapitel).

Der Preis für diese physiologischen Anpassungen an die winterlichen Zwänge ist allerdings eine Beeinträchtigung der Bewegungs- und damit der Fluchtfähigkeit. »Mit kälteklammen Gliedmaßen kann man nicht schnell laufen!« so Arnold. Deshalb sollte in der Winterzeit jegliche Beunruhigung – ob durch Jagd oder Erholungssuchende (Kap. 9) – unterbleiben, »denn wegen des dadurch gesteigerten Energie- und Nahrungsbedarfs steigt die Gefahr von unerwünschten Wildschäden an der Waldvegetation. Spätestens zu Weihnachten sollte eine moderne Jagdzeit enden« wie Arnold weiter betont.

Die Gebirgshirsche sind ... gewöhnlich stärker am Leib, als die Landhirsche ... sie wechseln oft weit, und als noch auf dem Schleisheimer Moos* Standwild war, konnte man nicht selten einen Berghirsch im Rudel beobachten ... Umgekehrt wandern auch die Landhirsche in's Gebirg.«
Franz von Kobell 1859
* nördlich von München

Wanderlust eines Gewohnheitstiers

Diese Art des Rotwilds, mit Raum und Zeit umzugehen, ändert sich auch nicht grundsätzlich, wenn vorzugsweise junge Hirsche, Schmal- oder noch junge Alttiere auf Wanderschaft gehen. Das bis in den letzten Winkel bekannte Streifgebiet zu verlassen, um irgendwo einen neuen

Lebensraum zu erschließen, d.h., gewissermaßen nach dem Prinzip von »Versuch und Irrtum« Unbekanntes zu erkunden, birgt aber stets ein beachtliches, weil unkalkulierbares Risiko für die Tiere. Ein Verbleiben im bewährten Lebensraum erhöht also die Überlebenswahrscheinlichkeit. Dies bedingt die Standorttreue des Rotwildes, besonders des Kahlwilds (s.o.).

Wie schon erwähnt, gehen die jungen Hirsche im Alter von zwei bis drei Jahren, der Geschlechtsreife, meist auf Wanderschaft und vagabundieren dann zunächst ziellos umher. Dabei machen manche oft weite Wanderungen. Bei uns wanderte zum Beispiel ein junger Hirsch aus dem Graswangtal bei Oberammergau Richtung Westen bis nach Füssen. Das waren, je nachdem, welche Route er gewählt hat, bis zu dreißig Kilometer. Irgendwo und eben oft meilenweit von ihrem Geburtsgebiet entfernt schließen sich solche Wanderer dann örtlichen Hirschen oder Hirschrudeln an und etablieren »wo es ihnen gut gefällt« ein neues Streifgebiet. Mit den anderen Hirschen wechseln sie schließlich im Frühwinter an eine dortige Fütterung. Sie machen sich also gewissermaßen die Ortskenntnisse alteingesessener Individuen zunutze. Auch bei männlichen Rothirschen finden sich also immer wieder die gleichen Raumnutzungsmuster. Manche scheint es aber auch »nach Hause« zurückzuziehen. Jedenfalls kehrten bei uns zwei solcher Vagabunden nach einem Jahr wieder zurück. Im Übrigen sind solche männlichen Wanderhirsche sehr wichtig für den genetischen Austausch zwischen Rotwildgebieten und zusammen mit ebenfalls wanderfreudigen weiblichen Tieren wesentliche Motoren bei der (Wieder-)Ausbreitung der Art in von ihr bis dahin nicht besiedelte Lebensräume (Kap. 10). Doch nicht selten werden genau diese Hirsche auf ihren Streifzügen und Wanderungen zuerst geschossen (oder werden gelegentlich auch Opfer von Verkehrsunfällen).

Abb. 33 Der Senderhirsch, dessen Raumnutzung in Abb. 26 wiedergegeben ist; der Sender hängt so schief, weil sich auf dessen linker Seite die Befestigung vom Halsband gelöst hat. | *Photo: Bertram Georgii*

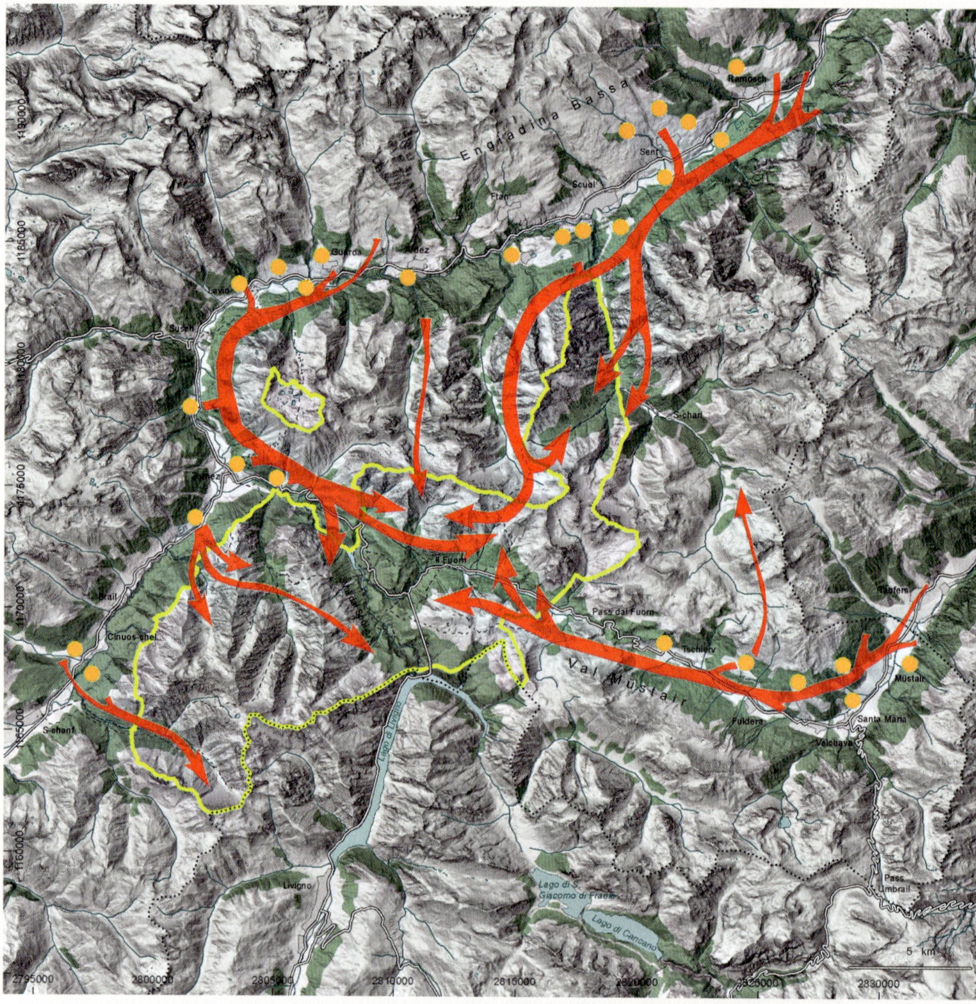

Abb. 34 Die zwei wesentlichen Wanderrouten des Rotwilds in den Schweizerischen Nationalpark: das Inntal (oben) und das Münstertal (rechts darunter) hinauf (rote Pfeile); gelbe Kreise: Fangorte in den Wintereinständen; grüne gepunktete Linie: Parkgrenze. | *Quelle: Schweizerischer Nationalpark*

- Winterliche Fangorte
- Saisonale Wanderungen Richtung SNP
- Schweizerischer Nationalpark

Gelegentliche größere Ausflüge aus primär genutzten Einstandsgebieten mit anschließender Rückkehr, sind auch von Kahlwild bekannt. So verlassen z.B. ab und zu ganze Kahlwildrudel ihr primäres Einstandsgebiet im schleswig-holsteinischen Rotwildgebiet Hasselbusch und bummeln für Tage oder sogar Wochen durch die halboffene Agrarlandschaft. Dabei entfernen sie sich bis zu 15 Kilometer von ihrem ursprünglichen Einstandsgebiet, kehren aber dann wieder dorthin zurück. Das illustriert die auch dort bestehende enge Bindung der Muttertiere an ihre Einstände, die genauso an ihren Nachwuchs tradiert wird, wie oben beschrieben. Ein gut bekanntes Einstandsgebiet hat zweifellos Vorteile: die Tiere wissen z.B. wo sie im Falle einer Störung, in der Naturlandschaft auch beim Auftauchen eines Raubtiers, ein sicheres Versteck

Abb. 35 Steinhirsche oberhalb der Waldgrenze. Gut zu erkennen sind vom Wind frei gewehte Partien mit potenzieller Äsung. | *Photo: privates Archiv*

finden. Viele Beobachtungen zeigen, dass auch Tiere, die etwa im Rahmen einer Treibjagd aus ihrem Streifgebiet vertrieben wurden, innerhalb weniger Stunden oder Tage wieder dorthin zurückgekehrt sind.

Wie unabänderlich die Wege von Rotwild zwischen Winter- und Sommereinständen sein können, demonstriert ebenso eine Beobachtung vom Nordwestrand des Ammergebirges. Das dort heimische Rotwild zog in früheren Zeiten regelmäßig im Spätherbst aus den Bergen in die Flusslandschaft des Lechs nördlich von Füssen, deren Vegetation aus Weiden, Erlen, Eschen oder Wacholder von November bis Ende April, also für ein halbes Jahr, hervorragende Wintereinstände bot. Der Lech war damals noch ein richtiger Wildfluss mit sich ständig umlagerndem Verlauf. Dort wurde nicht gefüttert; für Hirsche wie Alttiere und Kälber war Schmalhans Küchenmeister und manches schon vorher sehr schwaches Stück überlebte den Winter nicht. Als dann im Jahr 1954 der Lech zwecks Energiegewinnung zum Forggensee aufgestaut wurde, versank diese 1500 Hektar große Flussniederung im Wasser. Noch drei Jahre lang ist danach ein Teil des Rotwilds jeden Spätherbst in den See hinausgeschwommen und hat dort nach den gewohnten Überwinterungsbereichen gesucht, wie uns der damals für das dortige Revier des Forstamts Hohenschwangau zuständige Förster erzählt hat.

Ganz generell sind Rothirsche übrigens gute Schwimmer. Im schweizerischen Calfeisental oberhalb von Bad Ragaz durchrinnt Rotwild jedes Frühjahr einen zwei Kilometer langen Stausee, dem die alte Wanderroute zum Opfer gefallen war, in Richtung seiner hochalpinen Sommereinstände, die oberhalb des Stausees liegen. Und in Schottland schwimmen immer wieder einmal Hirsche oder Alttiere zwischen den Inseln der Inneren Hebriden hin und her.

Die etwa 1.800 Stück Rotwild, die im Schweizerischen Nationalpark in Höhenlagen bis zu 3.000 Metern für etwa fünf Monate ihren Sommereinstand haben, wandern aus unterschiedlichen Wintereinständen über Distanzen von fünf bis neunzehn Kilometern dorthin: Zum einen aus dem Engadin das Inntal hinauf, zum anderen aus dem Münstertal. Im Nationalpark mischen sie sich dann. Die meisten Tiere verlassen im Herbst nach der Brunft wieder den Park und ziehen zurück in das Tal, aus dem sie im Frühjahr gekommen waren (Abb. 34). Dabei können im Park nah benachbarte Sommereinständler weit voneinander entfernt liegende Überwinterungsgebiete haben.

In manchen Gebieten der Alpen überwintert Rotwild aber auch in den Hochlagen und ohne Fütterung, was allerdings eher ein seltenes Phänomen ist. Denn auf alpinen Matten gibt es viele dem Wind ausgesetzte und süd- oder südwestexponierte Flächen, wo der Schnee weggeweht wird und die Sonnenstrahlung Temperaturen liefert, die oft höher sind als in den Tälern mit ihren Inversionslagen[42]. Geländesenken und Grate bieten außerdem Windschutz. In diesen Bereichen ist Nahrung für diese Steinhirsche (Abb. 35), wie sie auch genannt werden, problemlos zugänglich, wenn auch karg, und auch die Fortbewegung ist leichter, weil die Tiere

42 Eine *Inversionslage* ist eine Wetterlage, bei der die oberen Luftschichten wärmer sind als die unteren. Oft liegt dabei über dem Talboden ein geschlossenes Nebelfeld (Inversionsschicht), während darüber die Sonne strahlt. Deswegen ist es in den Hochlagen der Berge dann wärmer als im Tal.

nicht in tiefem Schnee einsinken. Dieses Verhalten ist vor allem in Gebirgsgegenden zu beobachten, in denen nicht gefüttert wird (was heute selten ist), in den Wäldern der Berghänge-wenig Nahrung vorhanden und dort die Schneedecke dick ist Konzentrationen größerer Rudelgemeinschaften in klimatisch günstigen Wintereinständen und weite Wanderungen dorthin waren schon immer für die Art typisch und sind z.B. genauso vom nordamerikanischen Wapiti bekannt. Ein bekanntes Beispiel ist das Überwinterungsgebiet *Jackson Hole* im Bundesstaat Wyoming (Abb. 36). Dort finden sich jeden Spätherbst tausende (!) Wapitis aus dem rund 100 km entfernten Yellowstone und Grand Teton Nationalpark ein (Abb. 38). Früher zogen die Wapitis allerdings dort noch weiter ins Land hinaus, bevor die Siedler in der Region die Wanderungen mehr und mehr zu blockieren und schließlich auch zu füttern begannen.

Abb. 36 Das Wintereinstandsgebiet tausender Wapitis aus dem Yellowstone und Teton Nationalpark in Jackson Hole, Wyoming, USA. | *Photo: Kari Cieszkiewicz*

5. BARRIERE ODER KORRIDOR?

Auf einen Blick

Heute sind die Zerschneidung der Landschaft durch Verkehrsinfrastrukturen und dichte Besiedlung die gravierendsten Bedrohungen für die genetische Vielfalt der Art Rothirsch.

Die Überwindung der verschiedenen Zerschneidungswirkungen durch ökologische Korridore zur Wiederherstellung von Biotopvernetzungen ist deshalb ein zentrales Anliegen des »Bundesprogramm Wiedervernetzung« der Regierung.

Rotwild dient dabei als Flaggschiffart zur Identifikation geeigneter Standorte für Tierquerungshilfen (Über- und Unterführungen) im deutschen Verkehrswegenetz.

Was das Rotwild heute in den Bergen, in Mittelgebirgen oder auch in anderen Regionen so im Jahresverlauf an Raumwechseln praktiziert, ist eigentlich nurmehr ein kümmerliches Überbleibsel seines Raumverhaltens aus früheren Zeiten.

Tempi passati

Dem Rotwild sind in den letzten zwei bis drei Jahrhunderten viele seiner natürlichen Winter- und Sommerlebensräume oder zumindest Teile davon verloren gegangen – zunächst durch die Rodung der Wälder zur Gewinnung landwirtschaftlichen Kulturlands, später durch die Intensivierung der Landwirtschaft und schließlich auch durch die zunehmende Zersiedelung und verkehrsbedingte Zerschneidung der Landschaft. Dadurch ist das Äsungsangebot nicht nur weniger, sondern auch ein qualitativ anderes geworden, seine Verteilung hat sich geändert (große Wälder hier, ausgedehntes deckungsarmes Offenland dort, Einstandsangebot), ebenso seine Verfügbarkeit (unnatürlich hohes Äsungsangebot während der Vegetationsperiode, unnatürlich geringes Äsungsangebot im Herbst nach der Ernte, sog.Ernteschock, und vor allem im Winter). Diesen Mangelerscheinungen wird vielfach mit den verschiedensten Maßnahmen zur Äsungsverbesserung zu begegnen versucht (Wildwiesen im Wald, Anlage von Wildäckern, Winterfütterungen u.ä.). Damit eine Erhöhung des Wildbestands oder gar die Verbesserung der Trophäen zu verfolgen ist ökologisch nicht vertretbar und sollte der Vergangenheit angehören.

Lange bevor die Fütterung zur allgemeinen Waidmannspflicht wurde[43], verließ das Rotwild im Herbst unwirtliche Lebensräume und begab sich in klimatisch begünstigte Einstandsgebiete, etwa Talauen längs der großen Flüsse (vgl. Kap.4). Im bayerischen Alpenraum z.B. wanderte es dann aus den Bergen entlang der großen Flüsse Iller, Lech, Loisach, Isar oder Inn oft bis weit hinaus ins Vorland (z.B. bis in den Raum München). Die klimatisch günstigeren Flussauen boten mit ihren Weichhölzern (vor allem z.B. Weiden, Erlen, Zitterpappeln) genug Äsung, um über den Winter zu kommen – und es störte niemanden, dass dafür die Gehölze massiv geschält und verbissen (d.h. Triebe oder Knospen abgebissen) wurden. Heute »vergreifen« sie sich in ihren nicht mehr

43 Eine systematische Fütterung wurde erstmals Mitte des 19. Jahrhunderts in den Revieren des Fürsten Pless zwecks Produktion starker Trophäen (!) betrieben.

Wintergatter
sind ca. 30–40 Hektar große Gehege um Winterfütterungen und eine Erfindung steiermärkischer Großgrundbesitzer.
Sie sind wildbiologisch umstrittene, floristisch verarmte Einrichtungen und eigentlich eine Notlösung, die dem Verlust natürlicher Überwinterungsgebiete geschuldet ist. Für den Wirtschaftswald sind sie eine Entlastung und das Wild und das Wild findet sein Ruhebedürfnis optimal befriedigt, weil es vor Störungen (z.B. Abwurfstangensuchern) sicher ist. Wenn sich das Wild jedoch frühzeitig einstellt, kann es nicht mehr bejagt und der Abschuss nicht erfüllt werden. Dabei ließen sich nach Erfahrungen im Nationalpark Bayerischer Wald je nach Geländestruktur im Wintergatter Reduktionsabschüsse sehr schonend für das übrige Wild durchführen (was allerdings einer Sondererlaubnis bedarf).

Das Gattern wilder Tiere über etwa fünf Monate pro Jahr stößt auch auf ethische Einwände und ist für viele unvereinbar mit dem Wildtiercharakter.

unbedingt artgemäßen Wintereinständen stattdessen an forstwirtschaftlich wertvollen Gehölzen, Tanne, Buche, Ahorn, Esche und Co., ruinieren mit dem Schälen die Holzqualität (vgl. Abb. 61, S. 130) und Förster wie Waldbesitzer jammern. Grund dafür sind aber oftmals auch die Standorte der Winterfütterungen und die Lage der Tagesquartiere in schälgefährdeten Waldbeständen (s.o.). Auch die Sommereinstände in unseren Mittelgebirgen, wurden, wie schon erwähnt, früher für die Wintermonate zugunsten gemütlicherer Gefilde in den Niederungen der Umgebung verlassen, die in dieser Jahreszeit eher Nahrung boten. Bis die Wanderer dann im Frühjahr wieder in ihren Sommereinständen auftauchten, hatte dort die Vegetation reichlich Zeit, sich zu erholen (diese Zeitverzögerung wird heute dadurch zu »simulieren« versucht, dass man die Tiere in sogenannten Wintergattern einsperrt und sie aus diesen erst zu einem passenden Zeitpunkt im Frühjahr wieder entlässt).

Nach der Gründung des Nationalparks Bayerischer Wald im Jahr 1970 wurden dort z.B. die 30 freien Rotwildfütterungen in den unteren Hanglagen zugunsten dreier Wintergatter aufgelassen (heute sind es vier). Viele Tiere kehrten allerdings mit großer Beharrlichkeit allwinterlich an die aufgelassenen Fütterungsstandorte zurück. Durch starken Jagddruck gerade auf diese Tiere verloren sich nach und nach deren Wandertraditionen. Auch in den Hanglagen des Parks wurde zunächst noch stark gejagt, um den Bestand zu verringern. Das hatte zur Folge, dass das Wild im Frühjahr schließlich aus den Gattern direkt in seine Sommereinstände im Niemandsland zwischen bayerischer Landesgrenze und Grenzzaun zu Tschechien wechselte, wie sich anhand von 25 besenderten Tieren zeigte[44]. Deshalb, und weil im Park anfangs wegen der Schadenslage noch gejagt wurde, war er damals schließlich den Sommer über weitgehend rotwildfrei. Selbst nach Abbau des Grenzzauns war dieser für diese Tiere immer noch eine Linie, die sie kaum je überschritten. Das zeigt einmal mehr, wie sehr sich Rotwild durch jagdliche Maßnahmen lenken lässt. Als dann der Borkenkäfer[45] auf riesigen Flächen des Parks sogenannte Totholzflächen schuf, entstanden dort auf mehr als 50 km^2 phantastische Sommereinstände, weil in den lichten Totholzflächen allmählich dichtes junges Laubholz aufwuchs (Abb. 37).

44 Die unmittelbare Grenze des Nationalparks zu Tschechien bedeutet, dass heute auf tschechischer Seite Rotwild frei vorkommt, auf bayerischer aber nur im Rotwildgebiet Bayerischer Wald.

45 *Den* Borkenkäfer gibt es übrigens gar nicht. Allein in Deutschland gibt es über hundert Borkenkäferarten. Der häufigste ist der auf Fichten spezialisierte, etwa fünf Millimeter kleine Buchdrucker (*Ips typographus*). Die Borkenkäferlarven legen im Holz unter der Rinde Fraßgänge an, die die Leitungsbahnen der Bäume durchschneiden und so den Nährstofftransport im Stamm unterbinden.

Abb. 37 Borkenkäferfläche im Nationalpark Bayerischer Wald (großes Bild). Borkenkäfer in seinem Fraßgang (kleines Bild links); typisches Fraßbild des Borkenkäfers (kleines Bild rechts).
| *Photos: Rainer Simonis*

Hier bewegten sich die besenderten Tiere oft nur auf eng umgrenztem Raum und sogar in unmittelbarer Nähe von Wegen, wie der Wildbiologe des Nationalparks, Marco Heurich, berichtet.

Auch in unserem Studiengebiet wurde in einem Seitental des Graswangtals der lenkende Effekt der Jagd auf Rotwild deutlich (vgl. S. 61): Alle dort mit Sendern ausgestatteten Stücke hielten sich auf der linken, weitgehend unzugänglichen Talseite auf. Durch den anderen Berghang verlief eine Forststraße, die den jagdlichen Zugang und die Bringung erlegten Wildes sehr erleichterte. Während das Wild auf dieser Talseite dezimiert wurde, lebte mit der Zeit auf der gegenüberliegenden Seite immer mehr Rotwild. Das kann zur Übernutzung der verfügbaren Nahrung solcher Teileinstände führen. Durch entsprechende Konzeption einer Bejagungsstrategie können also gezielt Raumnutzungsmuster ab- oder aufgebaut werden.

Ein gutes Beispiel für das Zusammenspiel aus Bejagung und Raumnutzungstraditionen ist (oder war) auch der Schweizerische Nationalpark. Dort hat es in den 1970er-Jahren zu immensen Wilddichten im Park geführt, weil nur jene Tiere erlegt wurden, die im Herbst zur Jagdzeit den Park schon verlassen hatten. Die anderen »warteten« praktisch im Park das Trommelfeuer außerhalb ab und bezogen erst nach der Jagdzeit ihre Wintereinstände im Tal. Die Folge waren ein immer mehr steigender Bestand im Park und einige Wintersterben gigantischen Ausmaßes.

Beide Situationen zeigen: Werden von einer Rotwildpopulation immer die gleichen »Zielgruppen« bejagt, erlöschen bestimmte Raumnutzungsmuster. Umgekehrt kann durch eine raumbezogene Bejagung aber auch die Wiederbesiedlung freigewordener (»leergeschossener«) Rotwildreviere, ausgehend von Kernrevieren, gefördert werden. Das braucht aber Zeit, unter Umständen Jahre. Oft sind junge Hirsche und Schmaltiere die ersten Rückkehrer, die es dann zu schonen gilt. Dieser Zusammenhang zwischen Raumnutzung und Bejagung ist ein wichtiger Grund für die in fast allen unseren Rotwildvorkommen (ungewollt) so ungleiche Verteilung der Tiere.

Heute hat die Fragmentierung der mitteleuropäischen Landschaft durch die dichte Besiedlung und das engmaschige Straßennetz (Abb. 38), durch kanalisierte Flüsse und sonstige Barrieren oder durch die intensive Nutzung des Offenlandes durch Landwirtschaft und der Landschaft ganz allgemein durch die verschiedenen Freizeitnutzungen ein solches Ausmaß erreicht, dass Tierarten, die zu weiten Exkursionen neigen, wie etwa Rothirsch, Wildschwein oder Wolf, überall auf Hindernisse stoßen (nächstes Kapitel). Für das Gebirgsrotwild war das das Aus für seine saisonalen Wanderungen ins Alpenvorland. Heute überwintern fast alle diese Tiere in der nahen Umgebung von Fütterungen am Nordrand der bayerischen Alpen, in den Gebirgstälern oder am Außenrand der Mittelgebirge (vgl. Abb. 25; S. 64). Eigentlich leben sie damit heute ganzjährig in Gebieten, in denen sie früher nur die Sommermonate verbrachten. Nicht anders ist das in einigen unserer Mittelgebirge.

Zerschnitten und zerstückelt

Am Straßennetz lässt sich das Problem besonders deutlich vor Augen führen (Abb. 38), weil heute dazu sehr illustrative Telemetriedaten einer Reihe von Wildtieren vorliegen. Für kleine Säugetierarten (Mäuse, Bilche) können schon schmale Straßen (z.B. Gemeindeverbindungsstraßen) nahezu unüberwindbare Barrieren darstellen. Für größere Wildtiere sind das Straßen mit einem Verkehrsaufkommen von wenigstens 10.000 KFZ/Tag und das damit verbundene Mortalitätsrisiko für querende Tiere. Opfer des Straßenverkehrs zu werden kann die Populationen von Tierarten mit geringen Nachwuchsraten ernsthaft gefährden; Hirsch, Reh oder Wildschwein können die Verkehrsverluste aber verkraften. Andererseits bilden Autobahnen und andere Straßen oder Eisenbahnlinien durch ihr Begleitgrün längst ihrerseits ein Netz von Korridoren bzw. Ausbreitungswegen, gerade für Arten, die durch LKW-Transporte oder Züge von weit daher angereist kommen.

Photo: Bertram Georgii

Abb. 38 Die A8 Stuttgart-Ulm auf der Schwäbischen Alb 2002. Derart verkehrsreiche Autobahnen sind auch ohne Wildschutzzaun, wie diese, nahezu unüberwindbare Barrieren (vgl. Abb. 46). | *Photo: Bertram Georgii*

Abb. 39 Für große Wildtiere sind insbesondere unsere mit Wildschutzzäunen versehenen Autobahnen unüberwindbare Barrieren, sofern sie nicht über Tierquerungshilfen verfügen. | *Photo: Helge Schulz*

Für größere Wildtiere wirklich gravierende Barrieren sind Straßen, die von *Wildschutzzäunen* gesäumt werden, allen voran die Autobahnen ebenso wie viele ICE-Trassen (Abb. 39). An ihnen endet so manche Wanderung von Rothirsch, Wildschwein, Wolf oder Luchs (Abb. 41a) oder diese Straßen bilden eine »künstliche« Streifgebietsgrenze (Abb. 41). Und selbst flugfähige Tiere, wie etwa Fledermäuse, scheuen die Querung von Autobahnen (Abb. 41b) oder fallen dem nächtlichen Verkehr zum Opfer.

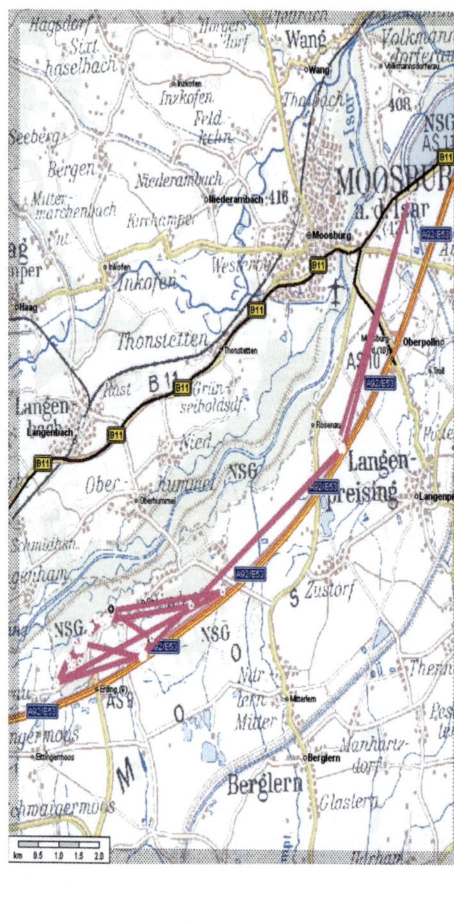

Abb. 40 Große Wildtiere wechseln auf der Suche nach einer Querungsmöglichkeit oft Tage lang an den Wildschutzzäunen der Autobahnen hin und her, wie hier ein mit Sender versehener Hirsch an der A92 in Bayern. | *Quelle: Landesjagdverband Bayern*

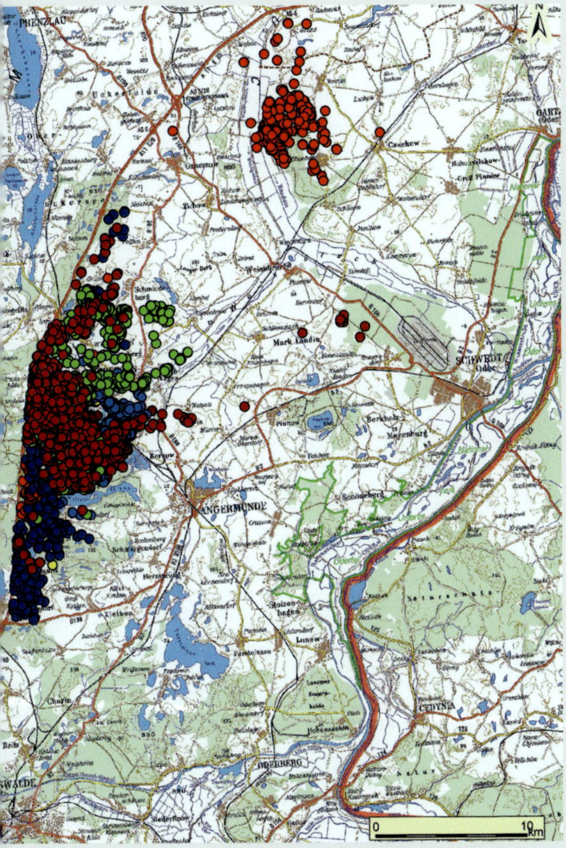

Abb. 41a Standorte telemetrierten Rotwilds in der Schorfheide; für die Streifgebiete der linken sechs Individuen ist die A11 eine markante Begrenzung nach Westen.
| *Quelle: Tottewitz u.a. 2010, Thynen Institut Eberswalde*

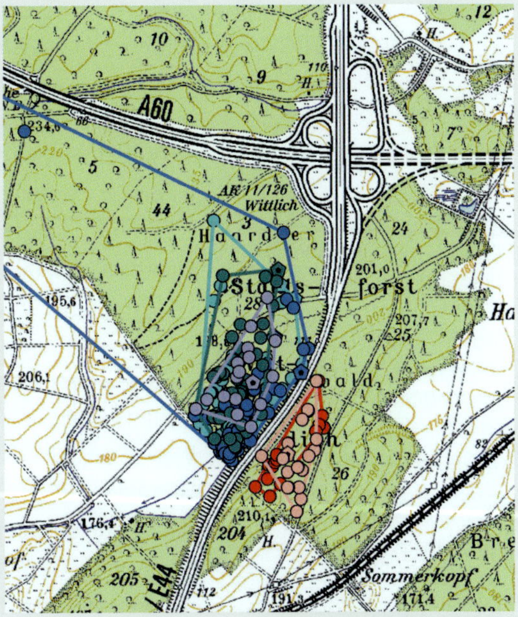

Abb. 41b Fluggebiete von besenderten Bechsteinfledermäusen, die unverkennbar durch die A1 begrenzt wurden weil nicht von den Fledermäusen überflogen wurde. | *Quelle: Sylvia Stephan, ÖkoLog*

Für sie können solche Straßen deshalb genauso zu einer Begrenzung ihrer Lebensräume werden.

Auch Wildunfälle sind ein Indiz dafür, dass an den entsprechenden Stellen Tiere von einem Teil ihres Habitats in einen anderen wollten, also ein Indiz für die Zerschneidung von Tierlebensräumen. Welcher Autofahrer kennt nicht die Verkehrsopfer wie Reh oder Dachs am Straßenrand. Bei Tierarten wie der Wildkatze, die von Natur aus eine geringe Fortpflanzungsrate haben, wiegen schon einzelne Verkehrsopfer schwer. Über 3.000 Unfälle mit Rotwild zählt die Fallwildstatistik jedes Jahr und beim Zusammenstoß mit einem Hirsch landet dieser u.U. durch die Windschutzscheibe im Auto mit schlimmen Folgen für Fahrer und Begleiter.

Wissenschaftler, die sich mit dieser Problematik beschäftigen, sind sich längst einig, dass unser dichtes Verkehrswegenetz nicht nur für unsere großen Wildtiere ein Desaster ist, sondern auch eine Gefährdung der biologischen Vielfalt generell darstellt. Einer der Hauptgründe besteht darin, dass die dadurch bedingte *Habitatfragmentierung*, wie das im Fachjargon heißt, also die räumliche Zerstückelung und Isolierung von Lebensräumen, die sowohl eine Verarmung an dort lebenden Tierarten als auch, mangels ausreichenden Genflusses, genetische Probleme zur Folge haben kann. **Denn der regelmäßige Individuenaustausch zwischen den verstreuten Teilpopulationen einer Tierart ist für die Verhinderung von Inzuchteffekten und die langfristige Bestandssicherung eine ganz wichtige Voraussetzung** – gleich ob es um Laufkäfer und Co., Amphibien oder eben Rotwild geht. Rotwild ist durch sein polygynes Paarungssystem (vgl. Fußnote 40, S. 68) möglicherweise für Inzuchteffekte eher anfällig als andere Tierarten, weil die Mehrzahl der Jungtiere auf nur wenige Väter zurückgeht und damit in jeder Generation viele Halbgeschwister gezeugt werden.

Deshalb ist ein **genetischer Austausch** zwischen den Rotwildbezirken von großer Bedeutung. Mit zunehmender Zerschneidung reißt jedoch der Kontakt zu Nachbarvorkommen irgendwann ab, es kommt zur »Verinselung« der Rotwildvorkommen (den gleichen Effekt hat, wie schon erwähnt, die Beschränkung auf Rotwildbezirke). Männliche Hirsche sind aber ausgesprochen migrationswillig, und dass sollte man sich zunutze machen, weil es die genetische Durchmischung fördert[46].

Genetische Marker
sind molekularbiologisch eindeutig identifizierbare, kurze DNA-Abschnitte an bestimmten Orten im Genom, die bekannt sind. Man unterscheidet vor allem sog. **Mikrosatelliten**, kurze sich wiederholende DNA-Sequenzen (CAGCAGCAGCAGCAG ...) und sog. **SNP**s (Single Nucleotide Polymorphisms, Einzelnukleotid-Mutationen, gesprochen: Snips). Mit ihnen lassen sich Stammbäume rekonstruieren, Individuen, Arten und Populationen, genetische Drift, Flaschenhals- und Gründereffekte oder Anpassungsunterschiede an verschiedene Lebensräume und vieles andere mehr identifizieren. Bei CAG handelt es sich um drei der Nukleinbasen, die am Aufbau der DNA beteiligt sind: C = Cytosin, A = Adenin, G = Guanin

Besonders wichtig ist das für (sehr) kleine Populationen[47], wegen ihres beschränkten Genpools, der eine geringere genetische Vielfalt an Genen bzw. ihren Allelen (Genvarianten) bedeutet. Hier können zufällige Ereignisse leicht zu Verlusten in deren Arsenal führen. Wenn beispielsweise ein Straßenbau eine Population in zwei ungleich große Teile auseinanderdividiert, fehlen insbesondere in der kleineren der beiden Teilpopulationen unter Umständen ab da etliche Genvarianten. Das kann für die Anpassungsfähigkeit der Tiere an ihren Lebensraum gravierende Nachteile mit sich bringen. Der Verlust an genetischer Variabilität in kleinen Populationen kann sich schon innerhalb weniger Jahrzehnte vollziehen, wie sich etwa im Rotwildgebiet Krofdorfer Forst in Hessen durch den Vergleich von Tieren aus den 1980er-Jahren mit solchen aus den Jahren 2002 und 2012 gezeigt hat. In diesem Zeitraum sind bis zu 30 % der historischen Genvarianten verloren gegangen. Bis zu einem gewissen Grad (ca. 22 Prozent) wurden diese Verluste jedoch durch Zuwanderung von Rotwild aus benachbarten Vorkommen ausgeglichen; danach blieben aber immer noch 15 Prozent als »Nettoverlust«. Laut Gerald Reiner, Professor an der Uni Gießen, ist der Verlust an genetischer Vielfalt der Populationen in den zwanzig Rotwildbezirken mittlerweile soweit fortgeschritten, dass er um die langfristig ausreichende Vitalität und Anpassungsfähigkeit der Tiere fürchtet, weil sie von hohen Inzuchtgraden betroffen sind (s.u.).

46 Theoretisch reicht schon ein erfolgreiches männliches Individuum pro Generation (bei Rothirschen im Durchschnitt immerhin alle ca. 6–7 Jahre wieder), um einen relativ großen Genfluss zwischen den Beständen zu sichern, um die genetische Variabilität zu fördern (nach FRANKHAM u. a. 2002).

47 Mit Populationsgröße ist im vorliegenden Fall immer die sogenannte Effektive Populationsgröße gemeint. Das ist jene Größe, die genetisch wirksam ist. Hat eine reale Population von 100 Tieren eine effektive Populationsgröße von 30, so heißt das, dass sich je 15 männliche und weibliche Individuen (zufällig) miteinander paaren. In der Realität ist die effektive Population meist immer kleiner als die tatsächliche (absolute) Bestandsgröße. Die Effektive Populationsgröße dient dazu, die Kleinste Überlebensfähige Population (engl. Minimum Viable Population, MVP) abzuschätzen. Bei Großsäugern geht man als Faustregel davon aus, dass die Effektive Populationsgröße ca. 25 % des Bestands beträgt. Davon kann es aber beträchtliche Abweichungen geben.

Ein genetischer Vergleich der 19 hessischen Rotwildvorkommen durch Gerald Reiner und Kollegen vom Arbeitskreis Wildbiologie e.V. und dem Klinikum Veterinärmedizin der Justus-Liebig-Universität Gießen, hat jüngst deutliche Unterschiede in den populationsgenetischen Parametern der hessischen Rotwildbezirke zu Tage gefördert. Besonders in den kleinen, vor allem durch das dichte Autobahnnetz dieses Bundeslands stark isolierten Teilpopulationen, hat genetische Drift zu einem Verlust an Genvarianten geführt. So ließ sich mittels einer Reihe molekulargenetischer Marker nachweisen, dass zwischen einigen der Rotwildgebiete tatsächlich keinerlei genetischer Austausch mehr stattfindet: »Nach international anerkannten, wissenschaftlichen Standards sind 9 der 19 hessischen Rotwildgebiete nicht mehr in der Lage, kurzfristige Inzuchtdepressionen aufzufangen. Keines der Gebiete, auch nicht die, zwischen denen noch ein Restaustausch besteht, verfügt über ein langfristiges Anpassungsvermögen«, sagt Reiner. Besonders starke Barrieren sind die Autobahnen A5, A7, A44, A45 und die A49 sowie das Rhein-Main-Gebiet. Andererseits zeigen einige hohe Talbrücken im Bereich der A66 und Grünbrücken in den südlichen Abschnitten der A7 und der A44 eine vernetzende Wirkung, die einen genetischen Austausch erlaubt. Je flacher Landstriche, desto weniger brauchbare Unterführungen gibt es im Verlauf von Autobahnen und umso ausgeprägter ist der Barriereeffekt.

Solche Ergebnisse sollten nicht unterschätzt werden. So traten in den letzten Jahren sowohl in Hessen als auch in Schleswig-Holstein erstmals Individuen mit einer Anomalie auf, die für eine *Inzuchtdepression* aufgrund kleiner Bestandsgrößen und geringer genetischer Variabilität charakteristisch ist: eine sogenannte *Brachygnathia inferior* (Unterkieferverkürzung). Bei den betroffenen Individuen ist der Unterkiefer ca. 5 cm kürzer als der Oberkiefer (Abb. 42), eine auch von anderen Wildarten (z.B. Rentier, Feldhase) und vom Menschen bekannte Fehlbildung. Die betroffenen Individuen können nicht mehr richtig zubeißen und kümmern deshalb. Aus Hessen sind inzwischen sieben Fälle mit dieser Inzuchtanomalie bekannt und in Schleswig-Holstein wurde in einem Revier zudem ein blindes Kalb gesetzt. Je kleiner Rotwildbestände sind, d.h. vermutlich alle mit weniger als zweihundert Tieren, desto höher ist das Risiko, dass Inzuchtanomalien auftreten. Das Problem ist, dass sich verringerte Fitness nicht so leicht beobachten lässt, sondern bestenfalls durch DNA-Sequenzierungen festgestellt werden kann. Die betroffenen Tiere pflanzen sich nicht fort, sterben früher oder werden erst gar nicht geboren.

Eine Untersuchung der sieben bayerischen und zweier angrenzender Rotwildpopulationen durch die Arbeitsgruppe für molekulare Zoologie um Ralph Kühn an der TU München-Freising hat ein sehr komplexes Muster der genetischen Variabilität, aber noch stabile Rotwild-

Genetische Fachbegriffe

Genpool: Gesamtheit des Genbestandes einer Population.

Allele: Verschiedene Zustandsformen eines Gens.

Genfluss: Austausch von Genen einer Tierart zwischen ihren Teilpopulationen durch die Übertragung von Gameten (Ei-, Samenzellen) durch wandernde Individuen. Das ist für eine gesunde genetische Variabilität innerhalb einer Population von großer Bedeutung.

Genetische Drift: Veränderungen im Allelbestand einer Population durch (zufällige) Ereignisse, die zum Wegfall von Allelen führen oder bis dahin verdeckten (nicht wirksamen) Allelen Bedeutung verschaffen können.
Inzucht kommt zustande, wenn Vater und Mutter nahe verwandt sind. Ein Kalb bekommt dann nahezu identische väterliche und mütterliche Genvarianten vererbt. Dann hat es in seinem Genom auch defekte Gene zweimal (nicht ein defektes und ein gesundes, was sie schützen würde). Werden diese Defektgene in der Embryonalentwicklung abgelesen, sterben die Föten oder kommen mit schlimmen Missbildungen zu Welt.

Inzuchtdepression: Reduktion der Fitness (z.B. erhöhte Krankheitsanfälligkeit) durch vermehrte Inzucht (Paarung nahe verwandter Individuen).

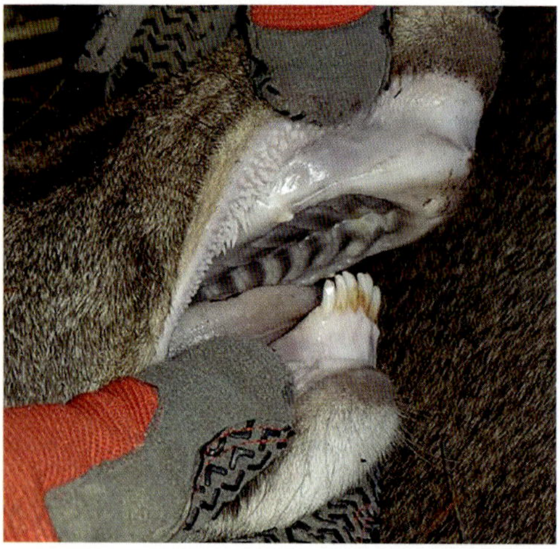

Abb. 42 *Brachygnathia inferior* (Unterkieferverkürzung) bei einem Rotwildkalb aus dem hessischen Rotwildgebiet Wattenberg-Weidelsburg. | *Quelle: Reimer & Willems 2019; Photo: Arnold Weiß*

bestände ergeben. In zwei Rotwildgebieten war die genetische Variabilität allerdings auffallend gering, den Hasbergen und den Isarauen (beide in Bayern). Die Situation in den Hasbergen geht auf einen sogenannten *Gründereffekt* zurück, d.h. einen Start des Vorkommens mit nur einem Hirsch und vier Alttieren, die dort Mitte des 19. Jahrhunderts ausgesetzt wurden. Die Isarauen-Population war indessen einstmals Teil des bis nördlich von München reichenden großen alpinen Rothirschvorkommens, von dem sie durch die zunehmende Zersiedlung der Landschaft schließlich abgetrennt wurde. Dabei durchlebte sie eine sogenannte *Flaschenhalssituation*, d.h. überlebte nur mit wenigen Individuen. In beiden Fällen war deshalb die genetische Basis der beiden Populationen von Anfang an sehr eingeschränkt. Außerdem scheint auch keine Zuwanderung aus anderen Rotwildgebieten erfolgt zu sein, was diesen Mangel hätte ausgleichen können. Effekte von Inzuchtdepression konnten die Forscher aber noch nicht feststellen.

An schottischem Rotwild konnte ein verringertes Geburtsgewicht, eine erhöhte Sterblichkeit der Kälber im ersten Lebensjahr und ein schlechterer Fortpflanzungserfolg Inzuchteffekten zugeschrieben werden.

In kleinen Rotwildgebieten mit Bestandsgrößen von weniger als 200 Stück muss deshalb mit der Bejagung und Forderungen nach hohen Abschüssen, um der forstwirtschaftlichen Schäden Herr zu werden, besonders vorsichtig umgegangen werden. Die Wiederherstellung barrierefreier Wandermöglichkeiten für das Rotwild durch eine wirksame Vernetzung der Rotwildbezirke wäre eine zielführende Maßnahme. Dazu müssen Forst und Jagd in den rotwildfreien Gebieten aber einen entscheidenden Beitrag leisten.

Barrierefreiheit für Wildtiere

Die zunehmende Zerschneidung der Landschaft ist eine der gravierendsten Bedrohungen der Art Rothirsch. Die wenigen zuvor geschilderten Fälle von Inzuchteffekten bei Rotwild sind ein nicht zu übersehender Fingerzeig. Denn vor allem kleine Populationen (wenige 100 Stück) verlieren, ohne neue Zuwanderer die Fähigkeit, genetisch vital zu bleiben. Die Entwicklung stabiler Netzwerke zwischen den einzelnen Rotwildvorkommen durch Landschaftskorridore oder andere Maßnahmen wird von vielen Fachleuten deshalb als entscheidend angesehen, um der schleichenden Lebensraumverinselung der Rotwildvorkommen entgegen zu wirken. Behält man dabei auch andere Arten im Blick, kann gleichzeitig viel für die Biologische Vielfalt ganz allgemein getan werden (S. 141).

Gelegentlich machen sich Hirsche, manchmal auch Kahlwild, von sich aus auf den Weg verlassen den Rotwildbezirk, in dem sie bis dahin zuhause waren. Denn sie wollen wandern, sich ausbreiten, neue Gebiete besiedeln und ihre Gene weitergeben. Dabei durchwandern sie an sich rotwildfreies Gebiet. Manche Jäger, die dort ihre Reviere haben wissen davon zu berichten, dass bei ihnen immer wieder einmal Rotwild auftaucht, und zwar an ganz bestimmten Örtlichkeiten. Dann heißt es in der Regel, dass dort »ein von alters her bekannter Fernwechsel« verliefe, den die Tiere wohl gewissermaßen im Blut hätten. Das ist natürlich nicht so. Vielmehr zeigt sich bei genauerem Hinsehen, dass dort Landschaftsstrukturen vorhanden sind, die den Ansprüchen der Tiere vor allem nach Deckung genügen, die für sie in einer fremden Umgebung und offener Landschaft auf ihrer Wanderung besonders wichtig ist.

Auch von anderen Arten, z.B. Luchs, Wolf oder Wildkatze sind solche Erkundungstouren bekannt, sei es von Jungtieren auf der Suche nach einem eigenen Revier oder von erwachsenen Tieren. In beiden Fällen haben solche Wanderungen große Bedeutung für die Wiederbesiedlung von Gebieten, aus denen diese Arten im letzten Jahrhundert verschwunden sind oder ausgerottet wurden (wie etwa Luchs und Bär), wo sie aber durchaus leben könnten. So manch einer dieser Vagabunden wird unterwegs jedoch Opfer des Straßenverkehrs oder der Jagd.

Ja wo laufen sie denn?

Aber entlang welcher potenziellen Wanderrouten würden Rothirsch oder Luchs durch die Agrarlandschaft wechseln, wenn sie von einem der ausgedehnten, als Luchs- oder Rotwildlebensraum verbliebenen Waldgebiete insbesondere der Mittelgebirge Deutschlands in ein anderes gelangen wollten? Eine der ersten, die dieser Frage mittels Computersimulationen und am Beispiel des Luchses auf den Grund gegangen ist, war gegen Ende des letzten Jahrhunderts die Biologin Stephanie Schadt, damals Diplomandin am Fachbereich Wildbiologie der TU München. Sie verglich – sehr vereinfacht ausgedrückt – mittels zweier von ihr konzipierter Habitat- und Ausbreitungsmodelle unter Zuhilfenahme sogenannter Geographischer Informationssysteme (GIS[48]) die Lebensraumpräferenzen von Luchsen, mit dem Vorhandensein großer Waldgebiete und der Verteilung von Gehölzstrukturen im Offenland. Das Ergebnis war eine Karte mit geeigneten Luchslebensräumen (z.B. Bayerischer und Thüringer Wald, Rothaargebirge oder Schwarzwald etc.), potenziellen Ausbreitungskorridoren und wo diese von Barrieren wie Straßen, Siedlungen oder Flüssen zerschnitten werden (Abb. 43).

In den Folgejahren wurde dieser methodische Ansatz von uns zusammen mit Stephanie Schadt auf den Rothirsch, von anderen Wissenschaftlern auch auf weitere Wildarten angewandt. Beispiele sind etwa der Wildkatzenwegeplan des BUND und der NABU-Bundeswildwegeplan für Wildkatze, Luchs, Wolf, Rothirsch und Fischotter, die Korridor-Potenzial-Karte für Mitteleuropa von Martin Strein (FVA Baden-Württemberg, Freiburg) und dessen Generalwild-

48 Ein *Geografisches Informationssystem* (GIS) ist ein Computerprogramm zur Erfassung, Bearbeitung, Auswertung und Präsentation von Daten mit geografischen oder räumlichen Informationen. Mit geographischen Informationsmodellen ließe sich auch eine weitgehend flächenscharfe Abgrenzung potenzieller bzw. nicht für Rotwild geeigneter Lebensräume in bisher rotwildfreien Gebieten Deutschlands berechnen (sog. Habitatmodellierung).

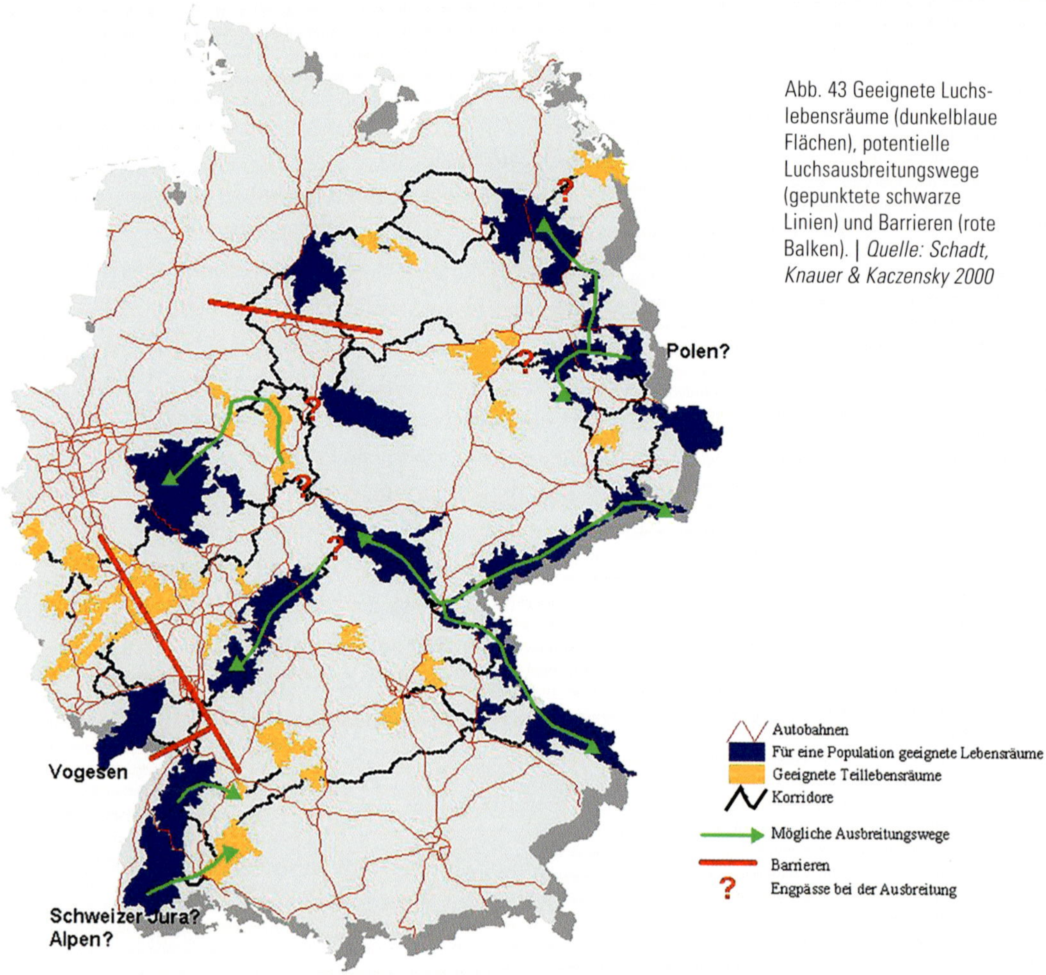

Abb. 43 Geeignete Luchslebensräume (dunkelblaue Flächen), potentielle Luchsausbreitungswege (gepunktete schwarze Linien) und Barrieren (rote Balken). | *Quelle: Schadt, Knauer & Kaczensky 2000*

wegeplan (GWP) für Baden-Württemberg. Dieser ist in § 46 des Jagd- und Wildtiermanagementgesetzes (JWMG) des Landes rechtlich verankert und stellt die Flächen und Korridore dar, die in Baden-Württemberg für die Vernetzung der Waldlebensräume unter Berücksichtigung der gegebenen Flächennutzung erforderlich sind. Auf der Basis des GWP wurden bereits Querungshilfen über Bundesstraßen und Autobahnen errichtet oder befinden sich weitere in Planung. Der GWP ist Informations-, Planungs- und Abwägungsgrundlage für Entscheidungen über die Zulässigkeit raumbedeutsamer Maßnahmen und ist somit besonders für die Wildtierart Rotwild von landesweiter Bedeutung.

Grüne Bänder

Solche oftmals Einzelart-basierten Ansätze hat man dann aus gutem Grund nicht weiterverfolgt, sondern einen ökosystemaren Ansatz für einen länderübergreifenden Biotopverbund angestrebt, der vielen und vor allem auch (hochgradig) gefährdeten Arten gleichzeitig helfen könnte, um dadurch auch die hohen Kosten der Bauwerke zu rechtfertigen.

Ein erstes bundesweites Vorhaben war dann die von dem Tierökologen Heinrich Reck (Universität Kiel), Kersten Hänel und Kollegen erarbeitete »Initiativskizze Lebensraumkorridore für Mensch und Natur[49]« des Bundesamtes für Naturschutz (BfN) aus dem Jahr 2006 (Naturschutz und Biologische Vielfalt Heft 17). Danach folgten mehrere sogenannte F+E-Vorhaben[50] unter Federführung des BfN und einer Arbeitsgruppe aus den Länderfachbehörden ergänzt um zahlreiche Wissenschaftler aus verschiedenen Disziplinen. Im Jahr 2011 wartete ein Projektteam um Kersten Hähnel (damals Universität Kassel) und Heinrich Reck mit Netzwerken für Feucht- und Trockenlebensräume sowie Wald bewohnende, größere Säugetiere auf.

Das Netzwerk der Waldlebensräume und sie verbindender Gehölzstrukturen basiert in erster Linie auf naturschutzfachlich bedeutsamen Wäldern, die in den Biotopkartierungen der Bundesländer erfasst wurden. Auf Grund der großen Datenlücken bei den kartierten Waldbiotopen wurden zusätzlich Daten aus dem CORINE Landcover 2000[51] verwendet.

Abb. 44 Netzwerk für waldbewohnende größere Säugetiere. Schwarz: Kernräume; bräunliche Linien: verschiedene Kategorien von Korridoren; gestrichelte Linien: international bedeutsame Achsen. | *Quelle: Naturschutz und Biologische Vielfalt 96, BfN 2010*

Mit diesem Wald- bzw. Gehölzkorridorsystem (Abb. 44) sind wir wieder beim Rothirsch. Es illustriert räumlich und bezüglich der Biotopausstattung günstige Verknüpfungsbereiche zwischen schon besiedelten und potenziellen Lebensräumen für solche Arten, die an Wälder oder gehölzgeprägte Habitate (Halboffenland) gebunden sind.

Diese Korridore können eine ganz unterschiedliche »Breite« haben und besitzen in den wenigsten Fällen scharfe und kontinuierliche

49 Lebensraumkorridore sind eine Idee, durch Verbundachsen die ökologischen Wechselbeziehungen zwischen Tierartenpopulationen zu sichern. Dabei ist nicht jede Fläche innerhalb der Korridore für alle geeignet und dort wo Zielkonflikte auftreten, wie zum Beispiel an störungssensiblen Engstellen, muss eine gute Lösung entwickelt werden.

50 Förderprogramme für Forschungs- und Entwicklungsvorhaben (F+E-Vorhaben) im Themenbereich Naturschutz und Ökologie, die Entscheidungsgrundlagen und -hilfen für die Naturschutz- und Umweltpolitik der Bundesregierung liefern sollen.

51 Bei den Daten von CORINE Land Cover 2000 handelt es sich um einen europaweit einheitlichen Datenbestand der Landnutzung und Landbedeckung, z.B: Städtisch geprägte oder Industrie- und Gewerbeflächen, Straßen-, Eisenbahnnetze, Ackerflächen, Grünland, Nadel-, Laubwälder, Strauch- und Krautvegetation, Feuchtflächen, Sümpfe, Moore oder Heiden etc.

Abb. 45 Ausschnitt aus dem »Grünen Band« längs des ehemaligen innerdeutschen Grenzstreifens als Beispiel für einen ökologischen Korridor in der Agrarlandschaft mit herkunftsbedingt sehr scharfen Grenzen. Das Grüne Band zeichnet sich durch einen besonderen Reichtum an gefährdeten Lebensräumen und Arten aus und wirkt als national bedeutender Biotopverbund.
| *Photo: Klaus Leidorf*

Grenzen wie in Abbildung 45, sondern vielfältig »ausfransende« diffuse Ränder. Auch sind die Korridore keineswegs immer lückenlos. In vielen Fällen müssen sie daher durch »Trittsteine« ergänzet werden, im Fall der Waldkorridore z.B. durch lockere Gehölzinseln im Offenland. Im Blick behalten werden muss dabei allerdings auch, dass die Funktionsfähigkeit der vorgeschlagenen Verbundachsen dennoch nicht vor weiterer Zerschneidung oder Beeinträchtigungen durch Freizeitaktivitäten gefeit ist.

Mittlerweile wurde das Thema Biotopverbund und Biotopvernetzung von der Bundesregierung ausdrücklich als Ziel in die »Nationale Strategie zur Biologischen Vielfalt« einbezogen und mit dem »Bundesprogramm Wiedervernetzung« wurde ein systematischer Bau von Querungshilfen über oder unter Verkehrsinfrastrukturen auf den Weg gebracht. Seit 2009 sind diese beiden Naturschutzaspekte auch im novellierten Bundesnaturschutzgesetz verankert (§21)[52] ebenso wie in Artikel 3 und 10 der europäischen Fauna-Flora-Habitat-Richtlinie (Ziel: auf etwa 10 Prozent der Fläche Deutschlands). Die Möglichkeiten der praktischen Umsetzung eines Biotopverbundsystems in Natur und Landschaft sind auf der Ebene des Bundes allerdings aufgrund der verfassungsmäßigen Zuständigkeiten begrenzt. Hier sind in erster Linie die Bundesländer und regionale bzw. lokale Akteure gefordert.

Oben drüber und unten durch

Die immer noch zunehmende Industrialisierung von Land- und Forstwirtschaft und die Flächenversiegelung kann nur durch größere Schutzgebiete kompensiert werden. Ziel der EU-Biodiversitätsstrategie ist deshalb einerseits der Schutz von mindestens 30 Prozent der bundesdeutschen Landfläche. Andererseits soll die Integration ökologischer Korridore als Teil eines echten, transeuropäischen Naturschutznetzes der unvermindert weitergehenden Landschaftszerschneidung (Abb. 46; vgl. Abb. 38, S. 85) entgegenwirken und wieder mehr Durchlässigkeit der Landschaft schaffen.

52 Originaltext: »Der Biotopverbund dient der dauerhaften Sicherung der Populationen wildlebender Tiere und Pflanzen einschließlich ihrer Lebensstätten, Biotope und Lebensgemeinschaften sowie der Bewahrung, Wiederherstellung und Entwicklung funktionsfähiger ökologischer Wechselbeziehungen. Er soll auch zur Verbesserung des Zusammenhangs des Netzes Natura 2000 beitragen.«

Abb. 46 Immer dichtere Barrieren. Die A8 auf der Schwäbischen Alb im Jahr 2021, jetzt auch noch (im Vergleich zum Jahr 2002, vgl. Abb. 38) mit der ICE-Trasse Stuttgart-Ulm daneben. | *Photo: Bertram Georgii*

Für Deutschland liegt bereits eine Prioritätenliste vor, wo der Bau von Tierquerungshilfen den größtmöglichen Synergieeffekt erwarten lässt (Abb. 47), weil dort mehrere an die Straße angrenzende besonders schutzbedürftige Lebensraumtypen davon profitieren würden. Welche Anforderungen an Lage, Bau und Gestaltung von Tierquerungshilfen zu stellen sind, damit sie ihren Zweck erfüllen, hat unsere Arbeitsgruppe um Heiner Reck auf der Basis des heute umfangreichen Praxiswissens in einer Broschüre zusammengestellt (BfN-Skripten 522, 2019; Abb. 48). Abbildung 49 und 51 zeigen zwei Beispiele für Grünbrücken, Abb. 53 für die Nutzung durch Rotwild.

Ist der *Rothirsch wesentliche Zielart* sollten solche Über- und Unterquerungsbauwerke wenigstens 30 Meter breit sein und unter einer Talbrücke möglichst eine lichte Höhe von 10 Metern haben (Abb. 50). Sie brauchen randlich Gehölzstrukturen, aber nicht in den Eingangsbereichen oder gar breit auf oder in der Querungshilfe. Die Gehölze sind wichtige Deckung und haben gleichzeitig eine Leitfunktion, auch aus dem Umfeld zur Passage hin und über diese hinweg oder unter ihr hin-

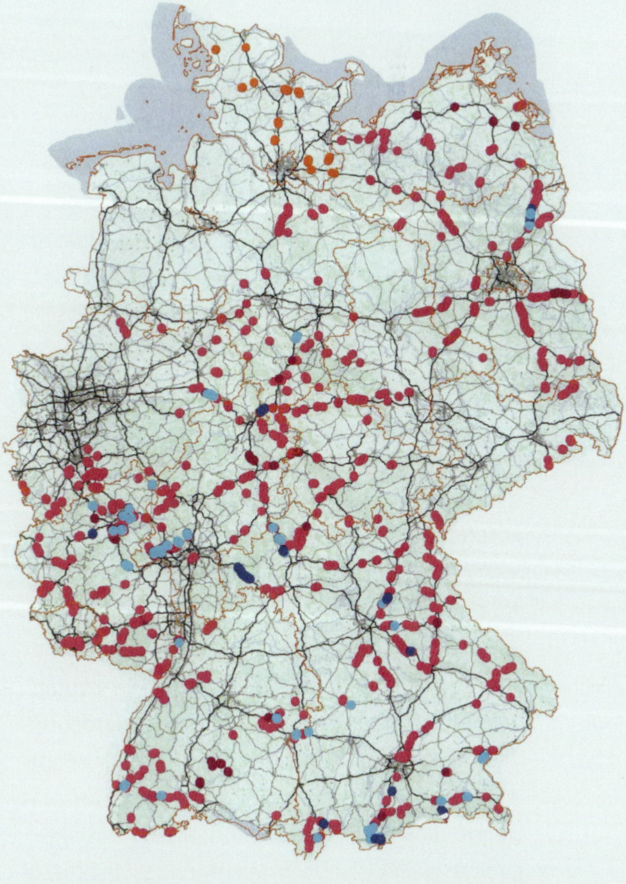

Abb. 47 Prioritäre Abschnitte im bundesdeutschen Straßennetz, an denen Wiedervernetzungsmaßnahmen (z.B. Grünbrücken) potenziell sehr hohe Synergiewirkung erzielen könnten (rote Punkte). | *Quelle: Naturschutz und Biologische Vielfalt 108, BfN 2011.*

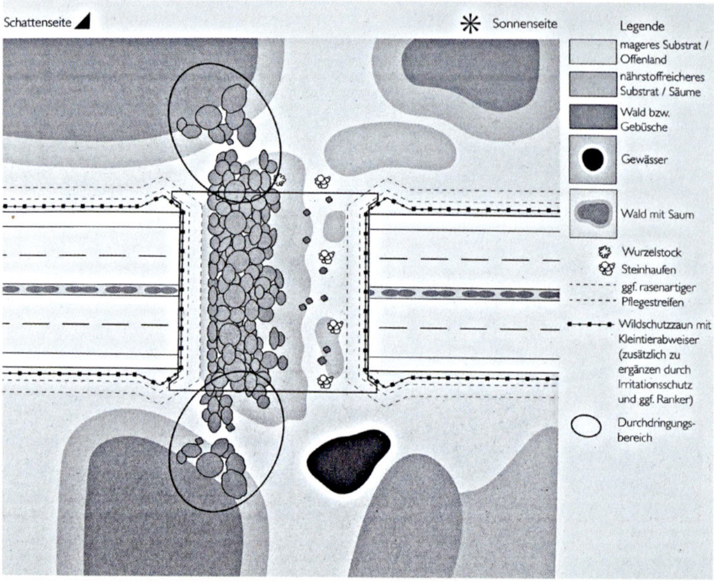

Abb. 48 Anordnung verschiedener Strukturen auf einer Grünbrücke: Auf der Nordseite (links) Gehölze mit gestuftem Saum Richtung Brückenmitte, die den Wald auf beiden Seiten der Straße verbinden, aber nicht gänzlich, damit Offenlandarten, die sich längs zur Straße bewegen, keine Gehölzbarriere erleben. In der rechten Brückenhälfte verschiedene Strukturelemente, z.B. Wurzelstöcke und Steinhaufen. | *Quelle: BfN-Skripten 465, 2017*

durch. Der quasi »ideale« Korridor sollte im Offenland über locker verteilte Deckung bietende Gehölze, aber auch ruhige Freiflächen verfügen, weil das den Habitatansprüchen des Rotwildes am besten entgegenkommt. Ideale Durchlässe können natürlich Talbrücken sein (Abb. 52).

Schließlich stellt sich mit Blick auf den »König des Waldes« in vielen – vor allem den »alten« – Bundesländern die Frage, wie er denn überhaupt wandern können soll, wenn die jagdgesetzliche Vorgabe lautet, jedes Stück Rotwild außerhalb der Rotwildgebiete zu erlegen. In solchen Fällen müssten die Jagdbehörden dadurch einen Beitrag leisten, dass in den Länderjagdplänen bzw. den Landesjagdgesetzen eindeutig geregelt ist, die Jagd auf Rotwild in Revieren, die in den Lebensraumkorridoren liegen oder an sie angrenzen, ruhen zu lassen. Außerdem muss das Gebot, dass jedes Stück außerhalb der Rotwildgebiete zu erlegen ist, fallen. Denn insbesondere die jungen Hirsche, die auf Wanderschaft gehen, um andernorts eine neue Heimat zu finden, gilt es samt und sonders zu schonen, da gerade sie

Abb. 49 Grünbrücke Kiebitzholm über die A21 in Schleswig-Holstein ohne Weg. | *Photo: Carsten Bernot*

Abb. 50 Gut von Rotwild angenommener Wilddurchlass einigermaßen funktioneller Bauweise. | *Photo: Bertram Georgii*

Abb. 51 Grünbrücke über die gezäunte A8 am Aufstieg auf die Schwäbische Alb. Der Forstweg mitten auf der Grünbrücke ist keine gute Lösung. Trotzdem gibt es Beobachtungen von Rehen, die auch tagsüber in dem bebuschten Bereich links des Weges ruhten. Grundsätzlich ist die Frage bei Kombination einer Grünbrücke mit einem Forst- oder Feldweg, wann dieser genutzt wird (z.B. auch nachts?). | *Photo: W. Maerzke*

Abb. 52 Große, für Rotwild geeignete Tierquerungshilfen sind Talbrücken, wie diese der A7 über die Wertach im Allgäu, weil sie meist viel Höhe haben. Bach- und Flussläufe sind oft sehr brauchbare Wanderkorridore, in diesem Fall vor allem für Arten wald- oder gehölzgeprägter Lebensräume. | *Photo: W. Maerzke*

Abb. 53 Kahlwild auf einer Grünbrücke. Im Hintergrund ist die »Irritationsschutzwand« zu sehen, die die Brückenoberfläche gegen den Verkehrslärm abschirmen soll. Infrarotaufnahme mit einer Wildkamera. | *Photo: Junilan Weber, ÖkoLog*

in besonderem Maß zur genetischen Durchmischung und Vielfalt der Rotwildbestände beitragen. Dann hätte der Rothirsch auch wieder in derzeit rotwildfreien Gebieten eine (Überlebens-)Chance. Ebenso müssten Land- und Forstwirtschaft in Verbundachsen Bewirtschaftungsformen den Vorrang einräumen, die die Korridorfunktion stützen.

Andererseits kann die Wiederverbindung von getrennten Populationen über Wanderkorridore das jagdliche Management vor (nicht ohne weiteres zu erwartende) Schwierigkeiten stellen. Wenn nämlich bei der **Abschussplanung** in Vorkommen A nicht berücksichtig wird (weil vielleicht nicht bekannt), dass zur Jagdzeit Teile des Bestands (zum Beispiel bestimmte Hirsche oder vor allem das Kahlwild) wegen der wiedergewonnenen Wanderfreiheit in Vorkommen B weilen, kann das bei der Bejagung zu unerwarteten Auswirkungen auf Geschlechterverhältnis und Bestandshöhe in Gebiet A (aber auch B) führen. In Gebieten, in denen die Grenzen von Revieren oder zu Nachbarländern durch Gebirgszüge gebildet werden, heißt es dann oft auf beiden Seiten: »Wie sollen wir denn unseren Abschuss erfüllen, wenn ein Großteil unseres Wilds zur Jagdzeit bei denen drüben steht!« Im Schweizerischen Nationalpark hat das in der zweiten Hälfte des vorigen Jahrhunderts dazu geführt, dass diejenigen Tiere, die während der außerhalb des Parks stattfindenden September-Hochjagd noch im Park standen, also der Bejagung entgingen, diese Aufenthaltstradition an ihren Nachwuchs weitergegeben haben mit dem Effekt, dass sich im Park ein immer höherer Rotwildbestand aufgebaut hat. Die Lösung dieses Problems war dann eine jährliche »Nachjagd« außerhalb des Parks im November.

6. ALTE INTERESSEN-KONFLIKTE UND NEUE EINSICHTEN

Auf einen Blick

Gegenwärtig gibt es in Mitteleuropa mehr Rotwild als zu irgendeiner Zeit im ganzen letzten Jahrtausend, aber seine Verbreitung gleicht einem Flickenteppich.

Die Rotwildjagd wird durch das Bundesjagdgesetz geregelt und erstreckt sich über fast neun Monate des Jahres. Das ist die längste Jagdzeit im europäischen Vergleich und dennoch führt sie nicht zur vielerorts angeblich notwendigen Reduktion der Bestände.

Die »Hege mit der Büchse« basiert immer noch auf überholten, oft auf starke Hirsche zielenden Richtlinien, die sich aus genetischer Sicht nicht begründen lassen.

Wäre der Rothirsch nicht über Jahrhunderte die »heilige Kuh« erst des Adels, später und bis in unsere Zeit vieler Jäger gewesen, es gäbe ihn längst nicht mehr. Und immer noch begleiten zum Teil extreme Forderungen das Schicksal dieser so faszinierenden Tierart. Abzulesen ist das an seiner aktuellen geographischen Verbreitung, die einem Flickenteppich gleicht. Und trotzdem: Gegenwärtig gibt es in Mitteleuropa mehr Schalenwild als zu irgendeiner Zeit im ganzen letzten Jahrtausend.

Das hat ökologische Gründe: Mit der aufkommenden Trennung von Wald und Weide wurden die Wälder frei von Weidevieh (das durch das Schalenwild ersetzt wurde), die Fluren produzieren dank anhaltender Düngung mehr Nahrung als je zuvor und die Wildhege wurde durch Winterfütterung und gelegentlich sogar veterinärmedizinische Medikamentierung zur angeblich notwendigen Gesunderhaltung des Wildes unterstützt. »Dass die Bevölkerung wenig vom hohen Wildbestand zu sehen bekommt, liegt an der Scheu der Wildtiere«, wie der Zoologe und Ökologe Josef Reichholf die aktuelle Situation umreißt, die durch die jährlich wiederkehrende, bis zu acht Monaten lange Jagdzeit verursacht wird.

Aber, so Horst Stern, den Jagdgegnern, die ja gleichzeitig auch Natur- und Artenschützer sein wollen, sei's gesagt: **Es gibt keine Alternative zur Jagd, wenn wir Rotwild erhalten wollen**; und es gibt für die allermeisten Hegemaßnahmen ebenso wie die Fütterung etliche Gründe, solange das alles in sinnvollen Bahnen bleibt.

Auch die IUCN als mächtige Naturschutzorganisation sieht keinen Grund auf Jagd zu verzichten. Sie hat 1995 in einer Initiative formuliert, dass »Die Nutzung wildlebender Ressourcen, sofern nachhaltig praktiziert, ein wichtiges Instrument für die Erhaltung der Natur« sei, weil »die sozialen und wirtschaftlichen Vorteile, die aus dieser Nutzung resultieren, Anreize zu deren Konservierung« schafften. Es geht also darum, *nachhaltige* Formen der Jagd zu betreiben. So sind auch

Der Begriff der **Nachhaltigkeit** hat seine Wurzeln in der Frühzeit geregelter Forstwirtschaft im späten 18. und frühen 19. Jahrhundert.

Nachhaltig Jagen bedeutet Populationen jagdbarer Wildarten nicht zu übernutzen, ein dem Lebensraum entsprechendes Populationsniveau zu erhalten und einen anpassungsfähigen Genpool zu sichern.

Darüber hinaus betrifft nachhaltige Jagd aber auch noch ökonomische und sozio-kulturelle Inhalte.

die Vereinbarungen für die Nutzung natürlicher Ressourcen zu verstehen, wie sie auf der internationalen UN-Konferenz in Rio de Janeiro 1992 zur »Konvention über die Erhaltung der biologischen Vielfalt« formuliert und von 192 Staaten unterzeichnet wurden (*CBD, Convention on Biological Diversity; v.a. Artikel 10*). Die Ziele der CBD sind die Erhaltung und nachhaltige Nutzung der biologischen Vielfalt sowie die gerechte und gleiche Verteilung der Vorteile, die aus der Nutzung genetischer Ressourcen gewonnen werden. Die nachhaltige Nutzung der Bestandteile der biologischen Vielfalt ist in 13 von 19 maßgeblichen Bestimmungen enthalten.

Auf europäischer Ebene wurde im Jahr 2007 von der Berner Konvention des Europarates die *Europäische Charta zur Jagd und Biodiversität* verabschiedet, die die Rolle von Jagd und Jägern für die Erhaltung biologischer Vielfalt aus vielen Blickwinkeln definiert. Sie fordert u.a. die Erhaltung von Lebensräumen und Landschaften mit ihrer dazugehörigen Fauna, den langfristigen Erhaltungsstatus wildlebender Arten zu berücksichtigen, die genetische Anpassungsfähigkeit von Populationen zu sichern und zu überwachen, die ausschließliche jagdliche Selektion bestimmter Phänotyp- oder Verhaltensmerkmale zu vermeiden und enthält den unmissverständlichen Appell nach einer **Jagd, die Wildtieren eine ungestörte Lebensweise garantiert. Damit die Jagd einen positiven Beitrag zur Erhaltung der Biodiversität leistet, müsse sie von der Gesellschaft in jeder Hinsicht wahrgenommen und regelmäßig reformiert werden – ökologisch, ökonomisch und sozio-kulturell.**

Rotwildjagd einst und jetzt

Auf die Jagd zu gehen war eine der Urtätigkeiten des Menschen zunächst in Afrika, dann auch in Eurasien. Als *Homo sapiens* sind wir Jahrtausende lang in kleinen Gruppen als Jäger und Sammler durch die Lande gezogen, um uns mit Fleisch- und Pflanzennahrung zu versorgen. Damals war das noch eine Art Überlebenskampf und ist es derzeit noch bei einigen Bevölkerungen Afrikas, Südamerikas oder Asiens wie etwa den südafrikanischen San oder den tansanischen Hadzabe, die heute noch so leben. Und als Ergebnis dieser Ernährungsweise wurden wir zum gefährlichsten Raubtier der Erde. Erst haben wahrscheinlich unsere prähistorischen Vorfahren, wie etwa der Neandertaler oder die Denisovaner, am Verschwinden von Arten wie Wollhaarmammut oder -nashorn mitgewirkt, dann kam der Moderne Mensch und hat den beiden die Beute streitig gemacht. Seither befördern wir das Artensterben wie keine andere Tierart zuvor. Weise, was das *sapiens* in unserem wissenschaftlichen Namen *Homo sapiens* bedeutet, ist das keineswegs.

Jagd ist also eine der ältesten Formen der Landnutzung. Seit dem Mittelalter und bis in die Anfänge des 19. Jahrhunderts war die Jagd vornehmliches Recht der Grund- bzw. Landesherren. Die »Bevölkerung« – die von der Jagd ausgeschlossenen Bauern – durften dem Adel gerade mal als niederes Jagdpersonal bei seinem Hobby helfen. Gleichzeitig mussten die Bauern zusehen, wie ihre Felder vom Wild verwüstet wurden – die Fürsten kümmerte das wenig.

Im Jahr 1812 fand im heutigen baden-württembergischen Rotwildgebiet *Schönbuch*

Abb. 54 Festinjagen im Schönbuch. | *Quelle: Gemälde von Johann Baptist Seele*

eine Jagdveranstaltung statt, die als das größte deutsche »Dianenfest« neuerer Zeit in die Geschichte der Jagd einging, ein eingestelltes *Festinjagen* (Abb. 54). Bei diesem höfischen Spektakel, das sich König Friedrich I. eine Million Gulden[53] kosten ließ, kamen nicht weniger als 1.823 Stück Wild zur Strecke. Das Wild wurde in den Tagen zuvor in einem Areal zusammengetrieben, das mit Lappen an Leinen umspannt war (daher »eingestellt«). Von dort wurde es am Jagdtag in einen großen, kammerartig umfriedeten Platz getrieben und von Ständen aus, in denen sich die Schützen drängten, niedergemetzelt. Ein Bewusstsein für die Verantwortung, d.h. einen »waidgerechten« Umgang mit dem Rotwild, existierte damals kaum. Längstens mit der Revolution von 1848 war es mit solchen höfischen Jagdorgien vorbei, aber fast auch mit dem Rotwild, das während der Revolutionswirren einen gewaltigen Aderlass durch Jagd und Wilderei erfuhr und in Deutschland kurz vor der Ausrottung stand. Jeder durfte nun auf seinem Grundstück jagen. In der Folge kam es rasch zu einer Übernutzung der Wildbestände. Um dies zu verhindern, wurden daraufhin *Jagdrecht* und *Jagdausübungsrecht* voneinander getrennt.

Mit dem Forstmeister *Ferdinand von Raesfeld* begann dann Ende des 19. Jahrhunderts eine jagdliche Ära, die den Umgang mit dem Rot-

Waidgerechtigkeit
Ist ein Sammelbegriff für alle ungeschriebenen und geschriebenen Regeln eines ethisch einwandfreien jagdlichen Umgangs mit Wildtieren und eine entsprechende Ausübung der Jagd (Waidwerk). Das Bundesjagdgesetz verlangt in Paragraph 1 Abs.3, dass bei der Ausübung der Jagd die allgemein anerkannten Grundsätze deutscher Waidgerechtigkeit zu beachten seien.
In Anlehnung an BLV Jagdlexikon 1984

53 ungefähr zehn bis dreizehn Millionen Euro

»Wir wollen ja keine Herden heranzüchten – nein eine mäßige mit dem Wohle des Waldes vereinbare Stückzahl körperlich gut entwickelten Wildes, die dürfen wir pflegen und die müssen wir pflegen, wenn unser Andenken dereinst von unseren Enkeln gesegnet werden soll.«
Ferdinand von Raesfeld (1855–1929), Forstmeister und Jäger

wild erstmals auf eine etwas biologischere Basis zu stellen versuchte. So empfahl er als wesentliche Merkmale für die Bestandsregulierung eine Anhebung des Kälberabschuss und zu versuchen, ein ausgeglichenes Geschlechterverhältnis zu erreichen. Und er meinte, das starke Geweihe »ein Erzeugnis des Alters« sind und »das Schießen gut veranlagter junger Hirsche jagdlich unklug und unverständig« sei. Von Raesfelds Hegegedanken waren also durchaus von einem naturnahen Umgang mit der Tierart und, nebenbei, auch ihrem Lebensraum geprägt.

Zu Auswüchsen der Rotwildhege, und zwar ersten Ranges, kam es dann zu Zeiten des Dritten Reichs unter der Ägide von Reichsjägermeister Herman Göring und seinen Beratern Walter Frevert und Rudolf Scherping. Da sollte im deutschen Wald dem Zeitgeist entsprechend nur noch ein »arischer Hirsch« mit würdigem Geweih seine Fährte ziehen. Schlecht veranlagte »Artverderber« hatten dort nichts verloren, die an Geweih- und Körperbildung gut veranlagten jüngeren Hirsche waren zu schonen und bei der Erlegung älterer jagdbarer Geweihträger war Zurückhaltung angesagt. Außerdem wurde mächtig mit Blutauffrischung nachgeholfen (s.u.). Zu diesem Zweck verbrachte man aus Rotwildvorkommen, die kapitale Hirsche vorweisen konnten, diese in andere Reviere, um die dortigen Bestände entsprechend der damaligen Ideologie »aufzuarten«. Auch der nordamerikanische Wapiti musste dafür herhalten. Der damals entwickelte »Formelkram und Bewertungsfimmel«, wie es Scherping später einmal selbst kritisierte, war bis weit ins späte 20. Jahrhundert Grundlage der alljährlich üblichen sogenannten *Hege- oder Trophäenschauen*. Auch die Abwurfstangen aus einer Hegegemeinschaft werden vielerorts noch immer fachkundig begutachtet (Photo links). Manche Jäger entdecken auf diesen »Zacklschauen« Geweihstangen eines Hirsches, der den vergangenen Sommer in ihrem zig Kilometer weit entfernten Revier verbracht hat.

Photo: Bertram Georgii

Nach dem zweiten Weltkrieg, der den Schalenwildbeständen erneut sehr zugesetzt hatte, führte einerseits eine immer noch auf starke Hirsche zielende Hege und die immer nahrungsreicher werdende Landschaft lokal zu immensen Rot-(und Rehwild-)beständen. Daraus entwickelte sich in der zweiten Hälfte des Jahrhunderts wegen der gewaltigen Schäl- und Verbissschäden in den Wäldern ein heftiger Streit zwischen Forstwirtschaft und Jagd, der zum Teil bis heute anhält. Jedenfalls hallt der Ruf der Förster »Wald vor Wild« noch immer durch die einem Rothirschlebensraum so gar nicht entsprechenden Fichtenforste (vgl. Abb. 6, S.24). Ökologisch betrachtet lässt sich diese Forderung allerdings nicht begründen. Aber sie führte zu einer starken Reduktion der Rotwildbestände, massiven Gebietsverlusten und schließlich den jagdpolitisch abgegrenzten Rotwildgebieten bzw. -bezirken in den »alten« Bundesländern.

»Wildtiere zu managen ist nicht schwierig. Das Problem ist das Management der Menschen, die mit diesen Tieren zu tun haben.«
Aldo Leopold (1887–1948)

Seit Ende des letzten Jahrhunderts wurde schließlich immer deutlicher, dass die traditionelle »Hege mit der Büchse« ausgedient hatte und modernere Methoden im Umgang mit dieser sensiblen Tierart gefragt waren. Das Zauberwort hieß *Wildtiermanagement* (Kap. 8) – »ein Wortungetüm – aber mit Sinngehalt«, wie Horst Stern einmal meinte. Aus den USA importiert (Wildlife Management), bezeichnet der Begriff einen Umgang mit Wildtieren, der auch deren Lebensräume und vor allem die entscheidenden Akteure (Arten-, Landschafts- und Naturschutz, Jagd, Forst- und Landwirtschaft, Freizeitnutzungen) mit einbezieht. Denn einen Konflikt zwischen Wald und Wild gibt es, genau genommen, eigentlich nicht, wohl aber unterschiedliche Ansprüche der Vertreter dieser Interessengruppen mit Blick auf Rothirsche.

Ein Leben in Angst und Schrecken

Den **gesetzlichen Rahmen für die Jagd** liefern das Bundesjagdgesetz (BJagdG), das sich aus dem Reichsjagdgesetz von 1934 entwickelt hat, und die Landesjagdgesetze bzw. mit den dazu erlassenen Verordnungen. Im Bundesjagdgesetz wird zunächst die »Hege« und ihre Ziele angesprochen, nämlich »die Erhaltung eines den landschaftlichen und landeskulturellen Verhältnissen angepassten artenreichen und gesunden Wildbestandes sowie die Pflege und Sicherung seiner Lebensgrundlagen[54]. Die Hege muss so durchgeführt werden, dass Beeinträchtigungen einer ordnungsgemäßen land-, forst- und fischereiwirtschaftlichen Nutzung, insbesondere Wildschäden, möglichst vermieden werden« (§1 BJagdG). Das ist allerdings eine so schwammige Formulierung, dass sie weder als Zielvorgabe noch als Bewertungskriterium dienen könnte. Außerdem ist dort geregelt, wer die Jagd ausüben darf, nämlich nur Personen, die einen Jagdschein haben (§ 3 Absatz 3 BJagdG). Ansonsten nichts als jagdbetriebliche Regelungen. Dazu gehört natürlich auch die Regelung der Jagdzeiten auf die verschiedenen dem Jagdrecht unterliegenden Tierarten und Schonzeiten, in denen sie nicht bejagt werden dürfen.

Für die einzelnen Altersklassen des Rotwilds beiderlei Geschlechts sind die Jagdzeiten im Bundesjagdgesetz (§ 22) folgendermaßen geregelt:

Kälber	1. August bis 28. Februar
Schmalspießer	1. Juni bis 28. Februar
Schmaltiere	1. Juni bis 31. Januar
Hirsche und Alttiere	1. August bis 31. Januar

Deutschland hat damit im Vergleich zu allen anderen europäischen Ländern die mit Abstand längste Jagdzeit auf Rotwild – ewige 8–9 Monate! Im europaweiten Durchschnitt sind es maximal 4,5 Monate (CIC, Internationaler Jagdrat). Und die deutschen Jagdzeiten schließen biologisch so sensible Phasen ein wie die Setzzeit im Frühsommer, die Brunft im Herbst oder den Winteranfang. In manchen Bundesländern kann auch schon im Mai und inzwischen sogar schon im April auf Schmaltiere und -spießer gejagt werden, eine problematische Angelegenheit: Das Wild ist noch damit beschäftigt, die winterlichen Nahrungsdefizite durch intensives Äsen aufzuholen; die Alttiere sind kurz vor dem Setzen (oder haben bereits gesetzt) und sollten keinen Störungen ausgesetzt werden; bei den Schmalspießern ist im Mai weder die

54 »Gesundheit« ist ein Begriff aus der (Veterinär-)Medizin und kann sich nur auf einzelne Individuen beziehen, aber nicht auf Populationen. Die Wildökologie kennt keine »kranke« Population. Eine sinnvolle Bezeichnung wäre indessen »vital«, insbesondere mit Blick auf ausreichende genetische Variabilität. Diese stellt sicher, dass zufällig auftretende Erbkrankheiten nicht zur Bedrohung einer Population führen.

zukünftige körperliche Verfassung noch die künftige Entwicklung des Geweihs mit hinreichender Sicherheit abschätzbar[55].

Generell ist die Jagd in dieser Zeit mit unnötig viel Störung verbunden und sollte allein schon deshalb unterbleiben. All das bedeutet: Fast drei Viertel ihres Daseins müssen die Tiere bei uns um ihr Leben fürchten. In Dänemark z.B. dauert die Jagdzeit auf Hirsche nur von September, die auf weibliches Wild sogar nur von November bis Januar. In Schweden ist die Elchjagd während der Brunft verpönt, weil als unanständig empfunden. So manchem Rotwildjäger geht es wohl ähnlich; jedenfalls reizt ihn die Jagd im August auf den heimlichen Feisthirsch mehr, weil sie anspruchsvoller ist, mehr Wissen und mehr Können verlangt. Außerdem stehen die Hirsche in dieser Zeit oft noch zusammen, so dass man sie miteinander vergleichen kann.

In keinem anderen europäischen Land wird so viel Rotwild geschossen wie in Deutschland (ca. 70.000 bis 80.000 Stück pro Jahr) und die Strecken sind auch bei uns trotzdem bis in die jüngste Zeit weiter gestiegen (Abb. 55 und 56) oder tun das immer noch. Anscheinend ist den

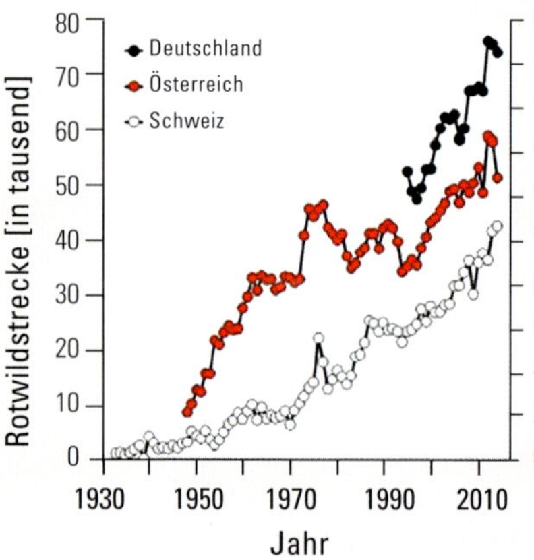

Abb. 55 Entwicklung der Rotwildstrecken aus Deutschland, Österreich und der Schweiz in den letzten achtzig Jahren (in tausend). | *Quelle: Vetter & Arnold 2018*

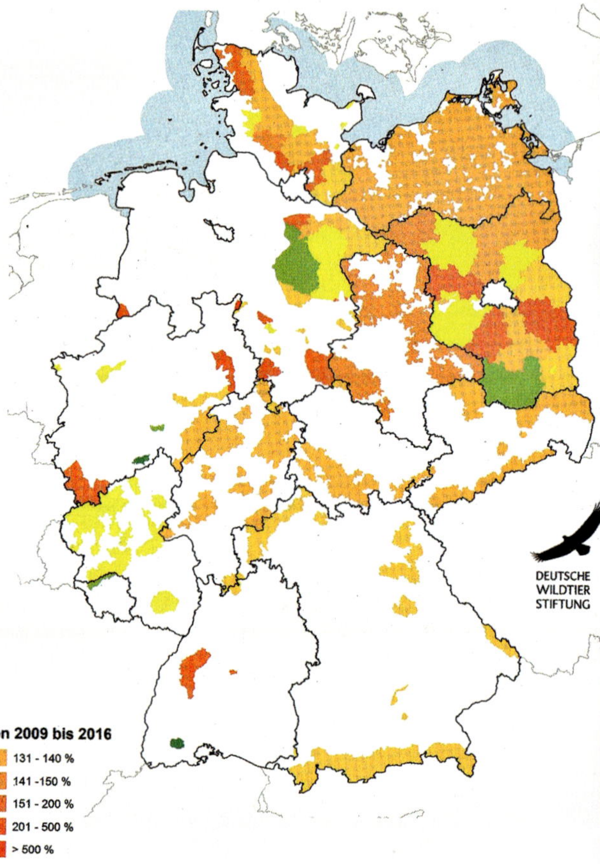

Abb. 56 Man könnte meinen, die Teilung in West- und Ostdeutschland sei noch nicht überwunden: Überwiegend flächige Rotwildverbreitung im Osten und auf Rotwildbezirke beschränkte im Westen der Republik. Entwicklung der Rotwildstrecken in den deutschen Bundesländern in den Jahren 2009 bis 2016. | *Quelle: Deutsche Wildtier Stiftung 2019*

55 In einem vorarlberger Großrevier wurden gute Erfahrungen damit gemacht, schon am Ende der Fütterungsperiode noch im Bereich der Fütterungen unter Einsatz von Schalldämpfergewehren zwecks Verkürzung der Bejagungszeit und damit außerdem noch vor der Setzzeit einen erheblichen Teil der Schmaltiere und -spießer zu erlegen.

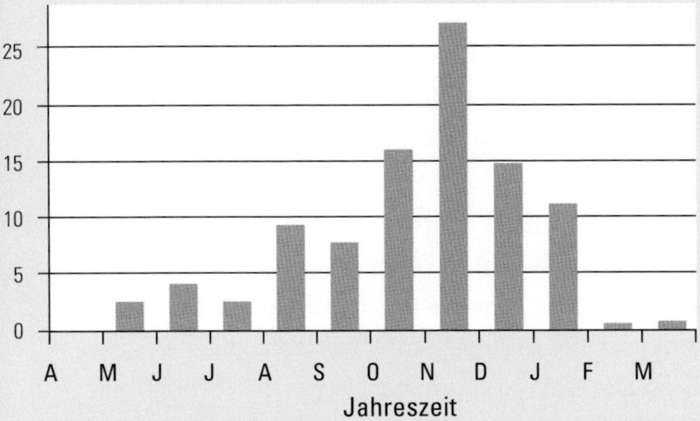

Abb. 57 Eine für viele Regionen in Deutschland typische monatliche Verteilung der Rotwildabschüsse; monatliche Mittelwerte aus vier Jagdjahren (inkl. Fallwild). | *Quelle: Simon u.a. 2003*

wachsenden Rotwildbeständen mit der herkömmlichen, seit Jahrzehnten praktizierten Bejagungsweise trotz aller Bemühungen und des ökologisch fragwürdigen Konzeptes »Wald vor Wild« aber nicht beizukommen, wie Walter Arnold meint (siehe nächstes Kapitel).

Hauptjagdzeit sind in allen Bundesländern die Monate August bis Januar, genau jener Zeitraum (wahrscheinlich nicht von ungefähr), in dem die Hirsche ein ausgereiftes Geweih umhertragen (Abb. 57). Am kürzesten sind die festgelegten Jagdzeiten auf Rotwild in Nordrhein-Westfalen und Thüringen, wo sie immerhin schon (offiziell) am 15. Januar enden. Generell sollten die Jagdzeiten unbedingt noch vor Beginn der Fütterungszeit enden! Das würde jedoch bedeuten, dass die Jagdzeit eher schon Ende November als derzeit bestenfalls Ende Dezember enden müsste. Denn »wer im Winter jagt, schält Wälder«, wie es Walter Arnold auf den Punkt bringt (S. 73f). Die in Deutschland geltenden Jagd- und Schonzeiten des Rotwildes missachten schlicht die biologischen Bedürfnisse dieser Tierart. Eine Begrenzung der Jagdzeit auf Rotwild vom 1. August bis zum 15. Dezember wäre diskutierenswert.

Was erlegt werden darf, bestimmt der jährliche Abschussplan, an dem nicht nur die Jäger, sondern auch die Grundeigentümer beteiligt sind. Für gewöhnlich kalkuliert diesen jedes Revier für sich oder es wird ein hegegemeinschaftlicher Planvorschlag mit den aufeinander abgestimmten Vorschlägen der Reviere vorgelegt. Die Zahl der je Altersklasse in den beiden Geschlechtern zu erlegenden Tiere beruht zwar auf angeblichen Wildbestandsermittlungen, z.B. Zählungen an den Fütterungen. Das Problem ist nur, dass sich Schalenwild auf die Weise nicht wirklich zählen lässt; jedenfalls können Zählfehler (weit) mehr als 50 Prozent betragen. Ein besseres Bild über den lokalen Rotwildbestand kann man sich in vielen Gebieten im Juni machen, wie viele Jäger berichten und es auch meine Erfahrung ist. Der Frühjahrshunger treibt die Tiere dann nämlich wegen der guten Nahrungssituation aus dem Wald auf offene Flächen hinaus, in den klimatisch milderen Mittelgebirgen oft schon ab Ende März Anfang April. Insgesamt beruhen die Abschussplanungen jedoch wegen der schlechten Zählbarkeit dieser Wildart regelmäßig auf (groben) Fehleinschätzungen der örtlichen Wilddichte. Die Abschusspläne müssen bei der Unteren Jagdbehörde an den Landratsämtern eingereicht werden, die sie üblicherweise bestätigt. Sie kann den Abschussplanvorschlag aber auch ändern. Eine fachliche Prüfung findet in der Regel nicht statt. Die aber wird in Zukunft vor allem dann gefragt sein, wenn auch noch die großen Beutegreifer wie Luchs und Wolf auf unsere Schalenwildbestände zugreifen und das eventuell bei der Abschussplanung berücksichtigt werden muss.

Verbissgutachten werden von vielen Forstbehörden in einem meist dreijährigen Turnus erstellt. Mittels eines Stichprobenverfahrens werden die Verbissbelastung der Waldverjüngung und Fegeschäden ermittelt. Aufgrund der erhobenen Daten wird der Zustand der Waldverjüngung bewertet und daraus auf die Wilddichte (z.B. »tragbar«, »überhöht« usw.) geschlossen und eine allgemeine Empfehlung für die Abschussplanung gegeben. Problematisch ist dabei, dass der Verbiss – genau wie die Wilddichte – räumlichen und zeitlichen Schwankungen unterworfen ist. Die Festsetzung eines »natürlichen« Verbissgrades ist nicht möglich. Man erhält lediglich einen sehr verallgemeinernden Ist-Zustand. Entscheidend wäre aber gerade der Soll-Zustand – und für wann. Denn was da geschieht ist ein uraltes Prinzip der Natur: Anfangs viel Überschuss zu produzieren, um die notwendige genetische Vielfalt zu sichern, dem dann ein Großteil davon der natürlichen Selektion anheimfällt. Wo zunächst hunderte von jungen Pflänzchen ihr Heil versuchen, stehen in ein-, zweihundert Jahren nur noch wenige Bäume. Ein anderer Ansatz, **Weisergatter**, die in der Regel nur 10 Jahre instandgehalten werden und durch den Ausschluss von Beäsung durch Wild anzeigen sollen, was dann wachsen würde, sind ungeeignet, um entscheidende längerfristige (jedenfalls mehr als 10 Jahre) andauernde Prozesse bei der Herausbildung von Baumartengemeinschaften zu ermitteln.

Dem Abschussplan liegen oftmals die sogenannten *Verbissgutachten* zugrunde, deren Aussagekraft aber sehr umstritten ist, weil der Verbissgrad keine Aussage dazu liefert, welche Auswirkungen der Verbiss auf die Nachhaltigkeit des Holzzuwachses hat, ob also die waldbaulichen Ziele erreicht werden[56]. Es müsste daher eher danach gefragt werden, ob die Anzahl der Hauptbaumarten im Zielbestand groß genug sein wird, damit der Zielbestand ohne Schutzmaßnahmen erreicht werden kann. Das heißt die Frage ist, wie viele Bäumchen schaffen es, aus dem Einflussbereich der großen Pflanzenfresser herauszuwachsen, um damit den künftigen Wald zu begründen. Wie wahrscheinlich ein junges Bäumchen verbissen wird hängt unter anderem davon ab, auf wie viel Fläche und in welcher Zahl und Verteilung die Waldverjüngung[57] aufkommt. Überdies ist entscheidend, ob neben jungen Waldbäumen auch andere Pflanzen am Waldboden wachsen.

Außerdem wird bei diesem Verfahren übersehen, dass stark verbissene Verjüngungsflächen im sonst geschlossenen Wald natürlich anziehende Inseln mit attraktiver Äsung für Rot- und Rehwild sind (vgl. Kap.7) und kein guter Weiser für die Höhe des Wildbestands auf der gesamten Waldfläche. Daraus einen Abschuss für diese abzuleiten, ist für die Anpassung eines (möglicherweise überhöhten) Wildbestands nicht zielführend. Vielmehr müssten dazu ausreichend langfristig Werte der Verjüngungsdichte, der Stärke des Endtriebverbisses, des Höhenzuwachses mindestens der Hauptbaumarten sowie die verbissbedingte Mortalität erhoben werden. Im Übrigen hat sich der Zustand der Naturverjüngung in den letzten 30 Jahren deutschlandweit verbessert. Der Verbisszustand der Verjüngung allein ist deshalb auch kein guter Weiser für Biotopqualität und Wilddichte insgesamt. Beliebte Äsungspflanzen, die gleichzeitig in nur geringem Angebot vorhanden sind, werden auch bei geringer Wilddichte stark verbissen.

»Die aussagekräftigste aber auch aufwendigste Methode, den **Wildeinfluss auf die Waldentwicklung** objektiv festzustellen, ist die Errichtung von großen Kontrollzaunflächen und die mehrjährige Beobachtung der Waldentwicklung innerhalb des Zaunes (ohne Wildeinfluss) im Vergleich mit möglichst vergleichbaren Flächen außerhalb des Zaunes (mit Wildeinfluss)« wie Friedrich und Susanne Reimoser vom Forschungsinstitut für Wildtierkunde und Ökologie der Veterinärmedizinischen Universität Wien in einem 14-jährigen Forschungsprojekt mit 120 Weiserflächen nachweisen konnten. Der im Verbissgutachten erhobene Zusammenhang zwischen Leittrieb-Verbissprozent und dem wildbedingtem Höhenzuwachsverlust der Bäume sei nicht geeignet,

56 Grundsätzlich ist die Zuordnung von Wildschäden in der Landwirtschaft wesentlich einfacher (sofort erkennbar, keine langfristigen Folgen, mit Bestellung der Äcker im Folgejahr behebbar) als im Wald, wo Ursache und Wirkung des Schadens oft viele Jahrzehnte auseinanderliegen.

57 Unter *Verjüngung* versteht man in der Forstwirtschaft die Begründung eines neuen Waldbestands auf natürlichem (durch herabgefallene oder angeflogene Samen, vegetative Vermehrung durch Seitenwurzeln oder Stockausschlag) oder künstlichem (Pflanzung) Weg.

Photo: Deutsche Wildtier Stiftung 2019

Schäden am Waldbestand festzustellen, weil der Höhenzuwachsverlust erst im Dickungs- oder Stangenholzstadium bzw. vor dem ersten waldbaulichen Eingriff beurteilt werden könne. Die Reimosers weisen aber darauf hin, dass »der Wildschaden primär am 'verbleibenden' und nicht am 'ausscheidenden' Bestand gemessen werden sollte« und es gäbe auch 'Wildnutzen', der in eine Bilanz Wildschaden – Wildnutzen eingehen sollte« (siehe S. 141f).

Waldzustand ja – Wildzustand nein

Eine auf die Höhe des Abschusses reduzierte Betrachtung der Jagd lässt viele andere Beurteilungskriterien außer Acht. Oft können Zielkonflikte und Schadensprobleme nicht allein durch die Höhe des Abschusses gelöst werden, sondern müssen unbedingt Jagdzeiten, Jagdmethoden und die Jagdintensität einbeziehen. Beispielsweise können Anpassungen des Rotwildes an harte Winterbedingungen durch eine im Winter praktizierte Jagd außer Kraft gesetzt und dadurch, wie schon erwähnt, Schäl- und Verbissschäden provoziert werden (S. 71f).

Ferner hätte der zu bejagende Bestand genauso eine Berücksichtigung seines Zustands verdient, wie der Wald. So wird zwar im vor wenigen Jahren reformierten rheinland-pfälzischen Jagdgesetz vom günstigen Erhaltungszustand des Rotwildes gesprochen, ohne aber zu erläutern, was darunter zu verstehen ist. Auch fehlen für eine sinnvolle Abschussplanung z.B.

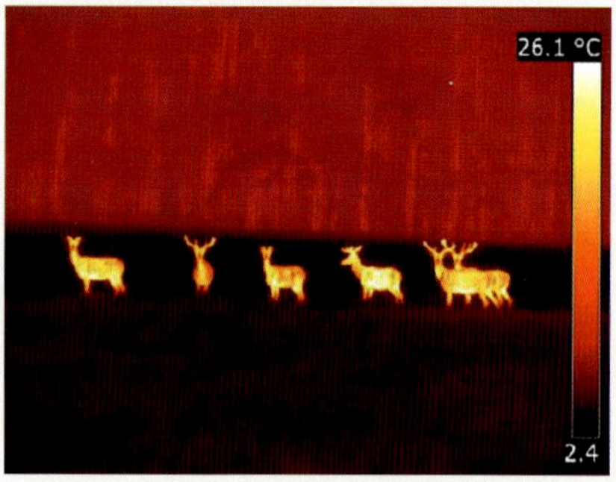

Photo: B. Buchenwald

Daten, die Kondition und Konstitution der Tiere beschreiben. Dafür werden in etlichen europäischen Ländern Maße verwendet, die sich in wissenschaftlichen Arbeiten international bewährt haben und leicht zu erheben sind, etwa die Länge des Unterkiefers oder des Hinterlaufs. Statt der Zählung an Winterfütterungen böten sich Scheinwerfertaxationen über die gesamte Fläche eines Hegerings an, bei denen die Dunkelziffer höchstens – aber immerhin – bei 30-35 Prozent liegt. In der Schweiz, in Belgien oder vielen Rotwildhegegemeinschaften von Rheinland-Pfalz wird dieses Verfahren mit Erfolg eingesetzt. Außerdem ergibt es ein sehr gutes Bild der Rotwildverteilung in der Hegegemeinschaft insgesamt. Gegebenenfalls können dabei heute auch Wärmebildkameras (Photo oben) eingesetzt werden, die so manches andere Aha-Erlebnis über das Wild im Revier liefern.

Jedes Jahr sollten so viel Individuen geschossen werden, wie nachwachsen – eine jagdliche Binsenwahrheit: von hundert Stück grob gerechnet ein Drittel Kälber und Einjährige, ein Drittel Alttiere und ein Drittel (vorzugsweise junge) Hirsche. Wenn so viel jedes Jahr, also nachhaltig, geschossen werden kann, lässt sich daraus mit gebührender Vorsicht auch auf den Mindestbestand schließen (was bei der Abschussplanung berücksichtigt werden kann; jedes Jahr eine starre Anzahl Hirsch- und Wildkälber zu erlegen, kann indessen problematisch sein; s. Kap. 6). Jeder Revierinhaber hat dafür Sorge zu tragen, dass er den für sein Revier letztendlich festgesetzten Abschuss zur »Erfüllung des Hegeziels« erledigt (s.o.).

Der Abschuss muss der Jagdbehörde mittels einer »Streckenliste« nachgewiesen werden, in der jedes erlegte Stück nach Geschlecht und Alter (das anhand des Milchzahnwechsels und später am Abnutzungsgrad der Zähne geschätzt wird[58]) aufzulisten ist. Diese Streckenlisten[59] sind allerdings nicht selten ziemlich geschönt (weil z.B. Spießer als Schmaltiere verbucht werden, um die Schädel mit oft mickrigen Spießen nicht für die jährliche »Trophäenschau« auskochen zu müssen oder es werden erlegte Hirsche nicht gemeldet). Und sie sagen kaum etwas über den Zustand der lokalen Population aus. Dazu müsste eben ein körperlicher Nachweis erfolgen mit Bewertung frisch erlegter Stücke. Sorgfältig geführt böte er den Ämtern oder den Hegegemeinschaften weit mehr als nur eine Kontrollfunktion, nämlich die Möglichkeit, die Verfassung des örtlichen Rotwildbestands und ihre Änderung über die Jahre zu dokumentieren. Das ergäbe eine wesentlich bessere Grundlage für die jährliche Abschussplanung.

Neben der langen Jagdzeit resultiert die große Scheu des so lernfähigen Rotwildes ferner daraus, wo und wie gejagt wird. Im typischen Fall ist das bei uns die Ansitzjagd und diese wiederum vor allem an Plätzen, die als Äsungsflächen attraktiv sind, in der Hoffnung, dass man dort leichter zu Schuss kommt: Wildwiesen oder Schläge mit Verjüngung im Wald, Wiesen und Weiden in Waldnähe oder, noch schlimmer, am Anwechsel zur oder Abwechsel von der Fütterung. Und je schlechter die Sichtbarkeit des Wildes, desto mehr steigt die Präsenz der Jäger im

58 Erfahrene (Berufs-)Jäger erreichen dabei eine hohe Genauigkeit. Noch präziser lässt sich das Alter der Tiere mittels *Zahnschliffen* bestimmen. Dadurch werden die zwischen den Wurzeln der Backenzähne Jahr für Jahr abgelagerten Zahnzementschichten erkennbar (wodurch die Zähne jedes Jahr etwas angehoben werden, um den Abrieb auszugleichen). Bei guter Unterscheidbarkeit lässt sich an diesen Schichten das Lebensalter ziemlich gut abzählen.

59 *Strecke* ist der jagdliche Begriff für eine Gesamtheit erlegten Wildes, z.B. Jahresstrecke, Gesamtstrecke eines Reviers, Strecke bei einer Treibjagd.

Photo: Bertram Georgii

Wald. Für das Wild heißt das, dass attraktive Äsungsflächen stets mit Lebensgefahr verbunden sind! Das macht die Tiere immer scheuer und zwingt sie im und am Wald zu fressen – keine gute Situation.

Allein schon Gewehrschüsse in hunderten von Metern Entfernung reichen Studien aus Nordamerika und Österreich zufolge aus, Schalenwildarten in »Angst und Schrecken« zu versetzen, wie an der stark erhöhten Herzrate der besenderten Tiere abzulesen war. Mit der abendlichen Jagd wird daher unbewusst auf »Spätaustreter« selektiert, d.h. Tiere, die abends den Wald früh verlassen, um auf Wiesen zu fressen, werden selektiv geschossen und je später Tiere austreten, umso höher deren Überlebenschance. Spät auszutreten wird dann auf dem Weg der Tradition (Kap. 4) von den Muttertieren an ihren Nachwuchs weitergegeben[60]. Das hat eine kanadische Studie aus dem Jahr 2017 an besenderten Wapitis eindrucksvoll bestätigt: über neunjährige Alttiere haben sich der Bejagung erfolgreich entzogen, weil sie gelernt haben, vorsichtig zu sein, wenn ständig irgendwo Jäger auf der Lauer liegen. Die Einzeljagd ist jedenfalls kein probates Mittel, um Wildschäden einzuschränken.

Das ist besonders dort ein Problem, wo die großen Waldungen der staatlichen Forstbetriebe von einem Kranz (oder auch mehreren Kränzen) von Pachtjagden mit hohem Anteil freier Flächen umgeben sind. Die nächtliche Jagd auf das Rotwild, das auf den Wiesen und Weiden seinen Hunger stillt, ist dann oft das letzte Argument dafür, nur so den Abschuss erfüllen zu können. Das aber ist die Folge einer verfehlten Abschussplanung, wenn im Zuge einer beabsichtigten Rotwildreduktion den Randrevieren überhöhte Abschüsse auferlegt werden, obwohl dort kein überhöhter Rotwildbestand gegeben ist (d.h., eine »einheitliche großräumige Abschussregelung«, wie in den meisten Länderjagdgesetzen vorgeschrieben, ist nicht zielführend). Zu einer Entlastung der rotwildreicheren Kernreviere (häufig staatliche Forsten) trägt das jedenfalls überhaupt nicht bei. Vielmehr hat das maßgeblich zu der vielerorts ungleichen Verteilung des Rotwilds geführt. Denn die Erlegung insbesondere von weiblichen Stücken in den Randre-

60 Unter Biologen wird heftig diskutiert, ob derart erworbenes Sich-Anders-Verhalten genetisch assimiliert werden kann. Wäre das der Fall und erfolgt die genetische Fixierung in den Keimzellen (Samen- oder Eizellen) würde sie auch auf diesem Weg an Nachkommen weitergegeben (vererbt) werden können.

»Erfahrene Alttiere verließen schon am Morgen beim Eintreffen der Jäger und Treiber vor Ort das Gebiet großräumig und suchten sichere Räume in der Nähe auf. Mehrfach wurde auch das Durchbrechen der Treiberketten nachgewiesen, von den Treibern bemerkt oder nicht. Rotwild, das sich in sicheren Einständen niedergetan hatte, ließ sich weder von Treibern, welche die Gebiete in der Nähe (bis 150 m) austrieben, noch von Abschüssen beeindrucken.«
Erfahrungsbericht über das Verhalten besenderter Rothirsche auf Bewegungsjagden im Rätikon.

vieren führt dazu, dass jene Individuen, die es nach dort draußen zieht, immer weniger werden und diese Reviere irgendwann gar kein Rotwild mehr haben. Die leergeschossenen Reviere wurden in der Vergangenheit oftmals aus den Rotwildgebieten herausgenommen und dadurch der Art Schritt für Schritt immer mehr Lebensraum entzogen. Denn ab da sind diese Reviere »rotwildfreies Gebiet«, weshalb nach Jahren vielleicht wieder zuwandernde Tiere in solchen Revieren der jagdgesetzlichen Vorgabe (s.o.) entsprechend geschossen werden müssen. Da wäre es die bessere Lösung, solche Jagdnachbarn tagsüber im Wald der großen Forstverwaltungen mit jagen oder an den großen Drückjagden teilhaben zu lassen (wie das im Übrigen mancherorts geschieht).

Bejagungsarten

Prinzipiell ist der saubere Blattschuss[61] auf ein Wildtier vom **Ansitz** aus eine stressarme, leidfreie Tötungsart, weil der Tod so schnell eintritt, dass sich ein mentaler Zustand wie Todesangst gar nicht erst einstellen kann, wie der Philosoph Konrad Ott von der Universität Kiel argumentiert. Bei einem Tier, das von einem Beutegreifer wie dem Wolf angefallen wird (oder gar bei Rind oder Schwein im Schlachthof) ist das deutlich anders. Die Jagd mit der Büchse reduziert aber die Chance zur Flucht und dadurch dem Tod zu entkommen, wie bei der Jagd durch einen Fressfeind, gegen Null (was Jagdgegner kritisieren). Dem kommt – ohne ihr das Wort reden zu wollen – **Pirschjagd** schon näher, bei der sich der Jäger langsam und aufmerksam durchs Revier bewegt, um Wild eher wahrzunehmen als dieses den pirschenden Jäger.

Wenn in den Kapiteln 7 und 8 für **Bewegungsjagden** plädiert wird, sind damit Gesellschaftsjagden mit mehr als acht Jägern, vier Treibern und spurlauten[62], weiträumig stöbernden Hunden gemeint. Die Schützen werden dabei ähnlich wie bei traditionellen Treibjagden im Gelände aufgestellt oder auch aus Sicherheitsgründen auf speziellen, etwa zwei Meter hohen Ständen (ähnlich niedrigen Hochsitzen) angesetzt. Treiber versuchen wie bei traditionellen Drückjagden das Wild nur »anzurühren« (in Bewegung zu bringen), damit es den Schützen möglichst langsam kommt, um ihnen das Ansprechen und den Schuss zu erleichtern. Besonderes Augenmerk der Schützen gilt dabei einzeln ziehenden Alttieren, in der Hoffnung, dass diese kein Kalb führen. Bei stärkerer Beunruhigung kann es allerdings passieren, dass Alttier und Kalb voneinander getrennt werden, der Anschein »nicht führend« also trügt. Bewegungsjagden stellen stets hohe Anforderungen an das Ansprechen der Tiere. Deshalb empfiehlt sich der Einsatz einer Stammmannschaft aus verantwortungsvollen, erfahrenen und gut schießenden Jägern. Denn das Bundesjagdgesetz verbietet die Bejagung der für die

61 *Blattschuss* heißt in der Jägersprache ein Schuss, der ein Stück Wild aufs Schulterblatt trifft, hinter dem wesentliche Organe wie Herz und Lunge liegen, und der deshalb zu einem schnellen Tod führt.

62 *Spurlaut* bedeutet, dass ein Hund bellt, wenn er die Witterung einer Fährte in die Nase bekommt. Damit zeigt er an, wo er Wild entdeckt hat und wohin dieses flüchtet. Der Begriff Stöbern beschreibt eine selbständige, planmäßige und gründliche Suche außerhalb der Kontrolle des Hundeführers. *Stöberhunde* sind z.B. Cockerspaniel, Englischer Springer Spaniel oder Wachtel; es eignen sich aber auch etliche, nicht als Stöberhunde bezeichnete Jagdhunderassen, für diesen Zweck.

Kälberaufzucht notwendigen Muttertiere (§22 Abs.4). Das erschwert Bewegungsjagden. Der Grund für diese gesetzliche Vorgabe ist, dass nicht wenige Alttiere ihre Kälber bis zu sieben Monate lang säugen, wie die Beobachtungen von Tim Clutton-Brock und seinem Team auf der Insel Rum und in anderen Studien ergeben haben. Wie schwierig dadurch die Entscheidung ist, ob ein (anscheinend) ohne Kalb anwechselndes Alttier führt oder nicht, zeigt sehr deutlich eine Auswertung von 368 auf Bewegungsjagden erlegten Alttieren durch die beiden Biologen Olaf Simon und Johannes Lang vom Institut für Tierökologie und Naturbildung (Laubach, Hessen). Danach lag die Wahrscheinlichkeit, auf einer solchen Jagd ein Alttier zu schießen, das noch führt, bei über 70 Prozent bzw. dass nur jedes fünfte erlegte Alttier nicht führend war! Immerhin ein Drittel der führenden Alttiere konnte zusammen mit ihrem Kalb als »Dublette« erlegt werden. Auf Bewegungsjagden dürften deshalb eigentlich keine einzeln anwechselnden Alttiere geschossen werden, nehmen Jäger und Förster den im Tierschutz- und Jagdgesetz rechtlich festgeschriebenen Muttertierschutz ernst. Es gibt bisher keine Erkenntnisse darüber, ob unter normalen bundesdeutschen Winterverhältnissen solche dann schon fünf Monate alten, aber möglicherweise ohnehin schon abgestillten, verwaisten Jungtiere überlebensfähig sind. Aber ihre Chancen sind zweifellos schlechter als die von Kälbern mit Müttern.

Aus diesen Gründen werden Bewegungsjagden sehr kritisch gesehen, was verständlich ist. Es hängt deshalb viel an einer perfekten Organisation, die hohe betriebswirtschaftliche und personelle Anforderungen bezüglich Planung und Durchführung stellt. Im Übrigen können auf Bewegungsjagden auch gleichzeitig Rehe und Wildschweine geschossen werden.

Photo: Werner Nagel

Was den Störeffekt von Bewegungsjagden angeht, sind sie eher unbedenklich. Sie können Studien mit besenderten Tieren zufolge zwar dazu führen, dass diese ihre Streifgebiete längstens für einige Tage verlassen. Danach kehren sie aber wegen der starken Bindung an ihre Einstände wieder in diese zurück. Durch die Beschränkung auf wenige Wochen oder sogar nur Tage im Spätherbst ist das eine für das Wild vergleichsweise schonende Art der Bejagung, die ihm dann während der meisten übrigen Zeit des Jahres Ruhe lässt. Das ist aber vielerorts nicht gewährleistet, weil dann doch noch auch in der übrigen Zeit gejagt wird.

Bewegungsjagden können aber auch noch ganz andere Fragen aufwerfen, so z.B. ob dadurch womöglich gefährdete Tierarten, wie Auerhuhn oder Wildkatze, beunruhigt werden, wenn sie in den durchgetriebenen Beständen vorkommen.

Das Alttier-Kalb-Problem auf Bewegungsjagden lässt sich nur auf zweierlei Weise umgehen. Versierte Jäger kennen die Erfahrung, dass ein Alttier, dessen Kalb geschossen wird, manchmal nach wenigen Fluchten verhofft und dann auch noch erlegt werden kann. Das funktioniert aber

Wie würden Wölfe jagen?

Der Einfluss von Wölfen geht weit über die zahlenmäßige Begrenzung einer Hirschpopulation hinaus: Das Risiko, einem Wolf zum Opfer zu fallen, bestimmt ganz wesentlich das Verhalten und die Verteilung der Hirsche in Raum und Zeit. Sie meiden Plätze, an welchen Wölfe gute Chancen haben und wählen solche, die den Wölfen die Jagd erschweren. Dadurch wiederum ist auch der Einfluss der Hirsche auf die Vegetation räumlich sehr heterogen: die Hirsche fressen bevorzugt dort, wo sie sich vor Räubern relativ sicher fühlen. Für einen Rothirsch im Wolfsgebiet ist die Landschaft folglich ein Mosaik aus größeren, sicheren Refugien und kleineren, gefährlichen Wolfs-Jagdgründen.

In ähnlicher Weise orientieren sich Rothirsche aufgrund ihres Feindvermeidungs- und Fluchtverhaltens in der wolfsfreien Kulturlandschaft an der räumlich-zeitlichen Präsenz des »Räubers« Mensch. Dabei sieht der Einfluss der Jagd qualitativ ganz anders aus als der des Wolfes.

Jäger töten auf Distanz, wogegen ein Hirsch dem Wolf schon greifbar nahe sein muss, um in Gefahr zu sein. Selbst bei einem Angriff hat ein gesunder erwachsener Hirsch gute Chancen, sich erfolgreich zu verteidigen; gegen Menschen hilft nur die rechtzeitige Flucht auf große Distanz. Auch weist der Jagddruck eine völlig andere räumliche Verteilung auf: während Wölfe nur auf 10–20 % der Fläche gute Chancen haben, Beute zu machen, sind Menschen und ihre Jagdeinrichtungen so gut wie überall. Wenn man um jeden Hochsitz und jeden Wanderweg eine »Gefahrenzone« von 300 m annimmt, dann wird deutlich, welch kleine, aus Sicht eines Rothirsches sichere Bereiche übrig bleiben – fast nichts im Vergleich zu einer Streifgebietsgröße von einigen bis vielen Quadratkilometern. Wo ein räumliches Ausweichen nicht mehr möglich ist, ist zeitliches Ausweichen die Antwort im Hirschverhalten. Die Folgen sind bekannt: Rothirsche, die aufgrund ihrer Ernährungsphysiologie eigentlich gerne alle vier Stunden Nahrung aufnehmen würden, verlassen die sicheren aber nahrungsarmen Dickungen nur im Schutz der Nacht.

Ilse Storch, Albert-Ludwigs-Universität Freiburg, Professur für Wildtierökologie und Wildtiermanagement, auf dem 2. Denzlinger Wildtierforum 2009

Photo: ©Evelyn/stock_adobe.com

längst nicht immer. Ein anderes Verfahren praktiziert der Nationalpark Schwarzwald: die Synchron-Dublette. Zwei gemeinsam ansitzende Schützen schießen absolut gleichzeitig einer auf das Alttier, der andere auf das Kalb. Ein wesentlicher Grund für diese Jagdvariante sei gewesen, meint der für das Wildtiermanagement im Park zuständige Forstmann Friedrich Burkhardt, dass der Rotwildbestand im Nationalpark mittlerweile so niedrig sei, dass Bewegungsjagden nicht mehr funktionierten. Und diese Dublettenmethode ist zweifellos eine sehr störungsarme Jagdart.

Vermieden werden sollte vor allem der Schuss in größere Rudel. Er ist deshalb so problematisch, weil er dann gleich für zahlreiche Tiere ein traumatisches Erlebnis darstellt. Das kann sie für Monate derart verängstigen (siehe S. 173), dass sie sich nicht mehr aus der Deckung trauen und dann im Wald zu Schaden gehen.

Aber was, wenn in unseren Wäldern auch noch Wölfe Jagd auf Rotwild machen? Ulrich Wotschikowsky, ein ausgewiesener Experte in Sachen Wolf, hat das seinerzeit in der Oberlausitz, Freistaat Sachsen, anhand von 4.136 Losungsproben von Wölfen untersucht. Ein durchschnittlich großes Wolfsrudel – zwei Elterntiere, zwei Jährlinge und vier halbjährige Welpen – beläuft dort ein Territorium von ungefähr 250 km^2. Es reißt auf dieser Fläche etwa 400 Rehe, 50 Stück Rotwild und 100 Sauen pro Jahr (und noch etwas Dam- und Muffelwild so vorhanden). Das wirkt gewaltig, sind aber pro Quadratkilometer gerade einmal 1,6 Rehe, 0,2 Stück Rotwild und 0,4 Sauen, also 2,2 Stück Schalenwild insgesamt pro Jahr. Nach wie vor erlegen die Jäger im Wolfsgebiet ein Mehrfaches dieser Wolfsrisse; d.h., die Jagdstrecken haben sich nicht erkennbar verändert. Wölfe entnehmen mit weiblichem Wild und Jungtieren hauptsächlich Tiere, deren Bejagung für den Jäger ohnehin weniger attraktiv, nicht selten sogar aufwändig und lästig ist. Das wird auch in anderen Gebieten der Republik nicht anders sein. Allerdings können in einem so riesigen Territorium natürlich manche Jagdreviere mehr, andere weniger betroffen sein.

Insgesamt ist das Sterben durch Jagd ein anderes als natürliches Sterben. Die meisten Tiere eines Bestandes, vor allem die weiblichen, sterben früher als von Natur aus. Das heißt, die Alttiere sterben lang vor der reproduktiven Seneszenz (Vergreisung). Die Jagd setzt ferner die natürliche und v.a. zufällige Variation der Altersmortalität außer Kraft (weil diese nie erreicht wird).

Das Kreuz mit der Bestandsregulierung

Wildpopulationen ändern sich aufgrund des jährlichen Nachwuchses (Zuwachs) sowie von Abgängen durch Jagd und Fallwild[63] (oder unter natürlichen Bedingungen auch durch Beutegreifer), Zu- und Abwanderung von Artgenossen sowie weiterer Faktoren, wie örtlich unterschiedlicher Äsungsverfügbarkeit, Wetter, Winterhärte etc. Eine wichtige Rolle spielt dabei die zahlenmäßige Zusammensetzung der Populationsmitglieder nach Geschlecht und Alter. Je nachdem, wie mit Reduktionsabschüssen, meist unbeabsichtigt, mehr auf die eine oder mehr auf die andere dieser beiden Größen eingewirkt wird, kann die Wirkung auf die *Populationsdynamik* (wie man in der Biologie Änderungen der Bestandsstruktur nennt) eine ganz unter-

63 Als *Fallwild* wird alles tot aufgefundene Wild bezeichnet, das durch andere Ursachen als Jagd ums Leben gekommen, z.B. durch Verkehrsunfälle oder Verhungern.

schiedliche sein. Die aus Tierschutzgründen notwendige Erlegung der Kälber vor dem jeweiligen Muttertier führt vielfach dazu, dass die Alttierquote in der Strecke zur Reduktion eines Bestands zu gering ausfällt. Einfach nur *eine* »Wilddichte«, gemessen als Stück pro 100 Hektar, im Blick zu haben, wird der Art aus biologischer Sicht jedenfalls nicht gerecht, weil sie sowohl räumlichen wie zeitlichen Schwankungen unterworfen ist (allenfalls ist eine solch undifferenzierte Wilddichteangabe als Hilfsgröße brauchbar).

Das sind einige der Gründe, warum es trotz aller jagdlichen Anstrengungen in vielen Fällen nicht gelingt, Rotwildbestände zielgenau in den Griff zu bekommen. Eine besondere Rolle spielt für die Regulation eines Rotwildbestandes der reproduktive Kahlwildanteil – auch so eine jagdliche Binsenweisheit. Denn je mehr weibliche Tiere einen Bestand ausmachen (was häufig bis meist der Fall ist, d.h., das Geschlechterverhältnis zahlenmäßig zugunsten der weiblichen Bestandsmitglieder verschoben ist, z.B. in Richtung 1:1,5[64]), desto mehr Kälber werden jedes Jahr gesetzt. Ebenso bedeutsam ist auch das Geschlechterverhältnis des Nachwuchses: ist es zugunsten der *Wildkälber* verschoben puscht das die Bestandsentwicklung; ist es zugunsten der Hirschkälber verschoben, dämpft das die Bestandszunahme. Das scheint eine evolutionär erworbene Strategie der Hirschfamilie zur Populationsregulation zu sein, ist das doch für die verschiedensten Cervidenarten nachgewiesen: Für den nordamerikanischen Weißwedelhirsch (*Odocoileus virginianus*) beispielsweise ebenso wie für Elche (*Alces*) oder Rentiere (*Rangifer*). Wie sich dieser Aspekt auf den Reduktionserfolg auswirkt haben schon die Studien des Forscherteams um Tim Clutton-Brock von der Insel Rum in Schottland und kürzlich auch eine Streckenanalyse aus Niederösterreich durch die Wiener Biologen Sebastian Vetter und Walter Arnold offenbart.

Folgen hoher Populationsdichte (nach den Ergebnissen von der Insel Rum):

- mehr Nahrungskonkurrenz
- geringere Körpergewichte (= schlechtere Kondition)
- geringere Fruchtbarkeit der weiblichen Tiere
- Kälber werden später gesetzt
- mehr Hirsch- als Wildkälber
- höhere Hirsch- als Wildkälbersterblichkeit
- Geweihe schwächer, Fege- und Abwurftermine später
- Hirsche wandern vermehrt ab
- u.U. ca. jedes zweite Lebensjahr nicht trächtige Alttiere

Dichteeffekte wirken sich auf Hirsche stärker aus als auf die weiblichen Individuen.

So haben die Forschungsergebnisse von der Insel Rum gezeigt, dass je höher der Anteil an Alttieren in dem dortigen, *unbejagten* Bestand war, desto höher war der Anteil der Hirschkälber, wurde also das Geschlechterverhältnis der Kälber zu deren Gunsten verschoben. Insbesondere gebaren ranghohe Alttiere mit guter Kondition eher Hirschkälber. Auch sind die Mütter von Hirschkälbern fürsorglicher gewesen als die von Wildkälbern. Und solche Hirschkälber kamen in der Regel kräftiger zur Welt als Wildkälber, was ihre Aussicht, ihre ersten Lebensmonate gut zu überstehen, erhöhte. Die Hirschkälber hatten darüber hinaus im Schnitt eine um etwa 2–3 Tage längere Tragzeit hinter sich als die Wildkälber, was wiederum ihre Chancen, den nächsten Winter zu überleben, erhöhte. Bei hoher Bestandsdichte war jedoch die Sterblichkeit der Hirschkälber größer, weil die empfindlicheren Hirschembryonen vermutlich als Folge von Nahrungsmangel und vermehrtem sozialem Stress schon im Mutterleib abstarben, wie die Forscher spekulieren. Und nach strengen Wintern wurden weniger Hirschkälber geboren.

64 Dem *Geschlechterverhältnis* wird immer das männliche Geschlecht zugrunde gelegt. 1:1,5 heißt deshalb: auf einen Hirsch kommen anderthalb Stück Kahlwild.

Aber auch die Hirsche können Einfluss auf den Anteil an Geburten männlicher Kälber nehmen, wie eine jüngere Studie aus Spanien ergeben hat. In ihr wurden Alttiere experimentell mit Samenzellen starker Hirsche befruchtet. Sie wurden daraufhin ebenfalls mehrheitlich Mütter von Hirschkälbern. Auch in finnischen Gehegeversuchen mit Rentieren zeigte sich, dass starke Hirsche mehr Söhne produzierten. Dieser Effekt ist aber nur von Hirschen zu erwarten, die auch sehr aktiv am Brunftgeschehen teilnehmen, wozu sie i.d.R. mindestens ein Alter von sechs Jahren erreicht haben müssen.

Zu ähnlichen Ergebnissen kam jüngst auch eine Analyse von Vetter und Arnold. In ihr verglichen die beiden niederösterreichische Streckendaten sowie Fallwildzahlen aus dem Straßenverkehr. Beide Datenreihen korrelierten so eng miteinander, dass die Gesamtstrecke als Maß für die Populationsdichte gewertet werden konnte. Und da die Kälber nicht geschlechtsspezifisch bejagt wurden, konnte auf das Geschlechterverhältnis der Kälber aus der Jagdstrecke geschlossen werden. Dabei zeigte sich ein ausgeprägter Zusammenhang mit der Gesamtstrecke: Je höher die Gesamtstrecke desto geringer war der Anteil männlicher Kälber im Bestand (Abb. 58a). Mit zunehmender Zahl geschossener Alttiere indessen nahm der Anteil von Hirschkälbern im Bestand zu (Abb. 58b). Je höher also die Gesamtstrecke, desto mehr verschiebt sich das Geschlechterverhältnis der Kälber zugunsten der Wildkälber (wegen der abnehmenden Zahl der Hirschkälber). Das bedeutet, dass dann proportional auch der Anteil der »Zuwachsträger« insgesamt steigt – »ein Teufelskreis« wie Vetter und Arnold resümieren, weil das wiederum eine Zunahme des Bestands fördert.

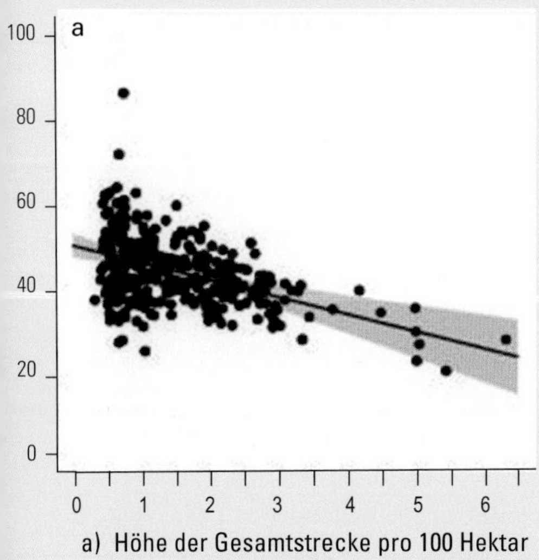

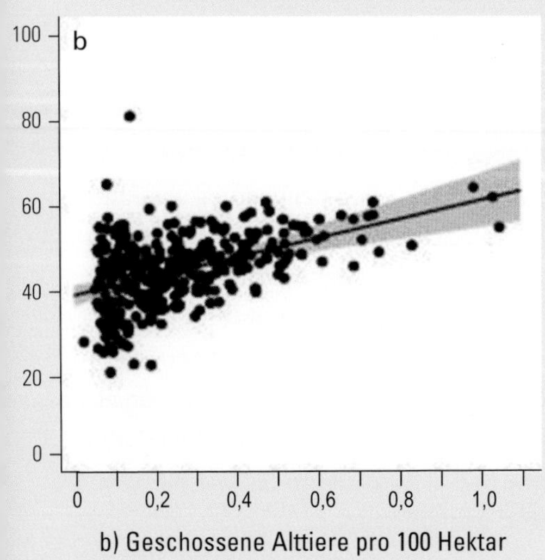

ɔb. 58 Je mehr Alttiere im Bestand vorhanden sind, desto mehr rschkälber werden gesetzt (a) und Abnahme des Hirschkälberteils mit steigender Bestandsdichte (b). | *Quelle: Vetter & ɾnold in Deutsche Wildtier Stiftung 2018*

Darüber hinaus ist mit einer sinkenden Bestandsdichte generell stets auch eine Zunahme des Körpergewichts und der Fruchtbarkeit der Alttiere oder vermehrt ebenso beschlagenen Schmaltieren verbunden, wie viele Untersuchungen gezeigt haben. Für das Körpergewicht lässt sich das am Erlegungsgewicht einfach ablesen. Bisweilen stellen sich diese Veränderungen erst mit einem Zeitverzug von wenigen Jahren ein, weil sie unter anderem eine Reaktion auf die sich mit der Dichteabnahme verbessernden Äsungsverhältnisse sind.

Die schottischen Erkenntnisse scheinen also ein generell für die Populationsdynamik von Rotwild zutreffendes Muster beschrieben zu haben, unabhängig von den besonderen Lebensbedingungen in den dortigen »Highlands«. Das Forscherteam um Tim Clutton-Brock konnte zudem die ökologischen Gründe klären, die hinter diesen Zusammenhängen stecken. Mit steigender Bestandsdichte wächst die Konkurrenz um ergiebige Nahrungseinstände. Denn die Alttiere müssen um qualitativ hochwertiges Futter geizen, weil die Aufzucht von Kälbern für sie kostspielig ist (Embryonalentwicklung und Kälberstillen sind enorm energieaufwändig). Wie kräftezehrend die Aufzucht von Kälbern ist, hat sich in den Studien auch daran gezeigt, dass etliche Alttiere, die Kälber in die Welt gesetzt hatten, konditionell so geschwächt waren, dass sie im Folgejahr ohne Nachwuchs blieben (»gelt« gingen, wie die Jäger sagen).

Also macht es in dieser Situation Sinn, Nachwuchs zu produzieren, der die Neigung hat, das mütterliche Homerange eher früher als später zu verlassen. Und genau das machen Hirschkälber (die schneller wachsen als die Wildkälber) im zweiten oder dritten Lebensjahr, wie die Beobachtungen auf der Insel Rum ergeben haben. Wildkälber, deren Aufzucht weniger aufwändig ist, verbleiben hingegen wie in Kapitel 4 beschrieben, oft ein Leben lang in der Nähe ihrer Mütter. So ist das Einstandsgebiet eines Kahlwildrudels immer ein Refugium mütterlicher Abstammungslinien, in denen nicht verwandte Alttiere und erst recht Hirsche kaum etwas zu suchen haben. Diese matrilinearen Gruppen haben jeweils ihre ganz bestimmten Äsungsplätze und gehen dadurch ständigem energieaufwändigen Gerangel um solche Bereiche aus dem Weg.

Die Dynamik von Rotwildbeständen ist also nicht leicht zu durchschauen. Vor allem wurde wohl deutlich, dass es nicht reicht, zwecks Bestandsreduktion nur die Abschüsse über dem Zuwachs anzusetzen. Vielmehr muss auch die Altersverteilung der beiden Geschlechter im Bestand bei der Abschussplanung berücksichtigt werden. Sonst kann es passieren, dass die Produktivität des weiblichen Populationsanteils unbeabsichtigt gesteigert wird. Das könnte erklären, warum eine Reduktion von zu hohen Rotwildbeständen oft nicht recht gelingen will. Vetter und Arnold ziehen daraus für Überlegungen zur jagdlichen Regulierung von Rothirschbeständen den Schluss, dass es einerseits die mittelalten Alttiere, die eher Hirsch- als Wildkälber in die Welt setzen, und andererseits die starken mittelalten, im Brunftgeschehen besonders aktiven Hirsche zu schonen gilt, weil sie eventuell ebenfalls vermehrt für Hirschkälber sorgen. Stattdessen seien verstärkt Schmaltiere und – sofern beim Ansprechen zu identifizieren, was erfahrungsgemäß schwierig ist – Wildkälber zu schießen. Das ist im Übrigen nicht unbedingt eine neue Einsicht; aber die oben beschriebenen populationsdynamischen Hintergründe dafür schon. Das Ergebnis ist dann in etwa eine Populationszusammensetzung, wie sie vielleicht auch unter natürlichen Bedingungen erwartet werden kann.

Photo: Bertram Georgii

Was die Gene verraten

Eine Bewirtschaftung von Rotwildbeständen, die ihr Ziel in der Erlegung starker Hirsche sieht, ist in jedem Fall schwierig und kann bestenfalls in großen Revieren funktionieren. Sie stellt zudem hohe Ansprüche bei der zutreffenden Altersschätzung der Hirsche und erfordert deshalb erfahrene Jäger. Außerdem ist die Zurückhaltung beim Abschuss junger und mittelalter Hirsche nicht jeden Jägers Sache. In den meisten heutigen Rotwildgebieten sind die Reviere zu klein und die Jäger verfügen nur über begrenzte Rotwilderfahrung. Zudem fehlt häufig der Wille zur revierübergreifenden Zusammenarbeit. Deshalb klaffen Erwartungen und Ergebnisse bei der Rotwildjagd häufig und auf engem Raum weit auseinander.

Eine Frage, die Rotwildjäger bzw. -manager und Wissenschaftler in diesem Zusammenhang seit langem beschäftigt, ist, ob sich Hege mit dem Ziel, Hirsche mit starken Geweihen zu fördern, was immer noch, jedenfalls versteckt, Inhalt der Jagdgesetze und des jagdlichen Strebens ist, auf die Genetik der Bestände auswirken kann, d.h., zu einem unbeabsichtigten Einfluss auf Gene bzw. Allele, dass also quasi Selektion (im Sinne Darwins) betrieben wird. Das ist so, wie seit der Jahrhundertwende eine ganze Reihe von Studien ergeben hat. Allerdings könnten entsprechende Ergebnisse auch einfach der phänotypischen Plastizität geschuldet sein, die jedem Organismus eigen ist. Ob es daher gerechtfertigt ist davon zu reden, dass damit oder durch Einkreuzungen eine »unnatürliche Evolution« angestoßen werde, wie das manche Autoren meinen, halte ich für sehr gewagt.

Wie die Studien darüber hinaus ergeben haben, kann der Versuch, durch die Art der Bejagung z.B. auf starke Hirsche hinzuwirken auch ungewünschte bzw. unbeabsichtigte Effekte für eine Population haben (geringere Körpergröße, frühere sexuelle Reife und dadurch Bestandszunahme etc.). In die gleiche Richtung wirkt wahrscheinlich das häufig verfolgte Bestreben, die »Qualität« eines Rotwildbestandes durch frühzeitigen Abschuss »schlecht veranlagter« Individuen zu verbessern. Um einen »evolutiven« Effekt haben zu können, muss ein zu förderndes Merkmal aber natürlich erblich sein. Ein inzwischen klassisches Beispiel sind stoßzahnlose afrikanische Elefanten (*Loxodonta africana*), die sich in manchen Populationen häufen (Zunahme von 10 % auf 38 %), weil sowohl durch die reguläre Jagd wie durch die Wilderei nur Tiere mit elfenbeinernen Trophäen geschossen werden. In Kanada hat aus den gleichen Gründen die auf starke Bighornschafwidder (*Ovis canadensis*) ausgerichtete Jagd zu einer Überhandnahme schwächerer Böcke in der Population geführt. Langer Rede kurzer Sinn: **Durch die nichtzufällige Bejagung werden gerade die für prosperierende künftige Generationen wichtigen Gene konsequent Jahr für Jahr aus der Population herausgeschossen.** Überall auf der Erde wird dadurch in bejagten Wildtierpopulationen eine Zunahme weniger wünschenswerter Phänotypen und geringere Vitalität gefördert (also genau das Gegenteil dessen, was die »Hege« eigentlich anstrebt). Etliche genetische Studien haben ergeben, dass durch die nichtzufällige Bejagung die Populationsstruktur (reduzierte effektive Populationsgröße, was in Zähldaten nicht ohne weiteres erkennbar ist), die Lebensdauer (im Vergleich zur natürlichen), die genetische (allelische) Vielfalt, das »Evolutions«-(Entwicklungs-) bzw. Anpassungspotenzial oder natürlich das Geschlechterverhältnis und sein Einfluss auf das

Fortpflanzungsgeschehen sowie viele andere Merkmale verändert werden. Die Beurteilung solcher Effekte wird allerdings durch die gleichzeitige Wirkung anderer Einflüsse erschwert (epigenetische, sexuelle Selektion, Lebensraumveränderungen, Räuber-Beute-Beziehungen, Klimawandel usw.). Auch Verhaltenseigenheiten wie spätes Austreten können durch die vorzugsweise Bejagung früh austretender Individuen eine Förderung von Generation zu Generation erfahren.

Unter den heutigen Lebensbedingungen von Tieren und Pflanzen, die vor allem vom fortschreitenden Verlust an Lebensräumen geprägt sind, hat ein neuer Aspekt große Bedeutung bekommen – auch für unsere zersplitterten Rotwildvorkommen: Die **Sicherung der genetischen Vielfalt**. Von ihr hängt nämlich die Erhaltung langfristig überlebensfähiger Tierpopulationen ab. Genetische Methoden haben deshalb im Rahmen von Naturschutzbemühungen eine wichtige Rolle bekommen. Das gilt auch für Überlegungen, die sich mit dem Erhalt des Rotwilds befassen. Mit genetischen Methoden kann z.B. die Wilddichte ermittelt werden (siehe Kasten) oder wie es um den Austausch von Individuen in einer sogenannten *Metapopulation* bestellt ist (s.u.). Andere Aspekte sind die negativen Folgen von Inzucht wegen zu enger Verwandtschaft der Tiere in kleinen und noch dazu vielleicht räumlich isolierten Rotwildbeständen (man spricht dann auch von »Verinse-

Losungs-Genotypisierung

Bei dem Verfahren werden auf Transekten (Linien, längs derer Daten erfasst werden), die mehrere hundert Meter voneinander getrennt parallel zueinander verlaufen und bis zu mehreren Dutzend Kilometern lang sind, frische Kotproben von Rotwild auf einer bestimmten Fläche gesammelt. Mittels spezifischer Marker*-Sets der DNA (aus abgestorbenen Darmzellen) lassen sich in diesen im Labor unter Verwendung spezieller Auswertungsmodelle Größe sowie Dichte (pro 100 ha) und das Geschlechterverhältnis eines Rotwildbestands ermitteln. Die Methode gilt als genauer wie etwa Scheinwerfertaxation oder Fotofallenmonitoring. Sie ist allerdings wegen der hunderte von Losungsproben, die im Labor analysiert werden müssen, sehr kostenintensiv.

* *siehe Kasten S. 88*

Photo: http://stock_adobe.com/

Photo: Bertram Georgii

lung«) oder das Anpassungsvermögen einer Population an Umweltveränderungen. Für all das braucht es genetische Vielfalt in Populationen, damit genügend Varianten vorkommen oder entstehen können, von denen die natürliche Selektion die jeweils bestangepassten auslesen kann. Diese Art der Auslese kann durch die Jagd wiederum nicht imitiert werden.

Außerdem verrät der Genpool von Rotwildpopulationen auch viel über deren Geschichte, weil man aus den DNA-Analysen ablesen kann, wann irgendwelche Ereignisse eingetreten sind (Kap. 3). Wann z.B. eine Population durch eine *Flaschenhalssituation* gegangen ist, d.h., nur mit wenigen Tieren überlebt hat und dadurch genetisch verarmt ist und deshalb vielleicht später Rotwild aus anderen Vorkommen in die Population eingekreuzt wurde. Dann wird unter Umständen plötzlich klar, warum ein Rotwildbestand nie so richtig auf einen grünen Zweig kommt, nämlich weil ihm für die Anpassung an die lokalen Lebensbedingungen wichtige Allele fehlen. In kleinen Populationen kann es nämlich zu einer Anhäufung schädlicher Mutationen kommen, die zu einem Verlust der Fitness und einem immer weiteren Rückgang der Populationsgröße führen, ein Prozess, der sich aufgrund der Fixierung durch genetische Drift (Kasten S. 89) nach Art einer Spirale wiederholt (sog. Mutationsschmelze; engl.: mutational meltdown).

Auch ohne Flaschenhalssituation wurden in Europa während der letzten Jahrhunderte häufig Einbürgerungen ortsfremden Rotwilds in autochthone[65] Populationen vorgenommen, etwa um eine Population »vor dem Aussterben zu bewahren« und zu stärken (oder, seien wir ehrlich, die Qualität der Trophäen zu steigern). Manchmal hat das die genetische Variabilität der Populationen verbessert oder Inzuchtdepression verringert. Manchmal waren die Auswir-

65 Als *autochthon* wird eine einheimische Art bezeichnet, die in diesem Gebiet entstanden oder ohne menschliches Zutun dort vor langer Zeit eingewandert ist. Damwild und Sikawild z.B. sind keine einheimischen Tierarten, weil vom Menschen in Europa eingebürgert.

kungen aber auch negativer Art, weil die zugeführten Allele für die Fitness der Tiere nachteilig waren oder pathogene Organismen (Krankheitserreger[66]) und Viren in Populationen eingebracht wurden. Auch wo die eingebürgerten Individuen herstammen, lässt sich mittels der DNA-Analysen feststellen.

Die Studien haben deutlich gezeigt, dass durch eine am Phänotyp, d.h. dem äußeren Erscheinungsbild der Tiere, orientierte Auswahl mit der Büchse eine genetische Selektion betrieben wird, die zu einer **Verschiebung der Allelhäufigkeiten im Genpool** einer Population führen kann. Daraus können dann zwar bessere Trophäen resultieren, aber genauso auch unerwünschte Effekte auftreten. So führt etwa der Abschuss von einjährigen Hirschen mit kurzen Spießen eher zu Genverlusten als zu stärkeren Geweihen (wie gerne bei langen Spießen angenommen). Vor dem sechsten Lebensjahr ist »schlechte« oder »gute« Geweihveranlagung in der Regel ohnehin nicht erkennbar. Das Geweih darf deshalb nicht die einzige Grundlage für die Entscheidung über Abschuss oder Schonung sein. Jede Form trophäen-ästhetischer Vorgaben sollte ohnehin aus den Abschussrichtlinien und den Köpfen der Jäger ein für alle Mal verschwinden. Denn manche aus »hegerischer« Sicht unerwünschte Geweihform könnte aus biologischer Sicht sehr wohl vorteilhaft für das betreffende Tier sein. Wenn die Klasseneinteilung in Ier-, IIer- und IIIer-Hirsche nur das Alter betrifft – mehr als 10-jährig, 4- bis 9-jährig und 1- bis 3-jährig –, ist das in Ordnung (aber es ginge auch einfacher); spezielle Trophäenklassen sollte das nicht beinhalten.

Außerdem beeinflusst die jagdliche Ausrichtung auf ein einzelnes Merkmal, z.B. das Geweih, auch Gene, die ganz andere Auswirkungen zur Folge haben, weil die Gene eines Organismus in vielfältiger und komplexer Weise miteinander verknüpft sind und sich oft gegenseitig regulieren. So kann es sein, dass man Gene aktiviert, die der Anpassungsfähigkeit eines Bestandes an die örtlichen Lebensraumbedingungen abträglich sind bzw. man entfernt sie aus dem Genpool. Oder es kommt zu unbeabsichtigten »Kollateralschäden«[67], wenn fitness-relevante Allele betroffen sind, z.B. zu einer Abnahme des Körpergewichts, zu schwächeren oder bezüglich ihrer Lebenserwartung reduzierten Kälbern und vielem anderen mehr. Die Selektion auf Güteklassen durch vorzugsweise Erlegung endenarmer Hirsche kann deshalb zwar zum Hegeziel führen, man nimmt damit aber auch stets negative Auswirkungen auf den Rotwildbestand in Kauf. Sogar ein plötzlicher »Umschwung« hin zu geringeren Geweihen oder Geweihformen, die niemand haben will, kann eine Folge sein. Solche Effekte genetischer Natur lassen sich auch nicht so einfach wieder aus der Population entfernen, wenn etwas in der Bejagung geändert wird.

Eine **Metapopulation** besteht aus einem Verbund mehrerer Teilpopulationen der selben Tierart, die genetisch miteinander in Austausch stehen. Nicht nur das macht das System relativ stabil, sondern auch der Umstand, dass der Lebensraum einer zugrunde gegangenen Teilpopulation (sog. lokale Extinktion) von den anderen aus leichter wiederbesiedelt werden kann.

Die beiden Genetiker Günther Hartl von der Universität Kiel und Frank Zachos vom Naturhistorischen Museum in Wien, die derartige Veränderungen im Genpool einer isolierten Rotwildpopulation in den Vogesen nachweisen konnten, raten deshalb von einer auf Geweihgestalt und -größe ausgerichteten Bejagung dringend ab. Das wurde dort sofort umgesetzt und auf eine Bejagung rein nach Geschlecht und Altersklassen umgestellt.

66 griech.: pathos = Leiden, Krankheit; genesis = Erzeugung

67 Ein klassisches Bespiel für einen solcherart unbeabsichtigten »Erfolg« züchterischer Absichten sind die im Zuge der Domestikation des Hundes aus dem Wolf entstandenen Schlappohren.

Die beiden Autoren weisen jedoch andererseits darauf hin, dass die **Zerschneidung** von Rotwildlebensräumen heute das gravierendere Problem sei, weil dadurch die genetische Variabilität in den Beständen zunehmend eingeschränkt werde. Deshalb sind funktionierende Migrationskorridore zwischen den einzelnen Rotwildpopulationen oder alte »Fernwechsel«, auf denen trotz des Abschussgebots durch die Rechtsverordnung von 1958 und des dichten Straßennetzes gelegentlich Hirsche oder Alttiere unterwegs sind, so wichtig, wenn es gelingen soll, eine zukunftsfähige, vitale deutsche Rotwild-Metapopulation zu erhalten.

Wie sehr infrastrukturell bedingte Zerschneidung allerdings genetische Strukturen, z.B. durch genetische Drift (siehe S. 89), beeinflussen können und wie sehr dadurch die Anpas-

Photo: iStock.com/m-kojot

sungsfähigkeit von Rotwildbeständen an ihre aktuellen Lebensräume beeinträchtigt werden kann, ist immer noch nicht so recht verstanden. Ob das für deren langfristiges Überleben relevant sein könnte, erst recht nicht. Genfluss zwischen Populationen bzw. Populationsteilen, soviel ist aber sicher, ist jedoch wichtig. Doch auch wie intensiv er sein muss, um ausreichend zu sein, entzieht sich bisher unserer Kenntnis. Immerhin haben 40 Jahre Grenzzaun zwischen DDR und BRD ausgereicht, um zu signifikanten genetischen Unterschiede zwischen den Teilpopulationen des Ost- und Westharzes zu führen, wie Sven Herzog von der Dozentur für Wildökologie und Jagdwirtschaft der TU Dresden berichtet. Andererseits haben nach dem Fall der Zonengrenze wenige Jahre Genfluss zwischen den beiden Rotwildteilpopulationen gereicht, um die Unterschiede wieder zu verwischen.

Erbgutsequenzierungen haben mehrfach gezeigt, dass die genetische Variabilität einzelner Subpopulationen unmittelbar von der Dichte benachbarter Bestände und der Möglichkeit zu genetischem Austausch zwischen diesen abhängt. Auch die Meldungen außerhalb der Rotwildgebiete geschossenen Rotwilds belegen, dass Tiere zwischen benachbarten Rotwildgebieten hin und her wandern. Aus diesen Erkenntnissen würden sich auch sinnvolle Standorte für größere Tierquerungshilfen im Rahmen des »Bundesprogramm Wiedervernetzung« ableiten lassen (S. 95).

Mit Hilfe der modernen genetischen Methoden ist es heute relativ leicht, etliche wertvolle Einsichten in den Zustand von Rotwildpopulationen zu gewinnen. So z.B., ob zwischen benachbarten Beständen ein ausreichender Genfluss besteht. Ist das nicht der Fall, wäre zu prüfen, ob näher benachbarte Vorkommen nicht besser zu Bewirtschaftungseinheiten verbunden werden sollten, als weiterhin einzeln gemanagt zu werden. Von einer solchen Lösung könnten vor allem kleinere Rotwildgebiete profitieren. Ein genetisches Monitoring kann im Übrigen auch ganz generell als Risikoabschätzung verstanden werden, um eventuell im Sinne eines Frühwarnsystems künftige Probleme eines Rotwildbestandes rechtzeitig zu erkennen. Das könnte auch zur Sicherung seiner genetischen Vielfalt, seiner Vitalität und Gesundheit sowie einer ausreichenden effektiven *Populationsgröße* beitragen (siehe Fußnote 47, S. 88). So macht es aus genetischer Sicht beispielsweise Sinn, offenkundig als Zuwanderer zu erkennende fremde Hirsche von der Bejagung auszunehmen, weil sie für die Zufuhr neuer Genvarianten sorgen, und stattdessen eher altbekannte Individuen zum Abschuss freizugeben.

7. WALD IST MEHR ALS NUR BÄUME

Auf einen Blick

Rotwild lebt heute in vielen Bundesländern nur noch in großen Wäldern, deren Behandlung primär von waldbaulichen und weniger von gesamtökologischen Zielen geprägt ist, in denen die Art vielerorts erhebliche forstliche Schäden verursacht.

Seine überdurchschnittlich förderlichen Wirkungen für die Biologische Vielfalt wurden bisher völlig verkannt, könnten sich aber im Wald wie in der offenen Landschaft segensreich einsetzen lassen.

Durch entsprechende waldbauliche Konzepte und eine störungsarme Jagd ließe sich die Anwesenheit von Rotwild durchaus mit den berechtigten Interessen der Forstwirtschaft vereinbaren.

Wald bzw. Forst bedeckt mit 11,4 Millionen Hektar etwa 32 Prozent der Fläche Deutschlands (damit ist die Republik ein relativ waldreiches Land). 4 Prozent davon gehören dem Bund, 19 Prozent den Kommunen, 29 Prozent den Ländern und 48 Prozent befinden sich in Privateigentum.

Fast die Hälfte des Wirtschaftsgutes Wald gehört also uns Bürgern, nicht zuletzt auch aufgrund der Finanzierung, die seit Jahrzehnten seitens der Öffentlichkeit über Steuermittel geleistet wird. Daraus erwächst dem Staat eine enorme Sorgfaltspflicht, mit dem Wald und allem was in ihm lebt (!), gut, d.h. in ganzheitlicher Betrachtungsweise, umzugehen – dazu gehört auch der Rothirsch. Waldbesitzer, gleich ob staatliche oder private, sind also gefordert, ihre Wälder entsprechend zu gestalten.

Unsere heutigen Wälder sind das Ergebnis waldbaulicher Zielsetzungen und Aktivitäten der letzten 200 Jahre. Das lässt sich daran erkennen, dass die natürliche Waldbestockung Deutschlands großteils aus Laubwäldern bestehen würde, vor allem Buche (*Fagus silvatica*) und Eiche (*Quercus*), gegenwärtig aber Nadelbäume, allen voran Fichte (*Picea abies*) und Kiefer (*Pinus silvestris*) dominieren. Diese vier Holzarten machen heute 73 Prozent der »Holzbodenfläche« Deutschlands aus. Die Weißtanne (*Abies alba*) ist im Vergleich zu ihnen ausgesprochen selten. Der Waldbau schuf Wälder, die in erster Linie wirtschaftliche Interessen befriedigen mussten: Nur selten war bei den Forstverwaltungen mehr Ökologie im Wald gefragt. In den Wirtschaftswäldern erreichen die Waldbestände nur etwa die Hälfte bis ein Viertel des Alters wie unter natürlichen Bedingungen. Die alten, für Wild äsungsreichen Zerfallsphasen fehlen.

Von der Tundra zum Wald

Die natürliche Waldbedeckung Mitteleuropas hat eine rund 12.000-jährige Geschichte hinter sich. Damals endete die letzte Eiszeit. Mit den ansteigenden Temperaturen kamen zunächst **Birken** und **Kiefern** auf. Als dann auch noch die Niederschläge zunahmen wurde die Kiefer 4000 Jahre später immer mehr durch **Eichen**wälder verdrängt, in denen auch Mischbaumarten wie etwa Ulme, Ahorn oder Fichte ein Auskommen fanden. Die Niederschläge nahmen zwar weiter zu, die Temperaturen jedoch wieder ab. Das hat die **Buche** so gefördert, dass sich Buchenwälder immer mehr ausbreiteten. Ab etwa 1.000 n. Chr. hat dann der Mensch begonnen, die Wälder immer mehr zu nutzen und in ihre Entwicklungsprozesse einzugreifen.

Wie mit den Wäldern umgegangen werden sollte, regeln das Bundeswaldgesetz aus dem Jahr 1975 und die Waldgesetze der Länder. Das Bundeswaldgesetzt definiert in § 2 auch, was Wald eigentlich ist: jede mit Forstpflanzen (Waldbäumen und -sträuchern) bestockte Grundfläche; daher auch der Begriff »Holzboden«. Wald gilt weltweit als die »Lunge« der Erde, indem er das von uns so massenhaft produzierte CO_2 speichert und Sauerstoff produziert. Er trägt zum Schutz von Boden, Wasser und Klima bei, ist Lebensraum für Tiere und Pflanzen, bietet Raum für Erholung und Naturerleben und liefert Holz, den bedeutendsten nachwachsenden Rohstoff (bei uns genauso wie in den Tropen).

In unserer intensiv genutzten Landschaft ist Wald das letzte Großsystem naturnaher Lebensabläufe. In diesem spielt die Waldbewohnern zur Verfügung stehende Energie eine wichtige Rolle, denn der Wald schluckt zum Aufbau seiner grünen Pflanzenmasse den größten Anteil des auf ihn einfallenden energiereichen Sonnenlichts, weshalb in einem geschlossenen Wald am Boden wenig wächst. Die meisten im Wald lebenden Tiere sind Wirbellose und damit so klein, dass sie der normale Waldbesucher nie zu Gesicht bekommt. Sie spielen im Getriebe des Waldes, dem Nährstoffkreislauf und dem Energiefluss (seiner »Ökologie«), eine viel wichtigere Rolle als Rothirsch oder Reh. Auf Letztere könnte der Wald ohne weiteres verzichten, auf die winzig kleinen Zersetzer hingegen nicht. Ohne sie wäre der Nährstoffhaushalt des Bodens schnell erschöpft. Aber das soll uns die Freude an den erlebbaren Tieren des Waldes – Säugern und Vögeln – nicht verderben.

Ansichtssache

Sich natürlich, d.h. frei und ungelenkt, entwickelnder Wald ist in Deutschland immer noch Mangelware, nämlich gerade einmal auf 2,8 Prozent der Waldfläche (3.240 km^2) der Republik. Wesentliche Anteile daran haben unsere Nationalparke, vom Bund bereitgestellte Flächen und Naturschutzprogramme der Landesforstbetriebe.

Nach den Zielen der Nationalen Biodiversitätsstrategie sollten es bis 2020 wenigstens 5 Prozent gewesen sein. Dieses Ziel wurde nicht einmal annähernd erreicht. *Bundesamt für Naturschutz 2019.*

Heinrich Reck fragt jedoch zu Recht: »Was ist gemeint mit dem Wald, zivilisatorisch kaum beeinflusste Waldökosysteme oder Kunstforste?« Vor allem Letztere sind es, die mit der Existenz von Schalenwildarten anscheinend nur schwer in Einklang zu bringen sind. So sind die Ansichten über den Rothirsch seit Jahrhunderten sehr unterschiedlich und von Interessensgegensätzen geprägt. Heutzutage ist er meist immer noch vor allem der Waldschädling, manchmal auch immer noch Symbolfigur feudalistischen Jagdgebarens. »Im Rothirsch steckt eine Menge politisch-zeitgeschichtlicher Zündstoff«, wie Eckhard Fuhr schreibt. Andere, etwa die Bevölkerung, hegen dagegen große Sympathie für dieses imposante Tier, obwohl die meisten von ihnen ihm noch nie begegnet sind, gleich gar nicht in freier Wildbahn.

Von forstlichen und jagdlichen Ambitionen geprägte Sichtweisen herrschen bis heute vor und die biologischen Bedürfnisse des Rotwilds werden kaum zur Kenntnis genommen bzw. von vielen, die mit Rotwild zu tun haben, nicht verstanden. Forstökonomische Interessen spielen dabei eine tragende Rolle, neuerdings auch die Notwendigkeit, den Wald insbesondere mit Blick auf den Klimawandel auf großer Fläche umbauen zu müssen (s.u.). Schalenwildmanagement

Abb. 59 Kletten im Fell eines Hirsches. Auch so eine tolle Anpassung von vielen in der Natur: Kletten hätten keinen Sinn, gäbe es keine großen Tiere, die solche Samenkapseln von A nach B transportierten. | *Photo: Burkhard Stöcker*

nur unter dem Aspekt des Wildschadens zu betreiben, übersieht aber Wesentliches aus der Biologie dieser Tierart. Denn **Schäden weisen zu allererst auf gestörte Lebensraumverhältnisse hin**, ganz abgesehen davon, dass »nützlich« oder »schädlich« anthropozentrische Wertungen sind, die die Natur nicht kennt. So ist ein Schaden vor allem deshalb ein Schaden, weil der Einfluss des Schalenwildes zu einer Situation führt, aufgrund derer sich eine waldbauliche Zielsetzung nicht mehr erfüllen lässt, also ein ökonomischer Schaden entsteht. Und je höher die Ansprüche an den Wirtschaftswald, umso eher kann es zu Wildschäden kommen. **Ein gewisses Maß an Einwirken des Schalenwildes auf die Waldvegetation ist aber als natürlich und als vom Wald zu verkraften anzusehen.**

Ein wichtiger Aspekt, der z.B. überhaupt nicht bedacht wird, ist der Dienst, den weit wandernde größere Säugetierarten – eben der Rothirsch, aber z.B. auch das Wildschwein – als »Transportesel« oder »mobile Korridore« (im Fachjargon »Vektoren«) für ausbreitungsschwache (weil z.B. flugunfähige) kleine Tierarten (Wirbellose) und noch viel mehr für Pflanzensamen leisten, genau wie das auch Weidetiere tun bzw. taten[68] – im Übrigen auch der Mensch[69]). Samen werden zuhauf im Fell der Tiere (Abb. 59), ihrem Verdauungstrakt (durch Verzehr von Früchten) oder ihren Hufen, den Schalen wie die Jäger sagen, von A nach B transportiert. Viele Pflanzen haben sich im Lauf ihrer Evolution durch spezielle Früchte oder Samen (z.B. Kletten) an diese Form der Ausbreitung oder sogar auch für die Begründung neuer Vorkommen angepasst (andere Samen lassen das Wind oder Wasser machen).

68 Besondere Bedeutung hat dabei die nomadisierende Wanderschäferei durch die Landschaft, wie sie in einigen Gebieten Deutschlands noch, wenn auch nicht mehr wie früher über weite Strecken oder gar Staaten hinweg, betrieben wird, z.B. in der Rhön oder auf der Schwäbischen Alb.

69 Kleidung oder Fahrzeuge als Transportmittel, verunreinigtes Saatgut, Futtermittel oder manche Freizeitaktivitäten (Reiten, Fahrradfahren, ...)

Abb. 60 Stare im Fell von Alttieren eines Brunftrudels. | *Photo: Burkhard Stöcker*

Viele der Parasiten im Fell der Tiere sind obendrein Leckerbissen für manche Vogelarten, Stare, Kohlmeisen oder Bachstelzen etwa, die sie sich aus deren Fell picken (Abb. 60). Und auch das Winterhaar des Rotwilds wird im Frühjahr von Vögeln als willkommene Auspolsterung ihrer Nester genutzt. Recycling vom Feinsten!

Deshalb darf Rotwild nicht nur als Forstschädling oder Jagdbeute gesehen werden, sondern es sollte wegen seines gestaltenden Einflusses auf Lebensräume auch als *Schlüsselart* und wichtiger Motor für die Nationale Strategie zur Biologischen Vielfalt betrachtet werden (siehe S. 141). Große Wildtiere in Hinblick auf ihre Funktion im Ökosystem als Zielarten zu respektieren bleibt jedoch in der zementierten, nur einseitig auf potenzielle Wildschäden fokussierten Wald-Wild-Diskussion in der Regel außen vor. Den Biber haben wir als Baumeister der Vielfalt wiederentdeckt, die Huftiere vergessen. In unserer weithin fragmentierten Landschaft (siehe Kap.5) könnten wandernde Großsäuger wegen ihrer Vektorfunktion lebensraumvernetzende und den Genfluss sichernde Effekte haben. Wahrscheinlich spielen große Pflanzenfresser (»Großherbivoren«) eine Schlüsselrolle für mehr räumlich-zeitliche Dynamik in der Landschaft. Ihr Einfluss schafft Ressourcen und Nischen für seltene und gefährdete Arten und dadurch Biologische Vielfalt (übernächstes Kapitel).

Aber auch in der Diskussion um die Zulassung von mehr Wildnis bzw. Schaffung von Wildnisgebieten durch Prozessschutz spielen unsere Schalenwildarten bisher kaum eine Rolle[70]. Dabei ist es erklärtes Ziel, die ökologischen Funktionen großer Pflanzenfresser soweit wie mög-

70 In *Wildnisgebieten* soll, genau wie in Nationalparken, »kein bestimmter Zustand oder ein bestimmtes, vom Menschen gewünschtes Bild eines Lebensraumes angestrebt«, sondern der Natur freier Lauf gelassen werden.

lich in die Schutzkonzepte großer Wildnisgebiete zu integrieren. Auch wird verschiedentlich darauf hingewiesen, dass solche Gebiete Beutereservoire für Wolf (und Luchs) sein könnten. Hierhin könnten mit entsprechenden Methoden auch Teile andernorts zu hoher Rotwildbestände »umgelenkt« werden, um solche Rotwildbezirke von Schäden zu entlasten, während in Wildnisgebieten höhere Dichten eher von Vorteil wären.

In den letzten Jahren mehren sich Forschungsresultate, denen zufolge die großen Beutegreifer ebenfalls eine Schlüsselfunktion für die Biodiversität der Landschaft haben (können). So sind sie offensichtlich in der Lage, was früher bezweifelt wurde, die Dichte von Schalenwildbeständen unter die Tragfähigkeitsgrenze zu drücken. Das kann positive Effekte für die Waldverjüngung haben und wirft ein positives Licht auf die weitere Ausbreitung des Wolfes.

Allerdings ist das Wissen darum, welchen Einfluss größere Wildtiere auf die intensiv genutzte Kulturlandschaft oder extensivierte Flächen nehmen oder nehmen könnten immer noch rar und auch nur schwer quantifizierbar, was in unserer bilanz- und börsenfixierten Zeit ein Manko ist. Und im Wald jammern die Förster über die Schäden an den Gehölzen, die aber durchaus auch in einem anderen Licht gesehen werden können. Denn es ist unbestritten, dass »Wildtierwirken« sowohl im Wald wie in der Kulturlandschaft in vielfacher Weise besonders schutzbedürftige, gefährdete Arten und Lebensräume fördern kann (S. 141). Langjährige Studien zum Einfluss von Rotwild auf die Vegetation im Schweizerischen Nationalpark haben z.B., wie oben schon einmal erwähnt, ergeben, dass bei zeitweise hohen Rotwilddichten die Struktur des Pflanzenaufwuchses ebenso wie die Vielfalt der Pflanzenarten – und damit die Biologische Vielfalt insgesamt – deutlich vielfältiger geworden war.

Abb. 61 Schälender Hirsch; schon verborkter Schälschaden (oben links); Querschnitt mit Folgeschaden durch eingedrungene Mikroben (rechts oben). | *Photos: Deutsche Wildtier Stiftung (unten), F. Reimoser links und rechts oben)*

Wald vor Wild

Klagen über Schäden, verursacht durch Rotwild ziehen sich wie ein roter Faden schon durch alte Akten und Archive bis in die heutigen Diskussionen über den Umgang mit Rotwild – immer steht diese Tierart am Pranger. Ob das Schälschäden (Abb. 61) sind oder die durch Verbiss (Abb. 62) verursachte Entmischung der Waldbaumarten ist, im Landschaftsmaßstab (bei Betrachtung der ganzen Landschaft statt nur lokaler Ausschnitte) sind diese Wirkungen von Rotwild (und Rehwild) nicht nachweisbar. Doch der Rothirsch gilt als Hypothek für den Wald. Rindenschäle führt zu einem ökonomischen Wertverlust und kann die gewünschte Stabilität von Beständen gefährden, auch Wurzelschäle, d.h. am Übergang vom Stamm zu den Wurzeln kommt immer wieder vor. Anhaltender Leittriebverbiss an jungen Gehölzen kann das Höhenwachstum verzögern und die Schaftwüchsigkeit verändern. Auch die meisten Landwirte fürchten das Rotwild. Andererseits sorgt Rotwild nachweislich für mehr Vielfalt der Waldpflanzen. Und »ein Wald ohne Wild ist ein armer Wald« wie Horst Stern in seinem legendären Rothirschfilm sagt und das trotz seiner Kritik an den damaligen Zuständen im deutschen Wald (der »krank auf den Tod« sei).

Abb. 62 Verbissene junge Buchen auf einem Kahlschlag. Ökologisch gesehen sind Lichtungshiebe, im Zuge derer das Kronendach eines Bestandes durch Entnahme einzelner Bäume aufgelichtet wird (auch Schirmschlag genannt) besser als Kahlschläge. | *Photo: Burkhard Stöcker*

Für den Waldeigentümer wird ein Übermaß an Schältätigkeit dadurch zum Schaden, dass die unteren zwei bis drei Meter der Bäume – praktisch deren Filetstück – faulen, denn die Wunde wird zur Eintrittspforte für Pilze und Bakterien (vgl. Abb. 61). Etwa 40 Prozent des späteren Erlöses stecken in diesem unteren Stammabschnitt.

Der Einfluss auf die Holzproduktion kann großräumig so gering gehalten werden, dass wirtschaftliche Schadschwellen nicht überschritten werden. Wer immer Rotwild in seinem Wald haben will, muss sich aber auch etwas in Nutzungsverzicht üben. Das lässt sich, wenn die Nutzung den ökologischen Ansprüchen der Art genügen sollen, nicht vermeiden.

Schälschäden treten im Winter auf, wenn das Nahrungsangebot knapp ist und die Tiere tagsüber aus Gründen vielfältiger Störungen im Winter nicht an die Fütterungen oder auch im Sommer nicht an sonstige Nahrung bietende Plätze gehen können und trotzdem etwas zum Knabbern haben wollen. Bei sehr hohen Wilddichten kann sich eine Situation ergeben, dass anstatt des Winters eher der Sommer zum Nahrungsengpass wird und dann – ein untrügliches Zeichen – auch große Rotbuchen (Abb. 63) oder Eschen geschält werden. Auch das *Fegen und Schlagen* (vgl. Abb. 67, S. 145) ist für den betroffenen Einzelbaum letzten Endes tödlich, wirtschaftlich jedoch unbedeutend.

Dennoch, entscheidend ist, wie Josef Reichholf meint, ob es, gemessen an konkreten Zielen, am Waldbestand einen wildbedingten Zuwachsverlust, einen Wertverlust, Stabilitätsverlust, Diversitätsverlust, Verlust an Nachhaltigkeit oder Verlust einer geforderten Waldwirkung gibt. Solange das Ziel unbeeinträchtigt bleibt, also der Zielbestand ohne oder mit geringem Zeitverzug erreicht wird, ist alles, was darüber hinaus verbissen wird zwar Verbiss, aber kein Schaden. »Wildtiere sind ein Teil des Ökosystems, und man darf nicht jeden verbissenen Baum als Schaden betrachten« wie nicht nur Professor Ruppert Seidl von der Technischen Universität München betont. So gesehen ist die einseitige Forderung 'Wald vor Wild' (gemeint ist Wirtschaftswald vor Wild) gesellschaftspolitisch nicht nachvollziehbar. Ökologisch lässt sie sich nicht begründen; zumindest nicht besser als die gegenteilige Position, dass der Wald für das Wild da sei.

Dabei gehören heute etliche große Waldflächen, in denen zum Teil noch bis in die 1980er-Jahre aus jagd- und forstpolitischem Interesse hohe Rotwildbestände gehegt wurden, ökologisch zu den wertvollsten Waldschutzgebieten der Republik. Der Grund ist einfach: Seitens der Förster wurde dort meist mehr als nur ein Auge zugedrückt.

Auch in landwirtschaftliche Kulturen, in die Rotwild in Rudeln einfällt, kann das erhebliche Schäden und Ertragsausfälle verursachen. Rüben, Kartoffeln, Raps, Mais oder Wintergetreide sind sehr beliebte Nahrungspflanzen und auch der Tritt kann zu Schäden führen, vor allem wenn sich die Rudel regelmäßig in den Schlägen aufhalten. Mit fortschreitender Vegetationsperiode werden manche Schläge schließlich auch zu beliebten Tageseinständen insbesondere der Feisthirschrudel, weil sie hervorragende Deckung bieten, und die Lagerstätten der Tiere führen zu Beeinträchtigungen der Ernte. Diesen Problemen kann zwar durch verschiedene Maßnahmen entgegengewirkt werden, etwa mittels Vergrämung durch menschliche Präsenz oder geeignete Hunde; andere Mittel, wie vor allem Zäunung, sind aber sehr aufwändig.

Abb. 63 Wo eine bis zum Zusammenbruch geschälte Buchenverjüngung so aussieht, ist im Umgang mit dem Rotwild etwas gründlich schief gelaufen ... | *Photos: oben und rechts Bertram Georgii, unten links Karl Heinrich Ebert*

Um Wildschäden in Forst- und Landwirtschaft zu ermitteln bieten sich heute die verschiedensten Verfahren an: Schätzverfahren, Stichprobenverfahren, der Einsatz von Kontrollzäunen (was wächst innen, was außerhalb?) oder die Kombination mehrerer dieser Verfahren. Entscheidend für die Auswahl und die Bewertung ist unter anderem die waldbauliche (oder auch ökonomische) Zielsetzung des Waldbesitzers.

Schäden und Schadensbegrenzung

In unserer heutigen Zeit, sind Schäden am Wald durch Schalenwild nicht nur eine Folge ungenügender jagdlicher Kontrolle. Sie sind das Symptom für ein Missverhältnis zwischen Wildpopulation und Nahrungsangebot sowie dessen Verfügbarkeit im Wirtschaftswald, nicht der Wilddichte an sich (also der rein rechnerischen Anzahl Tiere pro Flächeneinheit[71]). Denn »ein erhöhtes Bedürfnis des Wildes, Bäume zu fressen, zu schälen oder zu Fegen, muss nicht mit der Höhe des Wildbestandes korrelieren« wie Fritz Reimoser betont. Vielmehr kann ein »Mangel an geeigneter Nahrung, an Grünlandäsung auf gedüngten Wiesen, können die Auswirkungen von falscher Bejagung oder sonstiger anthropogener Störungen (z.B. Freizeitaktivitäten) auf Raumnutzung und Äsungsrhythmus« den Druck aufs Wild erhöhen, sich über Gehölze herzumachen. Rinde von den Bäumen schält Rotwild auch in naturnahen (»Ur-«)Wäldern.

Mittlerweile ist ziemlich klar, dass Waldschäden vor allem von der Art der Waldwirtschaft abhängen wie etwa dem Vorhandensein schälanfälliger Waldbestände. So steigt die Anfälligkeit für Schälschäden z.B. mit dem Grad der Kronenüberdachung, weil sie sich negativ auf Nahrungsverfügbarkeit und Deckungsqualität auswirkt. Denn wo Rotwild schadensarm leben können soll – was geht –, muss es ausreichend Grünäsung in Bodennähe finden. Zwischen der »Naturferne« des Waldes und dessen Schälanfälligkeit durch Rotwild besteht ein statistisch hochsignifikanter Zusammenhang, wie Fritz Völk von den Österreichischen Bundesforsten aufgezeigt hat.

Besondere Probleme bereitet Untersuchungen von Reimoser und Kollegen zufolge in der Regel die Wiederbestockung von Kahlschlägen oder Windwurfflächen mit Setzlingen aus Baumschulen. Das gilt vor allem für relativ kleinflächige Schläge (kleiner als ca. 2 Hektar), weil sie sehr randlinienreiche, besiedlungsattraktive Wildlebensräume bilden. Wie die langfristige Auswirkung davon auf den letztendlich heranwachsenden Waldbestand sein wird, ist stets schwer vorauszusehen. Weniger anfällig sind vor allem Waldnutzungsformen, bei denen unter dem aufgelockerten Kronenschirm des Altbestandes (Schirm-, Saum- und Femelschläge mit geeigneten Samenbäumen) natürlicher Selbstverjüngung des Waldes freier Lauf gelassen wird (also ohne künstliche Aufforstung). Untersuchungen im hessischen Wildschutzgebiet Kranichstein von Olaf Simon und seiner Mannschaft zeigten wenige Jahre nach den Sturmwürfen von 1991 einen deutlich nachlassenden Wildverbiss in den Wäldern, da nun eine artenreiche Flora auf den (überwiegend nicht geräumten) Waldlichtungen attraktive Äsung bot. Allerdings ist

71 Man muss eigentlich von der sogenannten Wilddichte sprechen. Denn was eine natürliche Rotwilddichte (Anzahl Tiere pro km^2) sein könnte, ist umstritten. In „natürlichen", meist eher nahrungsarmen Waldlebensräumen (z.B. Karpaten- und Balkanurwälder vor dem Einsetzen wirtschaftlicher Nutzung) dürfte die Wilddichte sehr gering gewesen sein. Im waldfreien schottischen Hochland sind Dichten über 15 Stück pro km^2 nachgewiesen. In unseren Rotwildgebieten, also fast ausschließlich Wirtschaftswäldern, werden heute 1–2 Stück pro km^2 als akzeptabel angesehen, was nicht unbedingt mit »natürlich« gleichzusetzen ist. Der Bezug auf einen Quadratkilometer (100 Hektar) suggeriert ferner eine gleichmäßige räumliche Verteilung des Wildes, die es bei Rotwild, wie hier ausführlich dargestellt, nicht gibt.

auch die auf diese Weise auf der ganzen Fläche von Altbeständen kommende Naturverjüngung nur vorübergehend verfügbar und deshalb aus wildökologischer Sicht nicht optimal. Denn mit fortschreitender Entwicklung wächst diese Naturverjüngung ins Dickungsalter und das auf großer Fläche. Der Wald wird dunkel und sehr viel nahrungsärmer. Dickungen auf großer Fläche sind weder für das Rotwild noch für dessen Bejagung förderlich.

Ebenso kann der Wandel eines bisher schadenfreien Einstands mit der Zeit dessen Anfälligkeit für Wildschäden verändern oder die winterliche Konzentration von Rotwild verschiebt sich dadurch in andere Lebensraumbereiche, in denen dann plötzlich (vermehrt) Schäden auftreten. Ein krasses landwirtschaftliches Beispiel dieser Art ist der sogenannte Ernteschock, wenn Wildtieren im Herbst durch das Abernten großer landwirtschaftlicher Schläge von heute auf morgen auf einen Schlag jegliche Nahrungs- und Deckungsbasis verloren geht und sie sich in den Wald zurückziehen müssen.

Der Zusammenhang Wald, Wild und Waldschäden ist also vielseitig und deshalb oft schwer aufzudecken, was auch die richtige Reaktion darauf erschwert. Noch hinzu kommt, dass ein Großteil des Verbisses von Gehölzen weit mehr auf das Konto der Rehe als das des Rotwilds geht. Auch diesbezüglich muss bei der Bewertung differenziert werden. Schließlich ist die Beurteilung, was ein Wildschaden ist bzw. wie er sich angesichts der langen Zeiträume, die Wälder für ihre Entwicklung brauchen, auswirken kann, schwierig. Und die Toleranz seitens Forst- und Landwirten gegenüber Schäden (und überhöhten Schalenwildbeständen) ist unterschiedlich: Ökonomisch denkende Forstleute, naturgemäße Waldbauern, Landwirte, Naturschützer oder Jäger, sie alle sehen das mit jeweils eigenen Augen. Oft ist ein Schaden dort am größten, wo Grundbesitzer gleichzeitig Jäger sind. Das war lange Zeit im Staatswald so und deshalb kämpft dieser seit jeher mit der notwendigen Schalenwildreduktion.

Lebensgefährlich können Wildschäden werden, wenn sie im Gebirge in sogenannten *Schutzwäldern* (gegen Geröll- und Lawinenabgänge) auftreten. Dazu kann es kommen, wenn Rotwild vor Störungen welcher Art auch immer in steile, schwierig zu bejagende Hanglagen abgedrängt wird, wo die Waldverjüngung auch ohne Wild schon ums Überleben kämpft. Auch stocken dort oft besonders schadenanfällige Wälder. Kahlschläge und örtlich nach wie vor betriebene Waldweide können die Situation noch verschärfen. Sofern all das zum Ausbleiben ausreichender Verjüngung führt, sind hohe Schalenwilddichten in Schutzwaldbereichen eine wirklich gefährliche Angelegenheit.

Winterfütterung als Lösung?

In der kalten und kargen Jahreszeit wird dem Problem vor allem mit der Winterfütterung (S. 163) zu begegnen versucht, in der Hoffnung damit Verbiss- und Schälschäden durch Schalenwild vermeiden zu können (Abb. 64). Mittlerweile hat sich aber die Erkenntnis durchgesetzt, dass Rotwildschäden am Wald durch Fütterung nicht unbedingt verhindert werden, vor allem wenn ungeeignete Futtermittel angeboten werden (z.B. Kraft- bzw. Körnerfutter, Hafer oder Mais). Gutes Heu sollte reichen und ist immer noch mehr als die Natur im Winter anbietet.

Denn der Verzehr nicht saisongerechter Nahrung führt zu Gesundheitsproblemen und vermehrter Aufnahme von Naturäsung mit erhöhten Wildschäden an der Waldvegetation. Fehlverhalten würde eigentlich sanktioniert gehören. Es gibt Nachbarländer, die machen das; wer sich etwa in Belgien an die Vorgabe, nur Heu zu füttern, nicht hält, wird sofort und streng bestraft. Wie Walter Arnold betont, kann Wildfütterung schnell kontraproduktiv werden.

In etlichen Landesjagdgesetzen (z.B. Schleswig-Holstein, Niedersachsen, Hessen, Rheinland-Pfalz, Saarland) ist heute die Fütterung von Schalenwild im Winter deshalb verboten, in anderen nicht (höchstens eingeschränkt). Kritiker führen auch immer noch ins Feld, dass die Winterfütterung nur der Wildvermehrung und Trophäenzucht diene (sie kann zwar die Trophäenstärke beeinflussen, nicht aber die Endenzahl). Das ist Unsinn, aber Winterfütterung trägt dazu bei, das Rotwild im Frühjahr konditionell wesentlich besser dasteht als ohne, etwa im Vergleich zu schottischem Rotwild, das nicht gefüttert wird.

In vielen unserer Rotwildgebiete könnte bei mittleren Schneelagen auf Winterfütterung wahrscheinlich verzichtet werden, weil die wintergrüne Waldvegetation ausreichend Winteräsung bietet. Zu ermöglichen, dass das Wild im Winter natürliche Äsungspotenziale in Ruhe nutzen kann, ist eine der wichtigsten Maßnahmen im Sinne einer Äsungsbevorratung für die Wintermonate und zur Verhinderung von Wildschäden. Dazu gehören u.a. Hecken- und strukturreiche Waldinnensäume, Wegränder, Waldblößen und lichte Partien in Altholzbe-

Abb.64 Winterfütterung im Oberammergauer Studiengebiet, heute ein Wintergatter, in das die Tiere alljährlich ab November zurückkehren (und dort von einer Tribüne aus beobachtet werden können). Die lenkende Wirkung von Fütterungsanlagen war auch hier sehr deutlich. | *Photo: Bertram Georgii*

Abb. 65 Hirsch an Prossholz äsend. | *Photo: iStock Damian Kuzdak,*

ständen mit Unterwuchs, wintergrüne Stauden und Prossholz[72] (Abb. 65). Und wenn Winterfütterung, dann macht sie nur Sinn, wenn sie auf Basis großräumig revierübergreifender Konzepte für die Standorte der Fütterungsanlagen, die Fütterungszeiten und der Verwendung geeigneter Futtermittel beruht, von allen Revierinhabern akzeptiert und von Behörde oder Hegeringleitung von Zeit zu Zeit überprüft wird. Dazu gehört auch, die Sicherung ausreichend großer und störungsfreier Refugien, damit überwinternde Rothirsche flexibel auf natürliche Nahrungsangebote und Witterungsschwankungen reagieren können. Störungen durch Erholungsuchende können das Schadensrisiko gewaltig erhöhen.

Heute stellt sich als ein wesentlicher **Wert der Wildfütterung** die lenkende Wirkung auf das Raumverhalten von Rotwild dar (Kap. 4), weil das genutzt werden kann, überwinternde Rotwildbestände in unproblematische Wintereinstandsgebiete zu lenken.

Überall, selbst bei uns in den Bergen, gibt es jedoch immer wieder einzelne Hirsche und Alttiere oder kleine Gruppen, die nicht an die Fütterungen gehen. Das hat seine Ursache in dem von Walter Arnold beschriebenen speziellen Winterprogramm des Stoffwechsels von Rotwild (S. 73). Die Umstellung des Verdauungssystems auf Winterbetrieb versetzt die Tiere in die Lage, mit fast nichts auszukommen.

72 Sammelbegriff für holzige Zweige samt Rinde und Knospen, die sich als (Winter-)Äsung für Schalenwild eignen.

Die Einrichtung von Winterfütterungen ist am ehesten für Rotwild gerechtfertigt, das unter naturnahen Bedingungen seinen Sommerlebensraum im Hochgebirge oder in Mittelgebirgen durch saisonale Wanderungen in klimatisch günstige Wintergebiete verlassen würde, das heute aber nicht mehr kann. So besteht in Bayern bei »witterungsbedingter Futternot des Wildes« eine Verpflichtung, »angemessen und artgerecht zu füttern«. Um Schälschäden im Umfeld von Wildfütterungen und im Frühjahr Schäden am Bergwald zu verhindern, wurden dort in den letzten Jahrzehnten immer mehr freie Fütterungen auf sogenannte *Wintergatter* umgestellt (vgl. S. 82). Die Umstellung von freien Fütterungen auf Wintergatter gilt im österreichischen und bayerischen Alpenraum als entscheidender Fortschritt bei dem Vorhaben, Rotwild ohne Waldschäden zu überwintern. Dennoch sind sie natürlich eine Krücke und diese »Haustierhaltung« eines Wildtiers über etwa ein Drittel des Jahres kann eigentlich nicht unser Anliegen sein. Aber so lässt sich auch weitgehend das Problem von Störungen der Tiere durch querfeldein wandernde Skifahrer und Schneeschuhgeher oder durch Abwurfstangensucher beheben. Besser wäre es, naturnahe Auen wieder zu entwickeln und fürs Wild als Wintereinstände zugänglich zu machen.

Bisher gibt es nur wenige Versuche mit Wintergattern außerhalb der Alpen. Die vier Wintergatter im Nationalpark Bayerischer Wald sind in Deutschland das bekannteste Beispiel. Sie wurden eingerichtet, weil das Rotwildgebiet über keine geeigneten Winterlebensräume außerhalb der Parkgrenzen verfügte außer in den schadensträchtigen Privatwäldern der Parkumgebung. Wie überall wird dadurch auch hier der natürliche Nahrungsengpass im Winter als wichtiges Regulativ der Rotwildbestände ausgeschaltet. Die notwendige Regulation des Bestands erfolgt deshalb durch die Berufsjäger des Nationalparks – auch in den Wintergattern. Das geht sehr störungsarm.

Als unsere Wildbiologische Gesellschaft München von der Landesforstverwaltung Baden-

Photo: image/BROKER/Michaela Walch

Württemberg mit einem Gutachten **für den Umgang mit dem Schalenwild im *Rotwildgebiet Schönbuch*** beauftragt worden war, hatten wir auch eine Lösung mit Wintergattern angedacht. Daraufhin wurde 1988 ein Versuchswintergatter eingerichtet, das jeweils von Mitte Dezember bis Ende April geschlossen gehalten wurde. Das Erstaunliche war, dass schon der Aufenthalt im ersten Jahr, »in absoluter Störungsfreiheit und mit ausreichend Futter (lediglich Futterrüben und Heu) eine so positive, prägende Wirkung ausgeübt hat«, wie Karl Heinrich Ebert, der damalige Chef des Gehegeforstamts Schönbuch (mit einer Fläche von rund 4.000 Hektar), berichtet, »dass sich das Wild auch im zweiten Jahr, einem Jahr mit üppiger Eichelmast, einer bekannten Situation im Schönbuch, schon im Oktober nach der Brunft wieder im Wintergatter eingefunden hat«. Der Versuch hat sich aber auf die Vegetations- und Verbissentwicklung nicht wirklich ausgewirkt, so dass er nach vier Jahren beendet wurde.

Notzeit als Begründung?

Und außerdem: Was ist in einem mitteleuropäischen Land, wie unserem, eigentlich Winter? Natürlich die Notzeit für das Wild, wie es als Antwort auf diese Frage normalerweise heißt. Doch folgt dann zwangsläufig ebenso die Frage: Und was ist Notzeit? Der Begriff und eine darauf eventuell beruhende Verpflichtung zur Fütterung ist je nach Landesjagdgesetzt unterschiedlich, aber nicht eindeutig definiert, nämlich nur nach strengen, normalen und mäßigen Wintern. Darüber hinaus ist nicht nachvollziehbar, warum gerade die zwei Schalenwildarten, die eine Unterstützung im Winter am nötigsten hätten (wenn man so will) – Gams- und Steinwild, die in strengen Wintern in ihren hochalpinen Lebensräumen regelmäßig hohe Verluste erleiden – nicht gefüttert werden. Das Gleiche gilt für Schwarzwild, dessen Regulation bundesweit in erster Linie durch Nahrungsmangel in strengen Wintern erfolgt. Mein Kollege Ulrich Wotschikowsky hat sich dazu in einem Gutachten wie folgt geäußert.

Von einer winterlichen »Notzeit« für Schalenwild ist auszugehen, wenn das Wild mit ungenügenden Fettreserven in den Winter kommt und wegen hoher, langanhaltender Schneelagen nicht genügend Nahrung findet. Tiere, die während der Vegetationszeit nicht genügend Energievorräte gespeichert haben, kommen dabei um. Verluste entstehen in erster Linie unter Jungtieren. Sie investieren in ihrem ersten Lebensjahr vorrangig in Körperwachstum, nicht in Fettdepots. Ihre geringen Fettreserven sind deshalb rasch aufgebraucht, u.a. weil sie wegen ihrer im Verhältnis zur Körpergröße großen Körperoberfläche höheren Wärme- bzw. Energieverlusten ausgesetzt sind als erwachsene Tiere. Hirsche verlieren nahezu sämtliche Fettreserven in der Brunft. Sie können dabei mehr als 20 Prozent ihres Körpergewichts einbüßen. Ihnen verbleiben nur wenige Wochen bis Wintereinbruch, um ihre Depots wieder aufzufüllen. Gefährdet sind ferner überalterte Tiere, die mit ihrem stark abgenutzten Gebiss zähe Winternahrung nicht mehr effizient kauen können. Und schließlich verletzte, kranke oder stark parasitierte Tiere. Ein wichtiger Auslesefaktor in dieser Situation ist durch die Ausrottung der großen Raubtiere verloren gegangen. Schalenwild ist durch solche Verluste jedoch nicht ernsthaft gefährdet, denn sie sind an den winterlichen Flaschenhals von Natur aus angepasst; Verluste werden rasch ausgeglichen.

Schweren Verlusten in »Notzeiten« wird deshalb sinnvoller Weise durch eine Anpassung des winterlichen Wildbestandes an die Lebensraumkapazität dieser Jahreszeit begegnet. Das ist Inhalt des gesetzlichen Hegeziels[73]. Winterfütterung ist lediglich ein tierschützerisch oder jagdlich, aber nicht ökologisch begründeter Notbehelf. Die gesetzliche Verpflichtung zur Fütterung von Wild in »Notzeiten« sanktioniert dagegen ein gestörtes Verhältnis zwischen Wildbestand und Lebensraum, das dem gesetzlichen Hegeziel widerspricht. Ein Wildbestand, dessen Größe die Kapazität des winterlichen Lebensraums nicht überschreitet, sondern im Gegenteil mehr oder weniger deutlich darunter liegt, ist in aller Regel gut für die nahrungsknappe Zeit gerüstet. Ansonsten sollte man den natürlichen Auslesefaktor »Winter« auf das Wild wirken zu lassen: Da genügt schlichtes Nichtstun.

Oder Bestandsreduktion?

Zur Eindämmung von Wildschäden wird hauptsächlich auf eine ausreichende Schalenwildbejagung, gegebenenfalls deren Erhöhung gesetzt. So einfach ist das aber nicht, schon deshalb, weil die Veranlassung von Schalenwild, zu Schaden zu gehen, sehr unterschiedlich sein kann. Vor allem ist, wie schon erwähnt, nicht allein die Zahl der Tiere, sondern auch die räumliche Verteilung eines Rotwildbestands sehr ausschlaggebend. Obendrein hat sich gezeigt, dass eine Reduktion der Bestandsdichte noch lange nicht zu einer adäquaten Reduktion der Schäden führt.

Vielmehr resultiert die Schalenwildregulation oft in sehr starkem Jagddruck, der jedoch die Beunruhigung des Wildes erhöht, was wiederum einen weiteren Anstieg der Wildschäden im Wald nach sich ziehen kann, selbst bei geringen Bestandsdichten. Dann kann höchstens mit der Jagdtechnik experimentiert werden: z.B. einer Kombination aus kurzen störungsintensiven Jagd- mit langen Ruhephasen (sog. Intervalljagd) oder der Umstellung auf Bewegungsjagden während weniger Tage im Herbst (S. 175). In beiden Fällen müssen aber in den Zwischenzeiten auch andere Störungen, welcher Art auch immer, unterbleiben. Die Absicht ist, das Wild wieder vertrauter und dadurch die Bejagung leichter zu machen. Eine vorübergehende Erhöhung des Jagddrucks kann aber durchaus dazu eingesetzt werden, um auf eine günstigere räumliche Verteilung eines Rotwildbestands hinzuwirken. In Kahlschlägen oder Windwurfflächen lässt sich durch frühzeitige Anlage von Schussschneisen dem zunehmend sichteinschränkenden Aufwachsen der Verjüngung vorbeugen. Sie müssen dann aber gepflegt werden, um auch in diesen deckungsreichen Strukturen Äsung anzubieten. Auch in Formen naturnäheren Waldbaus mit seiner großflächig stärkeren Deckung fürs Wild kann das eine Lösung sein.

Und noch ein Wort zum Umgang mit Jagdpächtern, die vor allem Interesse an viel Wild, aber weniger an der Vermeidung von Verbiss- oder Schälschäden haben – ein Problem vieler verpachteter genossenschaftlicher Jagdreviere, weil die Anliegen der Grundeigentümer, d.h. der Jagdgenossen, bei den Pächtern oft kein Gehör finden[74]. In solchen Fällen sollten die Verpächter überlegen, die »Jagdbewirtschaftung« in eigene Regie zu übernehmen, womit in der jüngeren Vergangenheit gute Erfahrungen gemacht wurden. Entweder die Jagdgenossen tätigen die Bejagung selbst (sofern sie einen Jagdschein haben) oder stellen ein bzw. mehrere Jäger dafür an, am besten unter Zusammenschluss mehrerer Reviere mit einem Jagdleiter. In der Regel ließ sich damit die Wildschadensproblematik sehr effektiv lösen.

73 Seit Einführung des Begriffs *Hege* ins Jagdgesetz (§ 1 Bundesjagdgesetz) orientiert sich die Jagd zur Erfüllung des Hegeziels vorzugsweise an der Güte der Geweihentwicklung, am »Erntehirsch«. Das im Jagdgesetz durchaus enthaltene Ziel von Hege, nämlich waldverträgliche Wildbestände zu erreichen, rangiert meist nur an zweiter Stelle. *Hegeziel* müsste – biologisch formuliert – vor allem die genetische Fitness eines Rotwildbestandes sein.

74 Solche *Revier-Pachtverhältnisse* betrugen seit Einführung des Bundesjagdgesetzes 1953 ursprünglich mindestens neun Jahre für Niederwildreviere und zwölf Jahre für Hochwildreviere heute manchmal auch nur sechs Jahre und können danach verlängert werden oder ein Revier wird anschließend neu verpachtet. Sinnvoll wäre, auch einen früheren Abbruch im Pachtvertrag vorzusehen. Das Pachten ist an den Besitz eines gültigen Jagdscheins gebunden.

Rotwild und Biologische Vielfalt

Seit den 90er-Jahren des letzten Jahrhunderts mehren sich die wissenschaftlichen Nachweise dafür, dass sich Rotwild auch in einem ganz anderen Licht, als dem des Schädlings, sehen lässt: Als eine Tierart, die essentiell oder zumindest überdurchschnittlich förderlich für die Biologische Vielfalt sein kann. »Wird ohne das Substitut der extensiven Haustierhaltung die Huftierdichte (oder die Dichte von Großherbivoren) künstlich sehr niedrig oder konstant gehalten, fehlt eine entscheidende Wirkgröße im Naturhaushalt« sagt Heiner Reck. Denn neben Wildschwein und Reh wirkt Rotwild gestaltend an Waldlandschaften, ihrer Tier- und Pflanzenwelt mit. Außerdem verursacht Rotwild aus ökologischer Sicht keine Schäden, sondern »Störungen« (wie das in der Ökologie heißt), kleinräumige oder punktuelle ökologische Veränderungen, die sehr häufig Ausgangspunkt für besonderen Artenreichtum sind. Für eine zeitgemäße, naturnahe Waldbewirtschaftung gehören Schutz und Pflege einer möglichst großen Artenvielfalt genauso zur Waldbehandlung, wie Maßnahmen zur Holzproduktion oder zum Erhalt der verschiedenen Schutzfunktionen des Waldes, wie etwa Boden- und Wasserschutz. Zur bestmöglichen Förderung der Biodiversität sollte Waldbau eine möglichst große Vielfalt an forstlichen Biotopen schaffen bzw. unterhalten. In eine ähnliche Richtung »arbeitet« Rotwild. Es braucht deshalb eine Neubewertung der Daseinsberechtigung dieser Tierart (sowie der anderen Schalenwildarten) und ihrer »Wohlfahrtswirkungen« für die biologische Vielfalt im Wald.

Der Begriff **Störung** bezeichnet in der Ökologie u.a. Veränderungen der Bodenoberfläche sowie die Zerstörung der vorhandenen Pflanzendecke, die durchaus vorteilhaft sein können und worauf viele Tier- und Pflanzenarten angewiesen sind, um dort Fuß fassen zu können. Solche Störstellen sind z.B. Suhlen, Wildwechsel, von Wildschweinen durchpflügte Bodenbereiche oder Fahrspuren von Forstfahrzeugen.
Genauso wird der Begriff für die Störung von Wildtieren, insbesondere durch Erholungsuchende (Wanderer, Mountainbiker, Skitouren- oder Schneeschuhgeher) benutzt (Kap.9).

Tier- und Pflanzenarten haben sich in Jahrmillionen sogenannter *Koevolution* an das Wirken großer Säuger angepasst. In unserer Kulturlandschaft findet man nur noch kümmerliche Reste von Lebensräumen, die einst von Großherbivoren (großen Pflanzenfressern) gestaltet wurden, wie etwa extensive Nutzweiden. Am ehesten erinnern daran noch manche Weidegebiete im nord- und ostdeutschen Tiefland, in denen halbwilde Weidetiere ganzjährig und weitgehend sich selbst überlassen leben (Abb. 66). In Waldgebieten kann die Beweidung durch Großherbivoren die forstwirtschaftlichen Ziele gefährden, weshalb die »Waldweide« durch Haustiere in Deutschland in den letzten Jahrzehnten vielerorts »abgelöst« wurde. Heute beginnt der Einsatz von Haustieren zur Pflege lichter Waldlebensräume wieder eine ernstzunehmende Naturschutzpraxis zu werden.

Ein interessantes Beispiel dazu praktizieren die deutschen Bundesforste, die Rotwild auf etwa 250.000 Hektar ihrer Truppenübungsplätze zur Landschaftspflege nutzen, ob dort noch die Geschütze donnern oder nicht. Ein gut untersuchtes Beispiel ist der rund 23.000 Hektar große Truppenübungsplatz Grafenwörth in der bayerischen Oberpfalz. Er besteht neben Wald auch aus 9.000 Hektar Offenland mit Wiesen, Kiefernheiden und Mooren. Etwa 90 Prozent davon sind FFH[75]-Gebiete (z.B. »Magere Flachlandmähwiesen«, »Trockene europäische Heiden«).

75 *FFH-Gebiet* steht für Fauna-Flora-Habitat-Gebiet, eine Naturschutz-Richtlinie der Europäischen Gemeinschaft für besonders wertvolle Lebensräume (Anhänge I 92/43/EWG & Arten des Anhangs II). FFH-Gebiete bilden gemeinsam mit den Europäischen Vogelschutzgebieten das Netzwerk Natura 2000.

Abb.66 Basthirsche zusammen mit Konik-Pferden auf der Spuklochkoppel im Müritz Nationalpark. Was heute das Konik-Pferd, war im späten Pleistozän in solchen Habitaten das Wildpferd (*Equus ferus*), das später wegen der zunehmenden Bewaldung ausstarb. | *Photo: Burkhard Stöcker*

Während das Offenland so gut wie nicht bejagt wird, findet in den Waldgebieten eine weitgehend normale Jagd statt. Störungen durch Spaziergänger, Mountainbiker, Reiter oder Pilzsammler und dergleichen gibt es nicht, weil für sie diese Truppenübungsplätze gesperrt sind.

Durch die militärische Nutzung sind Lebensräume mit einer hohen Vielfalt an Biotopen und Arten sowie einer großen Dynamik entstanden (etwa durch Beschuss und Feuer) – im Wald ebenso wie in der halboffenen Übungslandschaft des Militärs. Die dort durchgeführten Untersuchungen zeigen exemplarisch die Effekte von Rotwild: einerseits als Verbreiter (Vektor) von Diasporen (Samen i.w.S.; zwischen 1.000 bis 6.000 pro Tier und Tag) und das über mehrere Kilometer; andererseits seine Fähigkeit, die Sukzession hin zu einer teilweisen oder gänzlichen Wiederbewaldung von Offenland zu verhindern (wo etwa regelmäßige Mahd nicht möglich ist) sowie die Artenvielfalt und Vegetationsentwicklung positiv zu beeinflussen. Die Ergebnisse und Erfahrungen sind zwar nicht überallhin übertragbar; sie zeigen aber wie sich Rotwildbestände z.B. in extensiv genutzten offenen Landschaften für die biologische Vielfalt nützlich machen und damit eine wertvolle Ergänzung von Offenland-Pflegekonzepten sein können. Dafür sind allerdings unter Umständen lokal Rotwilddichten nötig, die nicht jedermanns Sache sind, wie das Beispiel des Wildnisgebiets Königsbrücker Heide zeigt (> 20 Stück Rotwild je 100 Hektar). Interessant wird, wie sich der vor wenigen Jahren in dieses Gebiet eingewanderte Wolf langfristig als potenzielles Regulativ auf den Wildbestand auswirken wird.

Auch gegenteilige Beispiele können das belegen. Im vorigen Jahrhundert sind in den Alpen viele Almen »aufgelassen« worden, wie man dort sagt, mit dem Effekt, dass sie nach und nach verbuschten und heute fast schon bewaldet sind. Die aus Schutzwaldgründen stark abgesenkten Rotwildbestände schaffen die Freihaltung nicht mehr. Ein Leidtragender dieser Entwicklung war örtlich das zu den Raufußhühnern[76] gehörende, vom Aussterben bedrohte Birkhuhn (Photo rechts), das aus Gründen der Sicherheit vor dem Steinadler freie Sicht braucht und deshalb aus derartigen Landschaftsräumen verschwunden ist. Das gleiche Schicksal erlitt vielerorts das Murmeltier. Ein Blick in unsere Waldnationalparke kann für ein besseres Verständnis solcher Zusammenhänge nicht schaden.

Koevolution bedeutet in der Biologie den evolutionären Entstehungs- und Entwicklungsprozess zweier Arten (Tier-Tier, Pflanze-Pflanze oder Tier-Pflanze) in enger gegenseitiger Anpassung. Dazu sind u.U. (Millionenjahre) lange Zeiträume erforderlich.
Ein klassisches Beispiel sind z. B. Räuber-Beute-Beziehungen wie die zwischen Rotwild und Wolf oder Wirten und ihren Parasiten.

Photo: Francesco Veronesi

Photo: Marcus Meißner

76 Die Raufußhühner heißen so, weil ihre Beine befiedert sind (was im Übrigen auf die Abstammung der Vögel von den Dinosauriern hinweist).

Und weil Schalenwildmanagement in Deutschland bisher fast ausschließlich unter dem Aspekt des Wildschadens diskutiert wird, wird der essentielle Beitrag, den freilebende Schalenwildarten zur Erhaltung von Umweltheterogenität bzw. zur Sicherung der Biologischen Vielfalt leisten könnten, übersehen und ungenügend genutzt. Das Ziel der Bundesregierung, die Biologische Vielfalt zu sichern, kann nur erreicht werden, wenn große Wildtiere als Zielarten durch ihre Funktion im Ökosystem respektiert werden. Dazu gehören auch große Beutegreifer wie Luchs und Wolf und deren Zusammenspiel mit Schalenwildarten. Jedenfalls kann Rotwild Effekte auf Ökosysteme haben, die deren gesamte trophische Struktur betreffen. Diese Zusammenhänge zu begreifen, bedarf in Mitteleuropa aber noch einer Menge Forschung. Ein Problem der heutigen Naturschutzpolitik sind die verengten Sichtweisen und das die öffentliche Meinung bestimmende Diktat der Forst- und Landwirtschaft.

In Deutschland sind viele besonders schutzbedürftige Arten unmittelbar oder mittelbar vom Schalenwild abhängig. So mag **Verbiss** (vgl. Abb. 62) aus forstwirtschaftlicher Sicht zwar nachteilig sein, weil er das Artenspektrum der Gehölze verändert. Zusammen mit anderen Faktoren kann er aber auch positiv gestaltend wirken. In lichteren Bereichen ansonsten geschlossener Wälder verhindert oder verzögert Verbiss den Aufwuchs von Verjüngung und ermöglicht dadurch, dass lokal Lichteinfall bis auf den Boden gelangen kann. Dadurch entsteht ein kleinräumiges Mosaik unterschiedlicher Waldstrukturen mit Krautvegetation und Lebensräumen für wirbellose Tierarten. Sind solche Verlichtungsinseln (vgl. Abb. 71), die man künstlich anlegen kann oder die Folge kleiner Windwürfe und Käferlöcher sein können, in ausreichender Zahl vorhanden, kann das den Schadensdruck in den sonstigen Waldbereichen spürbar senken. Von verbissgeprägten Gehölzarealen im Wald profitieren z.B. auch die zwei waldbewohnenden Raufußhühnerarten, Haselhuhn (Bild unten links) und Auerhuhn, die es noch in manchen unserer Mittelgebirge und den bayerischen Alpen gibt. Nach Störereignissen wie den Sommerdürren 2003, 2010 und vor allem 2018–2020 infolge Hitzestress und Trockenheit oder großflächigen Sturmwürfen, sorgt Verbiss auf solchen Freiflächen neben längerfristig gehölzfreien Bereichen für eine verzögerte aber auch strukturreichere Wiederbewaldung. Was sich dabei letztendlich für eine Baumartenmischung ergibt, hängt allerdings auch von den örtlichen Standortbedingungen ab.

»Der Rothirsch wurde als Verbündeter im Naturschutz zu lange unterschätzt.«
Anja Wichelhaus, Vegetationsökologin, Universität Kassel

Auch Tätigkeiten wie **Fegen** oder **Schlagen** (Abb. 67) und **Schälen** (Abb. 61, S. 130) können die Vegetationsentwicklung in ökologisch positiver Weise beeinflussen. Sie führen jedenfalls schneller zu Verjüngung, vor allem naturnaher Wälder, als waldbauliche Maßnahmen, die nur den wirtschaftlichen Nutzen im Auge haben. Der Zusammenbruch älterer Wälder aufgrund hohen Alters, Insektenfraß, Sturm oder Blitzschlag ist der natürliche erste Schritt zu naturnahen Wäldern. Diese Art »Waldumtrieb« wird als *Mosaik-Zyklus-Konzept* bezeichnet (nach dem früheren renommierten deutschen Ökologen Hermann Remmert). Vom Verbiss, verstanden als Beweidung, können auch in ganz anderen

Photo: i-Stock/CHIARA_NATURECOLORS

Abb. 67 Schlag»schaden« an einem jungen Wildobstbäumchen. | *Photo: Rainer Pohl*

Lebensräumen, wie etwa Heidelbeer- oder Heidekrautflächen, die Wirbellosengesellschaften profitieren.

Wie kompliziert das Ganze und wie abhängig die Bewertung vom gerade vorherrschenden Zustand ist, zeigen indessen Studien aus England, denen zufolge durch den Verbiss von dichtem Unterholz in Wäldern durch Damwild manche auf unterholzreiche Lebensräume angewiesene Vogelarten, wie beispielsweise Nachtigall (*Luscinia megarhynchos*), Weidenmeise (*Phoecile montanus)* oder Heckenbraunelle (*Prunella modularis*), zurückgegangen sind. Großflächig hoher Verbiss wurde auch als Ursache für Beeinträchtigungen von Kleinsäugergesellschaften, wie etwa Gelbhals- und Haselmaus, erkannt (Verlust von Nahrungsquellen wie z.B. Knospen, Samen oder artspezifischer Gehölzstrukturen).

Vom **Schälen** durch Rotwild sind so gut wie alle Baumarten betroffen, solange ihre Rinde nicht verborkt ist (wie etwa die von Eichen). Geschälte Waldbestände können bei Sturm oder unter Schnee flächig zusammenbrechen. Genau das passiert aber in naturnahen Wäldern auch ohne Schälschäden in der sogenannten Zerfallsphase. Die umgestürzten Bäume bilden »natürliche Wildschutzzäune«, in deren Schutz Jungwuchs aufkommen kann, der den Gelegen, z.B. von Raufußhühnern, der Wildkatze und dem Luchs Verstecke bietet. Nach dem Zusammenbruch kann sich vor allem alles Grünzeug entfalten, das mangels Lichts bis dato im Waldboden geschlummert hat und zur Waldvegetation dazu gehört. Eine neue Generation Baumgesellschaft entsteht, die eines Tages ihrerseits auch wieder zusammenbricht und so weiter (aber wie das einst im Detail ablief, großflächig wie im hohen Norden oder kleinflächig wie bei uns, ist nicht bekannt).

Schälschäden per se sind also nichts Unnatürliches, weil auch Rotwild etwas von den Mineral- und Gerbstoffen braucht, die in der Rinde stecken. Könnte es aber nicht auch sein, dass

Abb.68 Wildwechsel in einem Laubwald mit freigetretenem Rohboden. | *Photo: Olaf Simon*

Rotwild mit dem Schälen einfach versucht, seinen Lebensraum zu gestalten, so wie der Biber das durch Aufstauen von Bächen macht? Denn mit der klein- oder großflächigen Öffnung der Wälder durch geschälte und dann vorzeitig zusammenbrechende Partien in Waldbeständen, gestaltet Rotwild sich in der Rolle eines *Habitatbildners* »passende« Wälder: Nach den Sturmwürfen durch Wiebke und Lothar im Schönbuch gab es zunächst keine Schälschäden mehr; erst als diese Flächen ins Dickungsstadium aufgewachsen waren und dadurch Gras- und Krautäsung wieder knapper wurde, kam es da und dort wieder zu Schälschäden. Durch Schälen und Verbiss würde es kontinuierlich und vielfältiger zu einer natürlicheren Verjüngung kommen, als durch wirtschaftlich orientierten, auch »naturnahen« Waldbau.

Große Bedeutung für kleine Wirbeltiere und Wirbellose haben Veränderungen des Oberbodens durch *Tritt, Scharren* oder *Wühlen*.

Tritt von Schalenwildarten führt je nach Begehungsintensität z.B. von Wildwechseln (ca. 20–40 cm breite Pfade; Abb. 68) und in Abhängigkeit von der Bodenbeschaffenheit (feucht, trocken) zu Verletzungen der Bodenoberfläche oder der Entstehung von freiliegendem Rohboden. Dadurch entstehen Mikrohabitate, in denen bestimmte Pflanzenarten verbesserte Lebensbedingungen vorfinden oder sich überhaupt erst etablieren können, weil sie auch auf das besondere Mikroklima solcher Standorte angewiesen sind. An derartigen Störstellen kommt es oft zu vermehrter Keimung in der umliegenden Vegetation nicht vorhandener Pflanzenarten (etwa kleinwüchsige, Rosetten bildende Arten; der *Wegerich* heißt nicht umsonst so, aber besonders auch von Baum- und Straucharten). Einige Pflanzenarten haben sich an diese Art von Störungen angepasst wie etwa die beiden Sonnentauarten (*Drosera*) oder das in Deutschland sehr seltene Zerstreutblütige Vergissmeinnicht (*Myosotis sparsiflora*). Auf Wildwechseln in dichter Vegetation sind Laufkäfer viermal so eifrig unterwegs wie in deren Umgebung.

Durch **Scharren** mit den Vorderläufen und (*Geweih-*)**Schlagen** am Boden verursachen Hirsche zur Brunftzeit oft vegetationsfreie »Brunftplatten«, die sie im Zuge ihres Imponiergehabes mit Harn markieren. Da auf den freigelegten Bodenstellen auch das Mikroklima ein anderes ist als in der vegetationsbedeckten Umgebung, profitieren davon sonnen- und wärmeliebende Arten wie etwa Insekten und Spinnen. Viele dieser Wirbellosenarten sind auf solche »Störstellen« auch zur Ablage ihrer Eier angewiesen.

Suhlen sind eine weitere Form von Störstellen, die an feuchten Stellen entstehen und von Rothirsch und Wildschwein (Rehe suhlen nicht) für Schlammbäder zwecks Körperpflege genutzt werden (Abb. 69). Die beim Trocknen sich auf dem Körper bildende Kruste schützt sie vor lästigen Insekten wie Zecken, Flöhen, Mücken, Fliegen oder Bremsen. Die Suhlen bieten als Kleingewässer Amphibien und ihren Kaulquappen, wie der gefährdeten Gelbbauchunke, oder Libellen Lebensraum.

Und schließlich ist die **Losung** der Schalenwildarten eine essentielle Nahrungsquelle für koprophage[77] Wirbellosenarten, wie etwa manche Blatthornkäferarten (Stierkäfer, T*yphaeus typhoeus*; Abb. 70) und viele andere Tiergruppen, ebenso wie z.B. Pilze. Die gleiche Funktion hat natürlich auch Haustiermist, der aber heute oft so sehr mit Medikamentenrückständen durchsetzt ist, dass er als Lebensraum nicht mehr taugt.

Abb. 69 Hirsch an einer Suhle. | *Photo: Bertram Georgii*

77 altgriech.: kópros = Dung, Mist, phagein = fressen

Abb.70 Stierkäfer (Typhaeus typhoeus) an Losung. | *Photo: Heiner Reck*

Ein gefundenes Fressen sind für viele von Aas lebende Arten (sog. Nekrophagen[78]) natürlich auch Kadaver von Säugetieren, wie sie allerdings in unserer heutigen Landschaft aufgrund strenger, jedoch ökologisch unsinniger Hygienevorschriften nur noch selten zu finden sind. Bei uns in den Bergen sind das oftmals Lawinenopfer, vor allem von Gemsen, bei Rotwild eher abgestürzte Tiere oder in einem Brunftkampf »geforkelte« (tödlich verletzte) Hirsche. Von unseren neunzehn besenderten Stück Rotwild sind allein drei Hirsche auf diese Weise umgekommen. Immer wieder sterben Alttiere oder Hirsche aber auch einfach an Altersschwäche. Oder es retten sich nach Kollisionen mit Fahrzeugen manchmal schwer verletzte Tiere noch in den Wald, wo sie dann verenden. Sie sind für die biologische Vielfalt der Aasfresser von erheblicher Bedeutung, vom Adler, Geier oder von kleineren Greifvögeln und Kolkraben, über Fuchs oder Maus bis zu Wirbellosen (Käfer,

Photo: i-Stcok/STANISLAV DUBEN

78 griech: nekro = Tod, phagos = Fresser

Fliegen, Bienen etc.) oder Pilzen und Bakterien, die sich an ihnen gütlich tun. Wie jüngere Studien zum Thema »Kadaver-Ökologie« ergeben haben, wird dabei im Zuge der Zersetzung des Wildkörpers der Boden unter dem Kadaver und in seinem näheren Umfeld durch Nährstoffe in einer Weise gedüngt, dass dort auch das Pflanzenartenspektrum davon profitiert.

Ursprünglich, noch vor den Haustierherden, haben nicht nur die rezenten[79] Schalenwildarten, sondern noch weitere große Pflanzenfresser wie etwa Auerochse (Ur) oder Wildpferd und teilweise auch der Elch, erheblich auf die Vegetationsstruktur Einfluss genommen. Vor der Nutzung der Wälder durch den Menschen waren diese Huftiergemeinschaften die entscheidenden Gestalter des Landschaftsbildes, indem sie durch intensive Weidetätigkeit, Schälen, Verbiss und Tritt zeitweilig und lokal (oder im Fall norddeutscher Bibermoore) großflächig für offene Flächen in den ansonsten ausgedehnten Wäldern sorgten (sog. *Megaherbivorentheorie*[80]). Das hat weithin zu einer halboffenen, wenn auch durch Wald dominierten Landschaft geführt, so die Hypothese. Denn Wälder brauchen Lücken, damit lichtbedürftige Baum- und Krautarten zur Strukturvielfalt der Wälder beitragen können, die dann auch Wirbellosen, die auf besonnte Standorte angewiesen sind, Lebensraum bieten.

Der Einfluss von Rotwild auf die Biologische Vielfalt ist insgesamt ein sehr komplexes Geschehen, weil die wechselnden örtlichen Standortbedingungen – Äsungspräferenzen in Abhängigkeit vom Standort, Relief, Feuchte, Trockenheit, Sonneneinstrahlung, Beschattung – oder das gleichzeitige Wirken anderer Schalenwildarten, insbesondere von Reh und Wildschwein, die Erkennbarkeit speziell der rotwildbedingten Einflüsse erschweren und weil in der Natur schwankende Dichten von witterungsbedingten Einflüssen überlagert werden können. So geht etwa der Verbiss in Gebieten, in denen Rot- und Rehwild vorkommen, in der Regel überwiegend auf das Konto der Rehe. Noch komplexer und deshalb noch immer unzureichend durchschaut sind die hier nur ansatzweise skizzierten Wechselwirkungen zwischen den Schalenwildarten und anderen Artengemeinschaften. Jedenfalls können die vielfältigen ökologischen Effekte, die Rotwild oder ganz generell große Herbivoren auf die verschiedenen Lebensräume haben, durch Biotop- oder Landschaftspflegemaßnahmen nicht gleichwertig erreicht werden – ganz abgesehen von den Kosteneinsparungen, die die Pflege durch große Pflanzenfresser ermöglichen würden.

Immerhin sieht das Gutachten des Wissenschaftlichen Beirats für Waldpolitik der Bundesregierung aus dem Jahr 2021 als mögliche Optionen für klimawandel-geeignete naturnah bewirtschaftete Wälder u.a. die Waldweide an.

Megaherbivoren

Insbesondere in den Wildnisgebieten unserer neuen Waldnationalparke fehlen Wisente! Als »funktionelle« Gras- und Raufutterfresser haben sie in unseren Urwäldern durch ihren Verbiss von Blättern und Zweigen lichte Offenbiotope und Wiesenflächen zeitweise oder auch recht langfristig von Baumbewuchs freigehalten und damit die Lebensbedingungen für licht- und wärmeliebende Arten in sonst relativ dunklen Wäldern begründet und gesteuert.

Als Folge ihrer Eliminierung und der über Jahrhunderte einseitig ökonomisch gesteuerten Bevorzugung von stark beschattenden Bäumen – wie Fichte und Buche – entstand zwangsläufig ein uniformer Dunkelwald, der anderen Pflanzenfressern wenig oder keine Nahrung bot. Ersatzweise wurden dadurch für die verbliebenen Pflanzenfresser die kostenintensive künstliche Anlage von Wildwiesen, Wildäckern und Winterfütterungen eingeführt.
Aus Pilotstudie »Wild + Biologische Vielfalt« ArGe Reck | Photo: B. Georgii

79 *rezent* = gegenwärtig (noch) lebend, vorkommend
80 lat.: herba = Kraut, vorare = verschlingen

Ein Wald für Rotwild

Wo Rotwild vorkommt, sollten Forstleute nicht nur wirtschaftliche Ziele im Auge haben, sondern auch die Bedürfnisse dieser Wildart berücksichtigen. Rothirsche sind dort genauso ein »Standortfaktor« wie Bodenverhältnisse, Wasserhaushalt, Geländeform, Klima und viele andere Standortbedingungen. Es geht also darum, waldbauliche und wildökologische Ziele auf ein und derselben Fläche unter einen Hut zu bringen. Das erfordert Umdenken in Sachen Waldbau auf der Basis eines umfassenderen und ökologischeren Verständnisses von Waldvegetation im weiteren Sinn (nicht nur Wirtschaftswald!) und dem im Wald lebenden Schalenwild. Im Schrifttum, ob Lehrbuch oder Fachjournal, ob in Zusammenhang mit Überlegungen zum Waldbau ganz allgemeinen oder mit Blick auf den Umbau zu klimaresilienten Wäldern, findet man jedoch nur selten Ideen, wie man die Lebensbedürfnisse von Rotwild in waldbauliche Konzepte integrieren und dadurch Schäden durch diese Tierart vermeiden könnte. Auch im oben schon erwähnten 208 Seiten starken Gutachten des Wissenschaftlichen Beirats für Waldpolitik der Bundesregierung aus dem Jahr 2021 nicht ein Wort zum Umgang mit Hirsch und Reh. Und wenn, wird fast immer nur auf die Reduktion der Schalenwildbestände abgehoben. Aber es gibt eben nicht nur klima-, sondern auch »schalenwildresilienten« Wald.

Einigermaßen nahe kamen einem Wald, in dem sich Rotwild wohlfühlt – zunächst ganz ohne Hirsche im Hinterkopf –, ab den 1970er-Jahren die Bemühungen der Forstpartie um neue Konzepte für die Nutzung der Wälder. Angestrebt wurde eine *naturnähere Waldwirtschaft*. Denn die Wälder der vorausgegangenen Jahrzehnte litten nicht nur unter dem enormen Holzbedarf der Nachkriegszeit, sondern auch unter den Folgen der Reparationshiebe. Dadurch war ein *Altersklassenwald*[81] mit riesigen Kahlschlägen entstanden. Von dieser Art »Waldbau« wegzukommen, war eine Forderung, die auch im Bundesnaturschutzgesetz

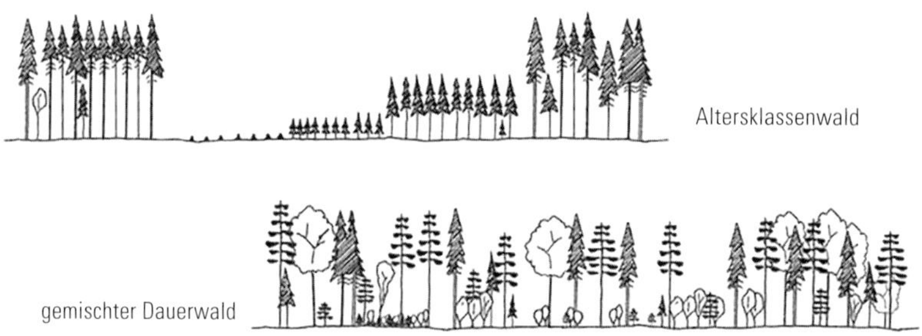

Quelle: *privates Archiv*

81 Der *Altersklassenwald* ist eine Betriebsform der Forstwirtschaft, bei der räumlich getrennte Flächen von (annähernd) gleichaltrigen Beständen in einem Zyklus von Pflanzung, Pflege, Ernte (Kahlschlag) und erneutem Pflanzen »schlagweise« bewirtschaftet werden (Prinzip des schlagweisen Hochwalds).

Niederschlag gefunden hat[82]. Ziel war ein vielfältig strukturierter Dauerwald mit stets beschattetem Boden und reicher und altersmäßig gestufter Baumartenmischung, Naturverjüngung im Unterstand und mehr natürlichen Prozessabläufen. Was diesem Waldtyp aber fehlte, waren offene Bereiche, die für viele als »typische Waldarten« eingeordnete Pflanzen und Tiere, von Totholz bewohnenden Käfern bis zum Auerhahn, essentiell sind – und auch für Rotwild, wenn es schadensarm leben können soll. Große Teile der Wälder Europas sind seit dem Zweiten Weltkrieg jedoch immer dunkler geworden.

Lichtblicke für Rotwild

Hat man Rotwild im Wald ist also die wesentlichste Frage, wie man den Waldbau mit den Lebensansprüchen dieser Tierart verknüpfen kann. Wie ein Waldbau, der das berücksichtigt, aussehen sollte, hat zur Zeit unseres Schönbuch-Gutachtens (auf das ich in Kap.8 noch näher eingehen werde) Rainer Pohl, damals und bis 2021 Revierleiter in einem Schönbuchrevier, erfolgreich praktiziert und wie folgt zusammengefasst:

»Wir sprechen hier von unserer größten Wildart mit einem hohen Futterbedarf, der, *wann immer im Verlauf eines 24-Stunden-Tages ein Tier Kohldampf bekommt*, gedeckt werden muss. Die Neigung zu Rudelbildung erhöht den Futterbedarf am aktuellen Aufenthaltsort, weshalb die Möglichkeit, sich auf eine große Zahl kleinerer Futterplätze verteilen zu können, vorteilhaft ist. Gelegenheiten zur Futteraufnahme zu schaffen, indem man dem Wild kleinräumig lichte Stellen im Bestand mit gleichzeitig geringer Schadenswahrscheinlichkeit in deren Umgebung anbietet, ist deshalb ein vorrangiges Ziel. Bei der Umsetzung wird das nicht ohne die Einschränkung von Interessen gehen. So macht es keinen Sinn, wenn die Forstwirtschaft in Gebieten mit Rotwild höchstmögliche Holznutzung als Ziel formuliert. Sie muss zwar klare Vorstellungen zu Baumartenzusammensetzung und Waldschutz verwirklichen, aber auch die **Eignung kleiner Flächen erkennen, die für Äsung und Deckung des Rotwilds essentiell sind, ihnen Bedeutung schenken und bei Hiebsmaßnahmen herausarbeiten**. Solche Plätze, wo Rotwild vor allem auch tagsüber ungestört Futter aufnehmen kann, ohne Schaden zu verursachen, muss es in der Tiefe der Waldbestände ganz verstreut geben. Die verstreute Lage schafft auch Ausweichmöglichkeiten bei Störungen. Soweit solche Strukturen fehlen, wird aus der Aufnahme von Futter leicht *Wildschaden*, bis hin zum Totalschaden durch Schälung«. (vgl. Abb. 63, S. 133).

Solche Plätze sind vor allem kleine lichte Bereiche (Abb. 71), die dann entstehen, wenn der Überschirmungsgrad durch den Altbestand verringert wird (z.B. von 1,0 = geschlossen auf 0,7). Das bedeutet natürlich wirtschaftliche Einbußen, die aber überschaubar sind. Neben natürlicher Gehölzverjüngung finden sich in den dann entstehenden Verlichtungsinseln auch schnell Nahrungspflanzen wie z.B. Brombeere (*Rubus fruticosus*) und Himbeere (*Rubus idaeus*) ein, die, was ein wichtiger Aspekt ist, ganzjährig beliebte Äsungspflanzen von Rotwild sind, weil ihre Blätter auch im Winter noch was hergeben und deshalb eine beliebte Winternahrung von Rotwild sind. Gleichzeitig können hier auch Lichtbaumarten fußfassen, für deren Jungpflanzen die Stauden einen natürlichen Verbissschutz bieten und die so eine

82 *Bundesnaturschutzgesetz §5(3)*: »Bei der forstlichen Nutzung des Waldes ist das Ziel zu verfolgen, naturnahe Wälder aufzubauen und diese ohne Kahlschläge nachhaltig zu bewirtschaften. Ein hinreichender Anteil standortheimischer Forstpflanzen ist einzuhalten«.

Chance bekommen, eine neue Baumgeneration zu begründen. Eine wertvolle Ergänzung sind Äsungsschneisen (Abb. 72) und kleinere Wiesen. Auch gemulchte und zweckmäßig eingesäte Rückegassen[83] können zur Entlastung der Waldbestände beitragen (wobei eine Düngung in Maßen, z.B. mit Kalk und Phosphat, sinnvoll sein kann). Das Äsungsangebot auf Wiesen oder Schneisen orientiert sich primär an naturraumtypischen Pflanzengesellschaften, kann aber örtlich durch Einsaat von Weißklee ergänzt werden (die Anlage von Wildäckern ist aus heutiger wildbiologischer Sicht keine Alternative mehr). **Entscheidend ist diese enge Nachbarschaft von Deckung und Nahrung, die auch am Tag verfügbar ist**, weil das es den Tieren ermöglicht, in den oft nur kurzen Aktivitätsphasen (Kap.4) ihre Äsung mit wenigen Schritten zu erreichen, diese dort in Ruhe aufzunehmen und bei eventuellen Störungen sofort wieder in sicherer Deckung zu sein.

83 Eine *Rückegasse* ist ein unbefestigter Weg, der zum Transport von gefällten Bäumen durch Maschinen oder Rückepferde vom Hiebsort zum Verladeplatz dient.

Abb. 71 Lichter »Rotwildwald« im Schönbuch mit Brombeere im Vordergrund und Laubholz unterschiedlichen Alters. | *Photo: Rainer Pohl*

Derartige Äsungsinseln im ansonsten geschlossen Wald, sind auch bei der Wiederaufforstung von Kahlschlägen oder Katastrophenflächen vorzusehen (Windwürfe, Schnee- und Eisbruch, großflächige Hitzeschäden wie in den Jahren 2018–2020 etc.). Sie sind Magnete für Rotwild zur Nahrungsaufnahme. Häufig werden sie aber für die Tiere unzugänglich gemacht, weil sie in Gänze eingezäunt sind. Dadurch wird dem Wild Äsung entzogen und der Schaddruck lediglich auf die Verjüngung benachbarter Waldbestände verlagert. Außerdem lassen sich große Zäune nur schlecht wildfrei halten. Besser wäre eine nur teilweise Zäunung, noch besser kleinflächiger oder Einzelschutz der Zielbaumarten (s.u.), um dem Wild so viel Äsung wie möglich zu lassen. Vorteilhaft sind Baumarten, deren Rinde früh verborkt (nach etwa 15 Jahren; Eiche, Lärche, Kiefer), weil das ein natürlicher Schälschutz ist. Oder man lässt einzelne Stämme, ob durch einen Sturm oder Menschenhand gefällt, und Baumkronen auf der Fläche als natürlichen Verbissschutz liegen (s.u.).

Bewährt hat sich, dem Wild im Winter zusätzliche Äsung im Wald dadurch zu bieten, dass der größere Teil der *Hiebsmaßnahmen* in der kalten Jahreszeit erledigt wird. Werden dann Stammholz, Äste oder Baumwipfel eine Weile liegen gelassen, hat Rotwild Knospen-, Trieb- und Rindenäsung, also auch etwas zu schälen, ohne sich an den Bäumen des stehenden Bestands vergreifen zu müssen (vgl. Abb. 65). Im Zuge der Jungbestandspflege lassen sich Laubhölzer so »fällen«, dass sie nur umknicken. Da dann ein Teil der Gefäße im Stamm funktionsfähig bleibt, kommt es jedes Jahr noch immer zu Blatt- und Knospenbildung und damit beliebter Schalenwildäsung.

Der Aspekt, dass der Lebensraum Wald dem Rotwild in jeder Jahreszeit natürliche Äsung bieten sollte, ist vor allem mit Blick auf die quantitative ebenso wie qualitative Einschränkung seines Nahrungsbedarfs im Winter von großer Bedeutung. Wenn sie gleichzeitig auch noch Ruhe haben, gehen die Tiere oft gar nicht mehr an die Fütterung. Ob dann in benachbarten Waldbeständen Waldarbeiter rumoren, stört sie weiter nicht.

Es gibt also viele Möglichkeiten, auch über die hier skizzierten hinaus, einen Wirtschaftswald rotwildfreundlich zu gestalten. **Entscheidend ist, das versucht wird, den**

Abb. 72 Rotwild auf einer Beobachtungsschneise vor einer Beobachtungseinrichtung im Schönbuch. Äsung im engen Kontakt mit Deckung (links und rechts) bedeutet kurze Fluchtwege. | *Photo: Bertram Georgii*

Äsungsdruck des Wildes durch kleinflächige Nahrungsbereiche im ganzen Wald von gefährdeten Gehölzen fernzuhalten, um Wildschäden wirkungsvoll zu minimieren, so dass ausreichend ungeschädigte Bäume ins hiebsreife Alter wachsen können. Der größere waldbauliche Aufwand und die geringere Schadenslast halten sich dann vermutlich monetär in etwa die Waage.

Ein solcher Wald käme im Übrigen auch vielen anderen Arten zugute, ob Vögeln oder wegen des Lichteinfalls auch Kleinsäugern und Wirbellosen am Boden (siehe voriges Kapitel).

Waldesruhe

Rotwild sollte, wie gesagt, auch am Tag *ungestört* der Nahrungsaufnahme nachgehen können. Das kann es aber nur, wenn in der Nähe der beschriebenen Äsungsplätze im Waldesinnern, von Wildwiesen, von Äsungsschneisen oder begrünten Rückewegen nicht gejagt wird und auch keine Erholungsuchenden unterwegs sind. Alle schneisenartigen Äsungsplätze, die an Forststraßen enden sollten durch wenige Meter dichter Bestockung aus Gebüsch oder jungen Gehölzen, Erdwälle oder Holzbarrikaden (u.U. mit Sehschlitzen zur Wildbeobachtung) als Sichtschutzblenden beruhigt werden. Ebenso sollten zu diesen Äsungsbereichen nahe

Waldbestände gegebenenfalls mit Schattenbaumarten, z.B. Eibe (*Taxus baccata*) unterbaut werden, um Sichtschutz zu viel begangenen Forstwegen zu schaffen. Für Rotwild ist nämlich die Wahrnehmung mit den Augen sehr wichtig. Dasselbe geht auch mit Fichten, die mit dem Ballen aus besonders beschatteten Naturverjüngungen entnommen werden.

Alle diese Aspekte können am besten durch die Einrichtung von Wildruhezonen berücksichtigt werden. Aber dafür genügt es nicht, einfach irgendwo wenigstens 100 Hektar große Waldareale für Menschen *und* Jagd zu sperren. Vielmehr muss in ihnen ein geeignetes Lebensraummosaik aus unterschiedlichen Habitaten vorhanden sein, damit sich das Wild dort so wohl fühlt, dass es langfristig an Ruhezonen festhält, d.h., eine entsprechende Raumnutzungstradition ausbildet: ungleichaltrig strukturierte Altholzanteile, Dickungen, kleinparzelliert halboffene Flächen oder die zuvor erwähnten kleinräumigen Äsungsflächen. Eine Mischung aus Schneisen (vgl. Abb. 72) und kleinen Wiesen hat gegenüber größeren Wildwiesen den Vorteil, dass sich im Herbst an verschiedenen Plätzen kleinere Rudel bilden und dadurch mehr Brunfthirsche zum Zuge kommen. Und schließlich sollten auch einige kleine Wasserflächen nicht fehlen. Das Gleiche gilt für Suhlen, in denen sich die Mannsbilder zur Brunftzeit gerne austoben. Auch Ruhezonen sollten entlang von Forstwegen so gut durch Gehölze abgeschirmt sein, dass Erholungsuchende auf Forstwegen keine Beunruhigung darstellen.

Die Büchse als letzte Rettung?

Keinen anderen Ausweg sehen manche Förster. Ohne Jagd geht es aber eben nicht. Sie muss den jährlichen Zuwachs abschöpfen, um die Bestandsgröße auf möglichst konstantem Niveau zu halten oder wo diese zu hoch ist, sie notfalls abzusenken. Letzteres ist in der Regel noch immer *die* – und die einzige – Lösung, die der Forstpartie einzufallen scheint, wenn schalenwildbedingte Probleme die Schaffung klimaresilienter Wälder behindern – die Doktrin »Wald vor Wild« lässt grüßen. Aber Land auf Land ab hat sich in den vergangenen Jahrzehnten eben gezeigt, dass die Forderungen nach noch stärkerer jagdlicher Rotwildreduktion nur zu noch mehr Wildschäden, weil noch mehr Jagddruck, führen. Vor allem die Ausnutzung der Jagdzeit bis in den Januar hinein, ist dabei sehr bedenklich (vgl. S. 103f). Dieser Ansatz greift offensichtlich nicht. Denn seit Jahrzehnten führt das nicht wirklich zu einer Reduktion von Reh und Hirsch.

Ohne eine **Abkehr von der klassischen Wildbewirtschaftung und Hegejagd** (!) wird sich daran auch nichts ändern. Dazu gehört, dem natürlichen Engpass Winter wieder Wirkung zu verschaffen, d.h., die Fütterung von Rotwild, und, soweit nicht längst Usus, auch von Rehwild, überall, wo nicht unumgänglich (wie z.B. im Gebirge) nach und nach einzustellen (und zwar im ganzen

Photo:©ysbrandcosijn/stock_adobe.com

Rotwildgebiet; nur von einzelnen Fütterungen kann problematisch sein). Im niedersächsischen Osterwald, in dem der Winter für viele Rotwildgebiete Deutschlands typisch ist, haben wir mit der Aufgabe der Rotwildfütterung schon ab den 1990er-Jahren gute Erfahrungen gemacht (mehr dazu siehe Kap. 8; heute ist Winterfütterung des Schalenwilds landesweit verboten).

Darüber hinaus kommt es genauso darauf an, wie die Jagd ausgeübt wird. So ist Methoden, die es dem Rotwild ermöglichen, störungsfrei seinen Äsungsvorlieben nachzugehen, der Vorzug zu geben. **Denn Jagd ist nun mal der Störfaktor Nr.1, durch den auch der nichtjagende Mensch (Waldbesucher etc.) zu einem Störenfried wird.** Außerdem kann mit geschicktem jagdlichem Management auch steuernd auf das Raum-Zeit-Verhalten der Tiere eingewirkt werden.

All das muss bei der Jagdausübung örtlich und zeitlich sehr gut bedacht werden. Örtlich vor allem auch durch Zurückhaltung an Äsungsflächen. Falsche Bejagung kann schwere Fehler nach sich ziehen und schnell in die Katastrophe führen. Bewährte Konzepte werden noch in Kap.8 vorgestellt. Ein wichtiger Aspekt, auf den Rainer Pohl ferner hinweist, ist dabei »die Jagdstrategie von Zeit zu Zeit etwas zu modifizieren, um keine, den Jagderfolg schmälernden Lerneffekte beim Rotwild wirksam werden zu lassen« (vgl. Kap.9).

Ruhezonen können übrigens durchaus in die herbstlichen Bewegungsjagden einbezogen werden (Kap.8/2). Das Wild steht dann oft bereits abends wieder auf den Äsungsflächen. Allerdings müssen die älteren Tiere, insbesondere die Leittiere mit ihren wichtigen Raumkenntnissen und ihrer Bedeutung für den Zusammenhalt der Rudel, geschont werden, was hohe Anforderungen an die Ansprechkünste der Schützen stellt. Deshalb sollte eigentlich und konsequenterweise die Alttierbejagung Aufgabe der örtlichen Profis auf gemeinschaftlichen Ansitzen oder Anrührjagden ab Mitte Dezember sein.

Forests for Future

Der **Klimawandel** macht all das nicht gerade einfacher; er verändert die Rahmenbedingungen für unsere Wälder. Quadratkilometerweise gilt es vor allem in Mitteldeutschland hitzebedingt zu Tode vertrocknete Wälder durch neue zu ersetzten, mit Baumarten, die möglichst gut mit Witterungsextremen, höheren Temperaturen und längeren Trockenperioden zurechtkommen. Wichtige heimische Baumarten sind dabei Fichte, Rotbuche, Traubeneiche und Weißtanne. Gleichzeitig sollen auch die Wälder der Zukunft Holz liefern, Lebensraum für zahlreiche Tier- und Pflanzenarten sein und vielfältigen, gesellschaftlichen Interessen gerecht werden – die Quadratur des Kreises?

Aus der Sicht des Biologen wäre es wünschenswert, auf diesen Flächen die Natur einfach Natur sein zu lassen und zu warten, was sich da via natürlicher Sukzession ohne Pflanzung entwickelt – gerade auch auf vormaligen FFH-Flächen. Stattdessen werden diese – die Rendite im Visier – u.a. mit der nordamerikanischen Douglasie (*Pseudotsuga menziesli*)[84] aufgeforstet, an die weit und breit keines der Lebewesen des deutschen Waldes angepasst ist, weil ihr die lange, evolutionsbiologisch relevante Entwicklung gemeinsam mit den heimischen Arten fehlt. Der deutsche Wald wird kaputtgeforstet.

84 Die *Douglasie* ist ein nicht heimischer, aus Nordamerika stammender Nadelbaum; weitere nicht heimische, aber bei uns gebräuchliche Baumarten sind z.B. Walnuss, Roteiche, Esskastanie.

Derweil ist kein anderes Samengut so perfekt an den Standort angepasst wie das, das vor Ort im Boden ruht. Zudem sind natürlich verjüngte Bäume im Gegensatz zu gepflanzten Bäumen bereits mykorrhiziert, das heißt die Wurzeln befinden sich in Symbiose mit Pilzen im Waldboden[85].

Von den vertrockneten Bäumen könnte vieles, zumindest die wipfelnahen Abschnitte, einfach liegen gelassen werden – Totholz, auf das so viele Tierarten als Lebensraum angewiesen sind, vom Pilz bis zum Specht. Und einen besseren Verbissschutz für die nachwachsende Verjüngung gibt es nicht.

Wie mit der Wiedergeburt von Wäldern, die Stürmen wie Wiebke und Lothar oder Borkenkäferkalamitäten zum Opfer gefallen sind, verfahren werden könnte, haben der Nationalpark Bayerischer Wald (vgl. Kap. 5), der Nationalpark Berchtesgaden und andere große Waldgebiete der Republik, wie der Schönbuch (vgl. Kap. 8), schon in der Vergangenheit gelehrt und jüngst, nach Kyrill, ebenso der Nationalpark Kellerwald-Edersee. Auf den Freiflächen findet sich in der Regel ein reichliches Äsungsangebot an Gräsern und Kräutern ein (sog. Schlagflora[86]), die das Wild von den aufkommenden Gehölzen ablenken. »Aus solchen Flächen haben wir gelernt, dass sich der Wald in Mitteleuropa nach Störungen generell wieder gut erholt«, sagt Rupert Seidl, Professor für Ökosystemdynamik und Waldmanagement an der Technischen Universität München. Und die Natur gibt automatisch denjenigen Samen den Vorzug, die am besten an die ganz speziellen örtlichen Bedingungen vor Ort angepasst sind. Jeder Baum wächst in seinem eigenen Tempo, und so ergibt sich ein vielfältiger Wald. Die Wildwirkungen sorgen dafür, dass kleinere Flächenausschnitte offen und besonnt bleiben. Die daraus resultierende Strukturvielfalt erhöht die Artenvielfalt in der Bodenvegetation erheblich. Diverse vertikale und horizontale Strukturen erhöhen wiederum die Lebensraumeignung des Waldes als Habitat für Vogelgemeinschaften und auch die Wirbellosengemeinschaften profitieren vom entstehenden, nischenreichen Lebensraummosaik. Und zum Schluss stocken auf den Flächen weit gesündere Wälder als alles, was dort Menschenhand gestalten könnte: strukturreich, stabil und mit hohen Anteilen an Mischbaumarten[87]. Aber das dauert natürlich. Das Wild bekäme auf diesen Flächen tolle, weil auch ruhige Einstände und ideale Äsungsbedingungen – eine kostenlose Entlastung des übrigen Waldes von Wildschäden. Wald besteht halt nicht nur aus Bäumen.

Jedenfalls: entscheidender als das Wirken mit der Büchse ist, wie oben skizziert, dass das Wild am Boden genügend Äsung findet und diese in Ruhe (!) und deshalb auch am Tag nutzen kann. **Der Zusammenhang *nahrungsreiche Ruhe und niedrige bis keine Wildschäden* ist heute unbestritten**. Dann kann auch auf großflächige Zäune zum Schutz der Verjüngung weitgehend verzichtet werden. Die Jagdzeiten verkürzende Jagdmethoden sind dabei eine wichtige weitere Stellschraube (vgl. Kap. 8). Dann ist ein **Wald** – auch ein klimaneutraler – **mit Wild** möglich. Außerdem wird die Klimaschutzfunktion unseres Waldes nur selten, wenn überhaupt, durch die Äsungseinwirkungen des Wildes beeinträchtigt.

85 Mykorrhiza (von altgr.: mýkēs = Pilz, rhiza = Wurzel) sind eine Form der Symbiose von Pilzen und dem Feinwurzelwerk von Bäumen. Die Bäume werden durch die Pilze mit Salzen und Wasser versorgt und profitieren im Gegenzug die Pilze von der Photosynthese der Bäume.

86 Etliche Pflanzenarten haben sich auf die besonderen Lebensraumbedingungen von Kahlschlagflächen spezialisiert. Ihre Samen ruhen u.U. Jahrzehnte im Boden, um auf die flächige Öffnung von Wäldern zu »warten« und dann, weil schnellwüchsig, fast explosionsartig auf den Flächen zu erscheinen. Aber auch aus der Umgebung stellen sich dort durch ihre vom Wind- oder Wildtieren verbreiteten Samen viele Pflanzenarten ein, die auf Licht angewiesen sind.

87 *Mischbaumarten* sind den Hauptbaumarten eines Waldbestands beigemischte Baumarten, wie z.B. Esche, Bergahorn oder Vogelkirsche (das sind sog. Edellaubhölzer), Hainbuche, Winterlinde. Hauptbaumarten sind die dominierenden Baumarten in der Oberschicht eines Waldbestands, denen waldbaulich und wirtschaftlich das Hauptinteresse gilt, etwa Fichte, Kiefer, Tanne, Lärche, Buche, Eiche ...

8. VON DER ROTWILDBE-WIRTSCHAFTUNG ZUM ROTWILDMANAGEMENT

Auf einen Blick

Die derzeit mit der »Rotwildbewirtschaftung« Betrauten – Forstbehörden, Landratsämter und private Jägerschaft – sind großteils überfordert; mehr als Abschussregelung wird von ihnen meist nicht betrieben.

Dabei gäbe es mit der Einrichtung der Hegegemeinschaften Institutionen, die, anders als bisher, mit wildbiologischer Fachkompetenz ausgestattet, ein modernes »Rotwildmanagement« betreiben könnten, das den Herausforderungen im Umgang mit dieser Tierart gerecht wird.

Wesentliche Inhalte müssten eine Neubewertung potenzieller Rotwildlebensräume in der gesamten Landschaft, die Berücksichtigung der Neigung von Rotwild zu ungleicher räumlicher Verteilung und störungsärmere Methoden der Rothirschbejagung über Reviergrenzen hinweg sein.

Wohin man in Mitteleuropa schaut, überall sind die Rotwildstrecken seit Mitte des letzten Jahrhunderts oder schon früher gewaltig gestiegen (vgl. Abb. 55). Es müssen also auch die Rotwildbestände entsprechend gestiegen sein, sonst hätten sie eine solche Steigerung der Abschüsse nicht ausgehalten. Auch in Deutschland sind die Rotwildstrecken, von wenigen Ausnahmen abgesehen, allein zwischen 2009 und 2016 zum Teil immer noch gestiegen (vgl. Abb. 56), im bundesdeutschen Durchschnitt um rund 25 Prozent. Seit Jahrzehnten wird versucht, den wachsenden Rotwildbeständen entgegen zu wirken – aber offenkundig oftmals ohne wirklichen Erfolg.

Gründe für den komplizierten Einfluss der Jagd auf die Populationsdynamik von Rotwildbeständen, hatten wir schon diskutiert (Kap.6). Außerdem ist es für die Verwaltungen aufwändig, sich mit den zeitlichen Dimensionen der Entwicklung von Wald- und Wildbeständen auseinander zu setzen, ganz abgesehen davon, dass Revierpächter oft nur wenig Interesse am Waldzustand in ihren Revieren haben. Damit wird man aber weder dem dynamischen Gefüge, das Tierpopulationen (und auch Pflanzenpopulationen) darstellen, gerecht, noch der tatsächlichen Tragfähigkeit der verschiedenen Lebensräume unserer Rotwildgebiete.

Naturnahe Rotwildpopulationen sind durch einen hohen Anteil erwachsener und ein zugunsten der weiblichen Tiere zumindest etwas verschobenes Geschlechterverhältnis gekennzeichnet, sowie die Neigung, (oftmals große) Rudel zu bilden.

Denn **nicht allein das Rotwild ist das Problem, sondern der Mensch, der es dazu macht**. Das hatte als einer der Ersten der amerikanische Forstwissenschaftler, Ökologe und Wildbiologe Aldo Leopold erkannt, von dem die Äußerung stammt, dass der Umgang mit Wildtieren leichter sei, als der mit Menschen (s.o.). Heute steht die Beziehung zwischen Wildtier und Mensch im Zentrum dessen, was *Wildtiermanagement* ausmacht (Abb. 73). Es ist dadurch ein Steuerungsinstrument, das weit über eine nur auf »Wildbewirtschaftung« ausgerichtete Jagdpraxis

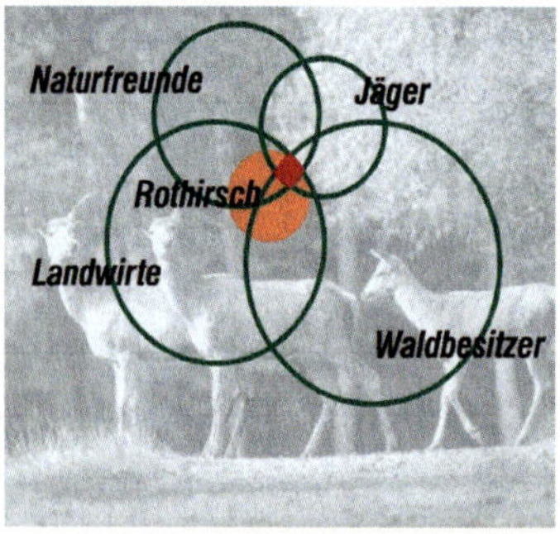

Abb. 73 »Wildtiermanagement ist die Kunst, für alle Interessengruppen einen möglichst großen gemeinsamen Nenner zu finden, bei dem das Wildtier seine Ansprüche befriedigen kann«, Ulrich Wotschikowsky; | *Bild: Regine Zimmermann*

hinausgeht. Es geht vielmehr um eine umfassende Berücksichtigung und Steuerung aller Einflussgrößen, die das Vorkommen, das Raum-Zeit-Verhalten und die Populationsentwicklung von Wildtieren beeinflussen[88].

Dem trägt das »Leitbild Rotwild« Rechnung, dessen wesentliche Inhalte im nächsten Kapitel in Auszügen wiedergegeben werden: »Großflächig sind sowohl *tolerierbare* als auch *wünschenswerte* Schalenwilddichten erfolgsorientiert und mit räumlich verschiedener Gewichtung der Ziele z.B. der forst- und landwirtschaftlichen Produktion und/oder des Naturerlebnisses und/oder der Jagd und/oder der Erfordernisse zur Sicherung der Biologischen Vielfalt anzupassen. Deswegen und aus standörtlichen Gründen kann es keine einheitlichen Empfehlungen zur jeweils aktuell tragbaren Wilddichte geben.«

Ein Leitbild für das Rotwild

Wie das funktionieren könnte, haben Ulrich Wotschikowsky und Kai Elmauer (damals Vauna e.V.), Olaf Simon (Institut für Tierökologie und Naturbildung) und Dr. Dr. Sven Herzog (Dozentur für Wildökologie und Jagdkunde am Institut für Waldbau und Forstschutz, TU Dresden) im **Leitbild Rotwild** der Deutschen Wildtier Stiftung (2010) skizziert. Das Neue an diesem Ansatz ist, dass nicht nur die Jagd gefordert ist, sondern auch die Grundeigentümer, Land- und Forstwirte, Naturschützer sowie Erholungsuchende (und damit auch unterschiedliche Kompetenzen und Zuständigkeiten) mit ins Boot geholt werden sollen. Sie müssen alle die Möglichkeit zur Beteiligung und Stellungnahme erhalten.

Leitbild für das Rotwild

ist eine freilebende, vitale Population, die alle für sie geeigneten Lebensräume Deutschlands besiedelt, ihren Lebensraum selbst wählt und ihren Lebensrhythmus eigenständig bestimmt.

Das Management dieser Population sorgt für einen Ausgleich zwischen den wirtschaftlichen und gesellschaftlichen Ansprüchen des Menschen einerseits und den Belangen des Rotwilds andererseits.

U. Wotschikowsky & O. Simon 2002

Das würde durchaus ein Balanceakt. Denn Rotwild neigt, wie gesagt, von Natur aus dazu, Konzentrationen zu bilden, die vom örtlich und saisonal unterschiedlichen Nahrungsangebot, vom Sicherheitsbedürfnis der Tiere und von lokalen Klima- und Witterungsbedingungen beeinflusst werden und die sich in der Natur oft anders einstellen, als in der noch so schönen Theorie. Je offener (waldärmer) die Landschaft desto eher wird man große Rudel antreffen; auch das ursprünglich ein Sicherheitsverhalten (wechseln solch große Rudel in den Wald, lösen sie sich dort in kleine Gruppen auf, wahrscheinlich, weil diese im Wald leiser unterwegs sind als große Rudel und der Zusammenhalt von großen Rudeln sicherlich auch schwieriger ist). Der

88 Eine *Population* ist, nach gängiger Lesart, eine Gruppe von Individuen, die zusammen ein bestimmtes geographisches Areal besetzen (nach dem britischen Biologen J. Silvertown 1987). Eine Population muss, wenn sie langfristig Bestand haben soll, eine gewisse Mindestgröße haben (nach dem US-amerikanischen Biologen Michael E. Soulé etwa 500 Stück).

richtige Umgang mit solchen Rotwildkonzentrationen und den daraus folgenden Belastungen des Forstes und der Kapazität von Wintereinständen sollte eine Schlüsselrolle spielen, um ungewollte Wildschäden zu vermeiden. So werden z.B. im waldlosen schottischen Hochland zwanzig Stück pro 100 Hektar nicht als Problem bewertet. Im naturnahen Bergmischwald der Alpen dagegen können zwei Stück pro 100 Hektar bereits mehr als tragbar sein. Was örtlich an Wilddichte möglich ist muss sich also nach der ökologisch begründeten Tragfähigkeit des Lebensraums (vor allem im Winter) bzw. seiner Nutzung richten. Die sieht im Bergwald, der oft Schutzfunktion für die Täler leisten muss, zwangsläufig anders aus als im ebenfalls schützenden Nieder- oder Mittelwald[89] oder in den Wirtschaftswäldern des Flachlands, in Naturschutzgebieten oder in einem Erholungswald.

Und nochmal Winterfütterung

Von den negativen Effekten der Winterfütterung abgesehen, kann sie ein erprobtes Instrument zur räumlichen Steuerung des Rotwildes sein. Im Bergwald ist sie dann sinnvoll, wenn saisonale Wanderungen in die ursprünglichen Wintereinstände nicht mehr möglich sind. Schon mit der Wahl der Fütterungsstandorte kann man eine Lenkung erreichen. Dabei muss großräumig geplant werden, d.h. eine Fütterung für mehrere Reviere. Denn in der Regel ist die Größe einzelner Reviere (einige hundert Hektar) für eine Art wie den Rothirsch viel zu klein, als dass eine Fütterung pro Revier eine sinnvolle Lösung ist. Auch verfügen viele Jagdpächter und ihre Waidgenossen nicht über ausreichend Erfahrung und Kenntnisse für sinnvolles Füttern; häufig dient die Winterfütterung schlicht dazu, möglichst viel Wild im Revier zu halten. Und manche Kirrung[90] ist so reichlich, dass sie eher wie eine heimliche Fütterung wirkt. Derartige Vorgehensweisen gehören nicht mehr in unsere heutige Zeit. Gegen die Auflösung von Fütterungen im Zuge revierübergreifender Überwinterungskonzepte wird oft mit der Begründung argumentiert, dass dann die »Bejagbarkeit« des Rotwilds in den Revieren, die ihre Fütterungen verlieren, nicht mehr gegeben sei. Mit Blick auf die in Kapitel 4 geschilderten Raumnutzungstraditionen von Rotwild ist allerdings überhaupt nicht gesagt, dass das Wild, das sich Winters an diesen Fütterungen aufhält, das gleiche ist, dass zur Jagdzeit in dem betreffenden Revier steht.

Die *Zusammenlegung von Fütterungen* ist eine der wesentlichsten Voraussetzungen für eine weitgehend schadensfreie Überwinterung. Dafür muss der Tageseinstand gut ausgewählt werden: vielleicht nicht gerade eine Fichtendickung, die spätestens im Stangenholzalter dann doch geschält wird, sondern in einem naturnah aufgebauten Mischwald mit langfristig bestehenden Verjüngungsinseln, wo die Tier auch im Winter mal ein sonniges Plätzchen finden. Außerdem wird ein Fütterungseinstand niemals jahrzehntelang brauchbar sein. Er selbst oder seine nähere Umgebung wird sich nämlich im Zuge der Waldbewirtschaftung und -entwicklung irgendwann zwangsläufig so verändern, dass er seine Funktion als Wintereinstand verliert. Dann kann es eventuell nach jahrelanger Schadenfreiheit plötzlich zu Schäden kommen.

---

89 *Niederwälder* sind eine historische Waldart aus Baumarten, die zu Stockausschlag neigen (Triebbildung aus dem Baumstumpf), wie etwa Hainbuche, Eiche, Esche, Haselnuss etc. Sie wurden etwa alle zehn Jahre zwecks Gewinnung von Brennholz, Holz zur Köhlerei und gerbstoffhaltiger Lohrinde zur Ledergerberei vollständig abgeholzt. Oftmals ließ man dazwischen Bäume mit längerer Umtriebszeit alt werden, dann spricht man von *Mittelwald*. Beide Waldformen beherbergten ein ganz spezielles Spektrum an Pflanzen- und Tiergemeinschaften (u.a. Haselmaus, Haselhuhn), weshalb die noch verbliebenen Reste von ganz besonderem naturschutzfachlichem Wert und deshalb geschützt sind.

90 Ausbringung kleiner Futtermengen abseits von Fütterungen und auch im Sommer, um Wild dann dort zu schießen oder von schadensanfälligen Bereichen abzulenken.

Unter Umständen kann es sinnvoll sein, Waldkomplexe, die einmal ein für Rotwild geeigneter Wintereinstand (mit oder ohne Fütterung) sein könnten, frühzeitig durch waldbauliche Maßnahmen auf diese Funktion vorzubereiten und dabei auch gleich einen Nachfolgewintereinstand zu planen. Die Durchforstung sollte in Rotwildwintereinständen auf ein Minimum beschränkt werden.

In der offenen Kulturlandschaft könnten aus der Nutzung genommene Gehölzkomplexe und landwirtschaftliche Stilllegungsflächen oder aufgelassene Truppenübungsplätze zu entsprechenden Tageseinständen umfunktioniert werden, finanzierbar zielabhängig u.U. mit Mitteln des Vertragsnaturschutzes. Vor allem aber sollten diese ruhig und gegen Störungen abgeschirmt sein, damit das Wild auch am Tag an der Fütterung verweilen kann, gegebenenfalls durch die Ausweisung als *Wildschutzgebiete* oder notfalls eine Einzäunung größerer Flächen nach Art der Wintergatter im Gebirge (Kap.5). All das ginge in einem einzelnen Revier meist nicht. Aufgrund seines enormen Lernvermögens lässt sich Rotwild relativ leicht von aufgelassenen an neue Fütterungen umgewöhnen, ohne dass es deshalb seinen Sommereinstand im bisherigen Revier ebenfalls aufgibt (was die Befürchtung vieler Jäger ist; aber vgl. dazu auch den Nationalpark Bayerischer Wald).

Bejagung

Ein weiteres Instrument ist die Bejagung, vorausgesetzt, sie basiert auf einer großräumigen Planung. Damit sind aber nicht nur die einzelnen Reviere, sondern auch die Jagdbehörden an den Landratsämtern fachlich meist überfordert. In der Regel erschöpft sich ihr Handeln in der Abschussverteilung und -kontrolle. Nur selten wird bedacht, wie durch die Jagd in die örtlichen Raumnutzungstraditionen der Tiere eingegriffen wird (vgl. Kap.4). Das schafft bisweilen mehr Probleme als dass es diese lösen würde. Außerdem müssen, wo gefüttert wird, Fütterungs- und Jagdzeit strikt getrennt werden. Die Winterfütterung beginnt nach dem Ende der Jagdzeit. Nur die Umgebung von Fütterungseinständen von der winterlichen Jagd auszunehmen, ist kein tragfähiges Konzept.

Wo die Wiederausbreitung und Ansiedlung von Rotwild in bisher rotwildfreien Regionen betrieben werden soll, müssen Tiere in den ersten Jahren vom Abschuss ausgenommen werden, das gilt auch für die Hirsche (wie meist jetzt schon), da sie die ersten sind, die auf Wanderschaft gehen. Die Bejagung der übrigen Schalenwildarten (Schwarzwild, Rehwild) muss sich dann den Zielen zum Umgang mit dem Rotwild unterordnen.

Hegegemeinschaften

Für das Problem, trotz der Kleinparzellierung der Reviere mit ihren unterschiedlichen Besitzverhältnissen (die jeweils nur einen geringen Teil des von Rotwild im Jahreslauf beanspruchten Lebensraumes abdecken), einen revierübergreifenden Konsens nicht nur in Sachen Fütterung, sondern auch bezüglich Rotwilddichte, Verteilung des Wildes im Raum, Verbreitungsgrenzen und viele weitere für den Umgang mit Rotwild wichtige Aspekte zu erreichen, bieten sich Hegegemeinschaften (HG) an (Hegeringe, oft auch Rotwild- oder Hochwildringe, wenn es speziell um diese Art geht). Das sind meist freiwillige Zusammenschlüsse mehrerer Reviere, derzeit etwa in der Größenordnung von 300 km^2, was für Rotwild immer noch wenig ist. Deshalb wäre auch an

Abb. 74 Eine gemeinsame Begehung der Hegegemeinschaft mit Diskussion »auf Augenhöhe« vor Ort.
| *Photo: Bertram Georgii*

eine Zusammenfassung von Hegeringen zu denken, mit gemeinsamem Managementkonzept. Sie dürfen nicht primär nach politischen Aspekten, sondern müssen nach wildbiologisch sinnvollen Rotwildlebensräumen aufgrund eines vorherigen **Lebensraumgutachtens** abgegrenzt werden.

Dafür bieten sich heute erleichternd sogenannte *Fernerkundungsdaten*[91] an. Mit ihnen und ausreichend großmaßstäbigen topographischen Karten (z.B. 1:10.000) ließen sich sehr effizient Karten mit räumlich und zeitlich unterschiedlich für Rotwild geeigneten Raumeinheiten entwerfen (Dichteunterschiede des Rotwildbestands, Lebensraumbewertung mittels Vegetations-/Habitattypen und ihrer Äsungskapazität, forst- und landwirtschaftliche Problembereiche, schadensfrei nutzbare Flächen etc. etc.). Erhellend ist dabei für die Mitglieder fast immer die Visualisierung der verschiedenen Lebensraumaspekte, oftmals mit ausgesprochenen Aha-Erlebnissen. Unbedingt für die Gemeinschaftsaufgabe förderlich sind auch gemeinsame Begänge des Hegeringbereichs (Abb. 74), damit die Revierpächter auch mal die Gegebenheiten bei den Nachbarn kennenlernen. Datenbasierte Planungsgrundlagen und das Sich-Kundig-Machen über den Gesamthegering haben meist immer noch Seltenheitswert.

Wäre das anders, könnten **Hegegemeinschaften zentrale Institutionen eines modern Rotwildmanagements** sein, das zu den großen Herausforderungen im Umgang mit unseren Wildtieren gehört und vor allem viel Kompetenz sowie Verantwortungsbewusstsein der Jäger erfordert. **In vielen Hegegemeinschaften fehlt bis heute jedoch neben dem jagdpraktischen ein profunderes wildbiologisches Wissen um die tatsächlichen Lebensraum-**

91 *Fernerkundungsdaten* sind (digitale) Informationen, die etwa durch Satelliten von der Erdoberfläche erhoben werden und durch anschließende edv-gestützte Bildverarbeitung in ein- und mehrfarbige Bilder oder Landkarten umgewandelt werden (siehe auch Fußnote 51, S.93)). Sie lassen erkennen, wo sensible Waldbereiche, wo für Rotwild geeignete Sommer- und Wintereinstände, wo extensives, für die Beweidung durch Rotwild geeignetes Offenland oder Ruhezonen oder gemeinsame Überwinterungsgebiete (mit Fütterungen) liegen bzw. liegen könnten und vieles andere mehr.

ansprüche und die Mechanismen des Raumverhaltens von Rotwild. Stattdessen beschränken sich ihre Tätigkeiten meist darauf, die jährlichen Abschusspläne der Reviere untereinander auszuhandeln und das, ohne dass je Ziele für den Umgang mit dem Rotwild in der Region formuliert würden. Noch dazu ist die Mitgliedschaft der Revierinhaber bisher meist freiwillig und die der Grundeigentümer, den Inhabern des Jagdrechts, in etlichen Bundesländern nicht vorgesehen (von sonstigen Interessenvertretern ganz zu schweigen). Dabei könnten gerade sie als »Jagdherren« die Weichen für Lösungen stellen. Stattdessen haben aber oftmals Waldbesitzer wie Jagdgenossen gar kein Interesse daran, sich in der Hegegemeinschaft zu engagieren. Jäger die sich fachkompetent für das Rotwild oder auch andere Belange einsetzen, kämpfen dann auf verlorenem Posten. Derzeit sind Hegegemeinschaften noch immer zahnlose Tiger.

Erstrebenswert wäre, dass jede Hegegemeinschaft über einen wildbiologisch geschulten Berater verfügt, z.B. einen entsprechend ausgebildeten, durchsetzungsfähigen Berufsjäger oder Wildbiologen. Er könnte einen verbindlichen (!) Managementplan unter Berücksichtigung der Lebensraumbedingungen und aller örtlichen Interessengruppen (Landwirtschaft, Naturschutz, Erholungsuchende etc.) mit klaren Zielen für die Hegegemeinschaft erstellen und regelmäßig anpassen. Der zwischenmenschliche Umgang aller Beteiligten miteinander »auf Augenhöhe« in einem transparenten Beteiligungsprozess, mit Kooperations- und Kompromissbereitschaft im Sinne einer regionalen Arbeitsgemeinschaft Rotwildmanagement und einer Verantwortungsgemeinschaft, ist die Lösung für die meisten Probleme.

Wie das gehen kann, hat schon vor hundert Jahren der Forstmann Rüdiger Schwarz (damals Forstamt Rantzau) für den schleswig-holsteinischen Hasselbusch und die ihn umgebenden Feldreviere vorgemacht: »Man tat sich zusammen, legte sozusagen alle Karten auf den Tisch, vereinbarte Hegemaßnahmen aller Art und stellte den Abschuss von Hirschen in den Feldfluren ab, indem man die Feldjäger den ihnen zukommenden Abschuss im Walde, in den Staatsforsten, durchführen ließ« gegebenenfalls »mit der Führung unserer Feldnachbarn.« Auch er erkannte schon die Bedeutung sinnvoll verteilter Ruhezonen, wie etwa von Äsungsschneisen in den Beständen, die er mit Sichtschutzblenden aus Fichtenballenpflanzungen (s.o. und u.) vor Störungen schützte.

Der Managementplan wäre Grundlage eines wildbiologisch sinnvollen, tierschutz- und naturschutzverträglichen jagdlichen Umgangs mit Rotwild. Er müsste auch ein differenziertes Monitoring beinhalten, das die Entwicklung des örtlichen Rotwildbestands und seiner Regulierung ebenso wie seinen Einfluss auf die Vegetation in Wald und Offenland dokumentiert, und zwar nicht nur der Gehölzvegetation. Außerdem ließen sich damit unerwünschte Bestandstrends feststellen, um entsprechend frühzeitig auf sie reagieren zu können. In das Monitoring müssten Reh- und Schwarzwild miteinbezogen werden. Die Bejagung dieser beiden Schalenwildarten hat sich dem Ziel einer möglichst störungsarmen Bejagung des Rotwildes unterzuordnen. Ende der Jagdzeit längstens am 15. Dezember. Die knöchernen Hegeschauen müssten um Aspekte erweitert werden, die über den tatsächlichen Zustand des Wildbestands und seine Entwicklung, seinen Lebensraum, seine räumliche und saisonale Verteilung, Veränderungen der Verteilung, Zählmethoden, Monitoringergebnisse, Defizite und aktuelle Probleme der Jagd oder neue wildbiologische Erkenntnisse und vieles andere mehr Auskunft geben. So könnte ein Bild der regionalen Beziehungen zwischen Rotwild, Lebensraum und Mensch gezeichnet werden und alle Interessierten viel dazulernen. Aber das ist natürlich anspruchsvoll. »Ein Rotwildring ist kein Werkzeug, um ein festes Konzept durchzupauken« (Rüdiger Schwarz).

In Rheinland-Pfalz wurden Hegegemeinschaften vor einigen Jahren Körperschaften öffentlichen Rechts mit Pflicht zur Mitgliedschaft. Die Kosten für einen geschäftsführenden Vorstand und Arbeiten wie z.B. Wildbestandserhebungen durch Zählungen, werden über Mitgliederumlagen finanziert, zum Teil mit Förderung durch die Oberste Jagdbehörde aus Mitteln der Jagdabgabe. Die Jagdstrecke wird über Vertrauensleute körperlich erfasst (körperlicher Nachweis). In der Regel bleibt die Führung an den regionalen Forstämtern hängen, was den Umgang mit dem Rotwild meist nicht fachgerechter macht und auch nicht unbedingt zur Konfliktbefriedung beiträgt.

Methoden zur Bestandserfassung:

- Rückrechnung aus Jagdstrecken
- Zählung an Fütterung oder im Wintergatter
- Fährtenzählung
- Losungszählung
- Losungsgenotypisierung
- Scheinwerfertaxation vom Auto aus
- Wärmebilderfassung vom Auto aus
- Wärmebildbefliegung
- Zählung mit Fotofallen
- Fang-Markierung-Wiederfang-Verfahren
- Zähltreiben

Die unbefriedigende Situation rührt auch daher, dass selbst auf Landesebene eine unabhängige, objektiv arbeitende Fachbehörde unter wildkundiger Führung z.B. eines Wildbiologen fehlt (mit einem solchen könnten auch alternativ die unteren Jagdbehörden der Landkreise ausgestattet werden, wie unlängst im Landkreis Garmisch-Partenkirchen geschehen). Vielmehr liegt, wie gesagt, das Rothirschmanagement in der Regel in den Händen von Forstleuten, die natürlich vor allem ihren Wald im Blick haben. Nicht anders ist das sogar in den bundesdeutschen Nationalparken, wo wirklich andere Prämissen gelten sollten.

In der *Schweiz* hat jeder Kanton sein Amt für Jagd und Fischerei, das mit der Abschussplanung betraut ist. Diese Ämter sind heute großteils mit Wildbiologen besetzt. Sie berücksichtigen beim Management der Schalenwildarten deren Bedürfnisse ebenso wie die Belange der Forst- und Landwirtschaft und der Jäger und haben ein profundes Wissen in Sachen Populationsbiologie.

Einen interessanten Weg sucht seit einigen Jahren *Schleswig-Holstein*: weg von der eindimensionalen Betrachtung (Rotwildgebiete ja/nein) hin zu einer differenzierteren Raumordnung für ein zoniertes Hirschmanagement unter Beteiligung von Jägerschaft, Forstverwaltung und Naturschutz (s.u.). Es erinnert an die in Österreich in etlichen Regionen und mit Erfolg angewandte, von Reimoser und Kollegen entwickelte »Wildökologische Raumplanung«.

Rotwildjagd anders denken

Um es nochmal zu wiederholen: Mit der Absicht, vor allem Schäden vermeiden zu wollen, und das mit nichts als der zahlenmäßigen **Reduktion des Bestandes** eines Rotwildgebiets oder einer Hegegemeinschaft erreichen zu können, wird man nicht weit kommen. Denn dem steht in den meisten Fällen die ungleiche räumliche Verteilung des Bestands und die schlechte Zählbarkeit des Rotwilds entgegen. Beides scheint in den meisten Rotwildgebieten ein durch die Verantwortlichen kaum zu lösendes Problem. Die zahlenmäßige Bestandsregulation steht damit auf sehr wackligen Beinen. Auf eine ungenügende Abschusserfüllung pauschal mit einer Verlängerung der Jagdzeit zu reagieren ist jedenfalls die falsche Antwort, weil sie Rotwild immer noch scheuer und die Jagd immer noch schwieriger macht.

Die ungleiche räumliche Verteilung hat ihre Ursache in dem zuvor immer wieder angesprochenen Zusammenspiel zwischen Jagd und tradierten Raumnutzungsmustern. Jagdliche Eingriffe in Rotwildbestände können dadurch ganz ungewollte Auswirkungen auf deren räumliche Verteilung haben, weil sie entweder den Abbau oder aber den Aufbau von Verhaltenstraditionen fördern (im letzteren Fall dann auch oft Rotwildkonzentrationen).

Ein anderes Problem ergibt sich aus den üblichen Eingriffsvorgaben, sei es eine bestimmte Zieldichte (üblicherweise Stück pro 100 Hektar, was aus zuvor genannten Gründen wenig sinnvoll ist), eine bestimmte Altersgliederung oder ein ausgeglichenes Geschlechterverhältnis (das in der freien Natur bei Rudel/Herden bildenden größeren Säugetierarten sehr selten ist) – alles Parameter, von denen wesentlich der jährliche Zuwachs abhängt, die aber in der Praxis mit vielen Fragezeichen behaftet sind. Lediglich eine Abschätzung auf Basis des Gesamtabschusses ist jedenfalls zu wenig.

Es kann zwar aus planungstechnischen Gründen für die Zieldichte eine Rahmengröße ins Auge gefasst werden. Auch ließe sich über eine Vereinfachung der Abschussgliederung nachdenken. Beispielsweise sieht der »Abschussplan« im schwedischen Elchmanagement nur zwei Kategorien vor, nämlich wie viele erwachsene Tiere (männliche und weibliche) und wie viele Kälber erlegt werden sollen. Letztendlich müsste sich die Bejagung aber an den Verteilungsunterschieden des Bestands in einem Rotwildgebiet orientieren.

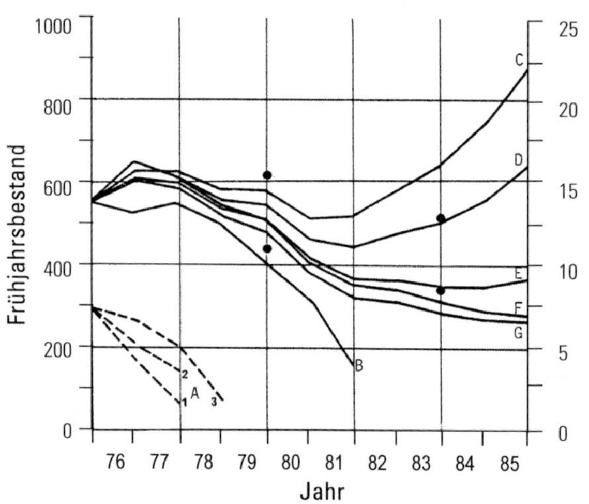

Abb. 75 Bestandssimulation am Computer zu Beginn unserer Rotwildplanung Schönbuch (1986) unter verschiedenen Annahmen zu Beginn des Jahres 1976 (Ausgangsbestand 300 bzw. 560 Stück, Geschlechterverhältnis und Zuwachs unterschiedlich etc.)

Um eine Vorstellung von der gegenwärtigen Situation eines Rothirschbestands und davon zu bekommen, wohin man in Zukunft mit ihm will, z.B. einer Zieldichte, bieten sich neben realistischen Zielformulierungen begleitend seit langem Computersimulationen an. In zahlreichen »Was passiert wenn?« – Rechenläufen werden verschiedene Abschussserien und ihre Auswirkungen auf den Bestand dargestellt (Abb. 75). Diese elektronischen Sandkastenspiele bescheren regelmäßig ganz unerwartete Aha-Erlebnisse: je nach Geschlechterverhältnis und Verteilung der Abschüsse auf die Altersklassen oder der Korrektheit der verbuchten Abschussdaten explodiert der Bestand oder er bricht zusammen. All das lässt sich mit dieser Methode im Vergleich zur früheren händischen Rückrechnung mittels zig Rechenläufen in kurzer

Zeit sehr komfortabel abbilden. Um die günstigste Abschussstrategie herauszufinden, braucht es aber weiterhin dennoch die Expertise der Ortskenner wie Förstern und Jägerschaft.

Lebensraumkapazität

Das zentrale Problem ist ein ausgeglichenes Verhältnis zwischen Wilddichte und tatsächlicher Lebensraumkapazität (engl.: carrying capacity). Man versteht darunter in der Ökologie die maximale Zahl an Organismen, Arten oder Populationen, die in einem Lebensraum (Biotop) existieren können, ohne diesen nachhaltig zu schädigen. Bezogen auf Jagd und Wild ist damit die maximal für einen Lebensraum tragfähige Wilddichte gemeint. Unbeeinflusst vom Menschen würde sich diese nach den Lehren der klassischen Ökologie auf einem biotoptypischen Niveau einpendeln (Abb. 76). Was das beim Rotwild unter natürlichen Bedingungen wäre ist bisher nicht bekannt. Noch dazu wäre die Frage: Mit oder ohne große Beutegreifer, wie etwa dem Wolf? Ließe man den Dingen unter den derzeitigen Gegebenheiten freien Lauf, wären die Dichten jedenfalls (weit) höher als die höchsten gegenwärtigen. Die Schäden im Wirtschaftswald und der bewirtschafteten Kulturlandschaft wären gewaltig. In heftigeren Wintern würde es vermutlich mächtige Wintersterben unter den Tieren geben. Das wäre dann eine Situation, die niemand haben wollte.

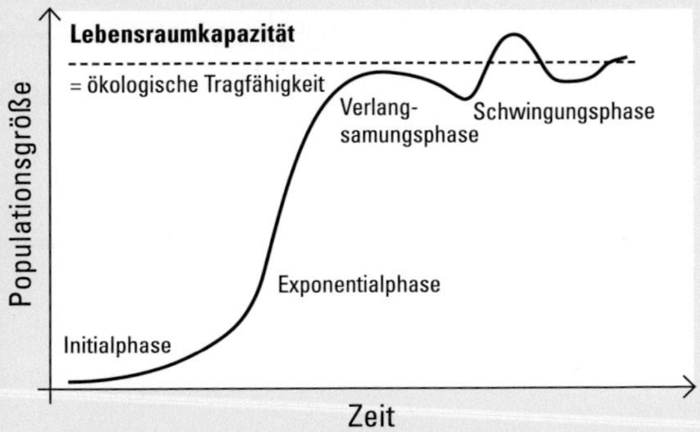

Abb. 76 S-förmige Wachstumskurve einer Population bis zur Kapazitätsgrenze (Fassungsvermögen) ihres Lebensraums (linker Teil der Kurve). Mit Annäherung an letztere wird die Nahrung immer knapper, so dass nicht mehr alle Individuen ernährt werden können und die natürliche Regenerationsfähigkeit des Ökosystems beeinträchtigt wird. Ab da schwankt eine Population in der Regel um die Tragfähigkeitsgrenze. Ein Problem ist allerdings, dass ein Lebensraum keine konstante Kapazitätsgrenze hat. Diese schwankt nämlich infolge vom Jahr für Jahr unterschiedlichen Nahrungsangebot ihrerseits. Im Übrigen sind ökologische und waldbauliche Kapazitätsgrenze zwei Paar Schuh und erstere in der Regel deutlich höher als letztere.

Im Wirtschaftswald lässt sich die Tragfähigkeit, die wirtschaftliche bzw. waldbauliche, einigermaßen »leicht« an den zu vermeidenden Schäden festmachen. Und doch geistern nicht mehr als Faustzahlen für durchschnittliche Wilddichten je 100 Hektar Waldfläche herum: Rotwild zwei bis vier Stück oder Rehwild vier bis acht Stück. Es ist indes wohl ohne weiteres einleuchtend, dass die Dichte in überwiegend großen Waldgebieten, wie vielen unserer Rotwildbezirke, oder »Rotwildregionen« mit einem mehr oder weniger großen Offenlandanteil sehr unterschiedlich aussähe. Jedenfalls läge sie irgendwo (ziemlich) weit unter der Kurve aus Abb. 76.

Die **Tragfähigkeit des Lebensraums für eine ökologisch verträgliche Bestandsgröße** in die Überlegungen zur Regulation von Wildbeständen einzubringen wäre zwar eine erstrebenswerte, aber auch in mehrfacher Hinsicht aufwändige Angelegenheit. Versuche hat es etliche gegeben, z.B. über eine zumindest grobe Aufnahme des Pflanzenbestands sowie Futterwert, Verdaulichkeit und Energie der ermittelten Pflanzenarten zu bestimmen, für wie viele Individuen die winterliche oder sommerliche Äsungskapazität eines Gebiets reichen könnte. Gegebenenfalls wären dabei auch die anderen Schalenwildarten zu berücksichtigen. Wie so etwas gehen könnte, haben Michael Hunger und Sven Herzog anlässlich eines »integrierten Wildtiermanagementkonzeptes auf wildbiologischer Grundlage am Beispiel der Hegegemeinschaft Erzgebirge« versucht. Herzog weist aber an anderer Stelle darauf hin, dass die Berechnung des Nahrungsbedarfs der einzelnen Wildarten und diesen gegen das Nahrungsangebot einer Landschaft zu bilanzieren schwierig ist, weil so vielen Einflussgrößen unterworfen. Deswegen lagen viele solcher Versuche bisher schlussendlich daneben. Aber wenigstens einigermaßen einschätzbar sollten Nahrungsmenge und Nahrungsvielfalt sein. Der räumliche Bezug für den jagdlichen Umgang mit Rotwild müsste jedenfalls auf biologisch und ökologisch sinnvollen Einheiten beruhen. Eine entsprechende Abgrenzung und definierte Schwellenwerte gibt es bisher aber fast nirgends.

Maßstab für den in einem Rotwildgebiet oder einer Hegegemeinschaft möglichen Bestand müsste insbesondere die winterliche Tragfähigkeit des Lebensraums ohne Fütterung sein. Dann käme man zu einer biologischen Größenordnung, die dort im Sommer wahrscheinlich weitgehend schadensarm leben könnte.

Angemessener Rotwildlebensraum

Über diese Überlegungen zur einer ökologisch verträglichen Bestandsgröße hinaus gibt es wie die ganzen vorausgegangenen Kapitel gezeigt haben aber noch viele andere Gründe, über einen neuen jagdlichen Umgang mit Rotwild nachzudenken: Allen voran über eine neue **Abgrenzung** oder die **Aufhebung der Rotwildgebiete** und des Abschussgebots außerhalb von ihnen, eine dringend gebotene **Verkürzung der Jagdzeiten**, die Einrichtung von ganzjährigen **Ruhezonen** und ein **Monitoring**, das diese Bezeichnung verdient und erkennen lässt, ob die Neuerungen den »Leidensdruck« des Rotwildes auch tatsächlich lindern (erkennbar z.B. an tagaktivem Rotwild in der offenen Landschaft). Dabei gilt es auch, die in Kapitel 6 angesprochenen genetischen Konsequenzen – den Erhalt ausreichender genetischer Vielfalt der Art – im Auge zu behalten.

Eine neue **Abgrenzung der Rotwildgebiete** nicht nur mit dem vordergründigen Blick auf die großen geschlossenen Waldgebiete der Republik, sondern auch unter Einbezug der halboffenen Landschaft (zumindest im weiteren Umfeld oder wo sie verbindend zwischen Rotwildvorkommen wirken könnte, Kap. 5) ist eine wesentliche Voraussetzung für eine erfolgreiche Umsetzung neuer Bejagungskonzepte. Denn die raumgreifende Lebensweise von Rotwild erfordert eine Entzerrung von stark bejagten Bereichen und Ruhezonen. Das geht, weil auf das

Photo: Bertram Georgii

räumliche Verhalten von Rotwild mit jagdlichen Methoden eingewirkt werden kann. Wegen der vielerorts aufgrund der Eigentumsverhältnisse noch immer sehr kleinräumig betriebenen »Rotwildbewirtschaftung« ist das aber nicht immer leicht zu realisieren. Die simple Festlegung einer Zieldichte von so und so viel Stück pro 100 Hektar ist, wie schon erwähnt, jedenfalls nicht zielführend, weil eine gleichmäßige Verteilung beim Rotwild aufgrund seiner sozialen Organisation (Rudelbildung von Muttertieren mit Jungtieren, Rudelbildung der Hirsche) oder örtlich besonders guter Nahrungsbedingungen nicht vorkommt. Hier gilt es vordergründig, Wildschäden durch Jagdruhe und geschickte Lenkung der Freizeitnutzungen, eventuell auch (vorrübergehende) Wegegebote, zu vermeiden. Wo sich jedoch Rotwild in ausgedehnten, schadensanfälligen Waldbereichen massiert, sollte es durch (kurzzeitig) starke Bejagung »vertrieben« werden. Eine Abschusserhöhung im gesamten Rotwildgebiet bringt da keine Abhilfe, sondern fördert die Ungleichverteilung des Wildes eher noch. Das kann in letzter Konsequenz zu rotwildleeren Revieren und Lücken im Rotwildgebiet führen.

Bejagungsalternativen

Eine vorbildliche Rotwildbejagung setzt sich wie schon mehrfach betont zum Ziel, Tagaktivität und Vertrautheit des Wildes und damit auch die Zugänglichkeit zu seinen Ressourcen zu fördern. Das bedeutet, dass es vor allem um eine **Verringerung des Jagddrucks** gehen muss. Die Jagd auf andere Schalenwildarten hat sich dabei nach der »Leitwildart« Rothirsch zu richten. Für eine Verkürzung der Jagdzeit böte sich ein Ausschluss der Setzzeiten, der Brunftzeit, sowie der Monate Januar und Februar an, eventuell schon Dezember.

In manchen Rotwildgebieten werden sogenannte *Intervalljagden* (Wechsel zwischen Phasen der Jagdausübung und der Jagdruhe) gleich zu Beginn der Jagdzeit (Mai, Juni) auf Schmaltiere und Schmalspießer als zielführend angesehen (sogar Intervalle vom 1. bis 15. April werden neuerdings zugelassen). Als Begründung wird in der Regel angeführt, dass im Rahmen der Schmaltierbejagung das Risiko von Fehlabschüssen geringer sei (leichteres Ansprechen gegenüber Alttieren). Auch die Konsequenzen versehentlicher Abschüsse trächtiger Alttiere wögen nicht so schwer wie die Erlegung eines bereits führenden Stückes, dessen verwaistes Kalb dann sehen muss, wie es zurechtkommt. Danach herrscht bis August wieder Jagdruhe. Es sind also sehr sensible Lebensphasen der Tiere betroffen, weshalb ihre Bejagung generell erst im Herbst einsetzen sollte.

Der Leiter des Arbeitskreises Wildtierökologie vom Thünen-Institut für Waldökosysteme in Eberswalde, Frank Tottewitz und sein Kollege Matthias Neumann, berichten von einem leicht modifizierten Verfahren. Vor allem fanden in diesem Fall die Interwalljagden erst ab August statt. Das macht aus wildbiologischen Gründen viel Sinn (s.o.). Und ein Vergleich mit der Jagd durch Einzelansitze zeigte, dass sich die Umstellung gelohnt hat: Die Schäle ging von ursprünglich 15 Prozent Neuschäle im Jahr deutlich auf knapp zwei Prozent zurück und es trat kaum noch Sommerschäle auf.

Abb. 77 Rotwild auf den alpinen Matten im Schweizerischen Nationalpark. | *Photo: H. Lozza*

Eine dritte Variante von Jagdintervallen schlägt Olaf Simon vor, nämlich ein erstes Intervall in der ersten Maiwoche (Ende der Jagd mit dem Beginn der Kälbergeburten), ein zweites Intervall von Anfang bis Mitte August (Schwerpunkt Kalb-Alttier-Dubletten), ab Mitte September einschließlich erste Woche Oktober (abseits der Brunftplätze) und je erste Hälfte November und Dezember. Ein wichtiges Moment ist dabei, dass auch Reh- und Schwarzwild (ggf. ebenso Mufflons) in diesen Wochen bejagt werden, und in den dazwischen liegenden Zeiten die Jagd auf alle vier Schalenwildwarten ruht. Entscheidend zu wissen bei Intervalljagen ist, dass die Jagd bereits nach wenigen Tagen ineffizient wird, das Überraschungsmoment dann vorbei ist. Lässt die Effektivität nach (Hilfsmaß: benötigte Ansitzstunden/Erlegung), ist eine mehrtägige Jagdpause effizienter als ein stures Weiterjagen. Man könnte sich aber ein Beispiel an den Schweden nehmen und dem Rotwild eine unbehelligte Brunft gönnen.

Gegner der Verfahrensweise, Schmaltiere und Spießer ab dem 1. Juni zu erlegen, führen ins Feld, dass das die Zeit des höchsten Nahrungsbedarfs des Rotwildes sei. Außerdem lässt es sich dabei kaum vermeiden, dass Einzeltiere aus dem Familienverband herausgeschossen werden und das mitzuerleben für die anderen Stücke traumatisch ist. Für den Abbau der Scheu des Rotwildes ist es von eminenter Bedeutung, so etwas zu vermeiden (s.u.). Dieser Weg verstößt gegen die Grundprinzipien des Wildtiermanagements: Die Frühjahrsvertrautheit wird zerstört, die verängstigten Restrudel werden hungrig in äsungsarme Einstände zurückgeschickt und Schälschäden geradezu provoziert. Ohnehin kann man Schälschäden nicht einfach durch die Abschusshöhe begegnen, denn eine monokausale Beziehung zwischen dem Ausmaß von Schälschäden und der Höhe des Wildbestandes ist wissenschaftlich nicht belegt. **Das Ausmaß von Schälschäden ist primär von der *Waldstruktur* und der *Wildverteilung* abhängig und nur sekundär von der Wilddichte.** Wo Schäden in Dickungen, die durch anhaltende Störungen des Wildes verursacht werden, vorkommen, sollte eher an eine Verringerung der Störungen gedacht werden als an eine generelle Abschusserhöhung.

Eine ganz andere Form kurzer Jagdzeiten auf Rotwild praktizieren die 16 *Patentjagdkantone der Schweiz* (zumeist die Gebirgskantone; in den übrigen Kantonen besteht ein Revierjagdsystem wie bei uns). Die Patentjagd erlaubt die Jagd auf dem ganzen Kantonsgebiet. Die Jäger erwerben gegen eine Gebühr für einen bestimmten Kanton ein Patent, mit dem gleichzeitig festgelegt ist, welche und wie viele Tiere sie dort erlegen dürfen (für die sie den körperlichen Nachweis erbringen müssen!). Die Jagdzeit auf Rotwild ist auf die ersten drei Septemberwochen (die »Hochjagd«, wie diese Zeit in Graubünden genannt wird) und eine regional unterschiedlich angesetzte Sonderjagd in den ersten Novembertagen beschränkt. Rotwild wird also in den Patentkantonen nur während insgesamt vier Wochen bejagt; in den Sommermonaten und den übrigen Herbstwochen ruht die Jagd auf diese Wildart. Das reicht, um beispielsweise im Kanton Graubünden, der Hochburg des Rotwildes in der Schweiz, jedes Jahr etwa 4.000 Stück Rotwild zu erlegen, rund drei Viertel während der Septemberjagd, den Rest, sofern erforderlich, auf der Nachjagd im November und dann vor allem weibliches Wild und Kälber. Aufgrund dieser kurzen Jagdzeit kann Rotwild vielerorts auch tagsüber beobachtet werden, weil es nicht so scheu ist (Abb. 77). Im Übrigen gibt es in allen Kantonen sogenannte Jagdbanngebiete mit meist langer Tradition, die von einem oder mehreren Wildhütern betreut werden und in denen nur im Bedarfsfall gejagt wird (z.B. zwecks Regulierung der Huftierbestände).

Walter Arnold berichtet von einem Versuch im österreichischen Gasteiner Tal. In diesem Tal »wurde Rotwild nur während der Wanderung von der im Talboden gelegenen Winterfütterung in die Almregion und zurück bejagt. Die Jagdzeit beschränkte sich also auf 3 Wochen im Mai (nur Jährlinge) und 7 Wochen von Mitte Oktober bis Anfang Dezember (alle Stücke). Trotz dieser kurzen Jagdzeit gelang die Abschusserfüllung, weil das Rotwild viel vertrauter war«. Und dadurch war es auch für Touristen wieder erlebbarer.

Bewährte Konzepte

Aber zurück nach Deutschland und nochmal ganz anderen Ansätzen. Mitte der 1980er-Jahre bekam, wie schon erwähnt, unsere Wildbiologische Gesellschaft München, deren Mitarbeiter als unkonventionelle Denker in Sachen Wald und Wild bekannt waren, von der Landesforstverwaltung Baden-Württemberg den Auftrag, eine **Konzeption für den Umgang mit dem Schalenwild im *Rotwildgebiet Schönbuch*** auszuarbeiten. Anlass dazu waren immense Waldschäden und das trotz sehr hoher jährlicher Abschüsse von sieben Stück pro 100 Hektar. Bei diesem Rotwildgebiet handelt es sich um ein rund 4.000 Hektar großes Waldgebiet, zwischen Stuttgart und Tübingen, das zur Gänze von einem Gatter umgeben und ausschließlich Staatswald ist[92]. Vorgabe war eine für bundesdeutsche Rotwildvorkommen eher ungewöhnliche Priorisierung der Ziele: *1. Erholung, 2. Rotwilderhaltung* und *3. Forstwirtschaft*. Wichtig war vor allem, das Rotwild wieder vertrauter zu machen.

Kernstück unserer Empfehlungen waren fünf ca. 100 Hektar große Ruhezonen, mit Wegegebot und Jagdruhe auch in ihrem Umfeld. Ihre Außenränder wurden mit kleinen Schildchen kenntlich gemacht (Photo rechts unten). In den Ruhezonen sollten größere Ansitzeinrichtungen

92 Die Gatterung des Rotwildgebiets im Jahr 1959 war ein Kompromiss zwischen dem Erhalt des Rotwilds und der Forderung der Gemeinden aus dem Umland nach dessen Ausrottung wegen der Rotwildschäden auf deren landwirtschaftlichen Flächen.

Abb. 78 Eine zweistöckige Beobachtungseinrichtung im Schönbuch. | *Photo: Bertram Georgii*

Abb. 79 Wildphotographen in einer Beobachtungseinrichtung. | *Photo: Rainer Pohl*

an Wiesen oder Schneisen für die Waldbesucher geschaffen werden, von denen aus schon bald Rotwild auch am Tag beobachtet werden konnte (Abb. 78 & 79). Die ursprünglich 15 Wildfütterungen wurden auf fünf reduziert, die jeweils in einer der fünf Ruhezonen liegen. Der Vorschlag war damals die Jagd auf Kahlwild und jüngere Hirsche sollte im Sommer gänzlich unterbleiben, auch die auf Reh und Wildschwein. Die waldbauliche Zielsetzung war ein lichter, laubholzreicher, ungleichaltriger Mischwald mit vielen Lichtungen (vgl. Abb. 71).

Die Einzeljagd auf Kahlwild und die Jagd an Äsungsflächen wurde ganz eingestellt. Die Bestandskontrolle erfolgt seither fast ausschließlich auf *Bewegungsjagden* im November, anlässlich derer auch die Ruhezonen bejagt werden (darüber hinaus wird dort auch jedes Jahr ein alter Hirsch per Ansitzjagd erlegt). An fünf Jagdtagen werden jeweils etwa 800 bis 1000 Hektar einmal abgejagt. Bei diesen Bewegungsjagden werden 100 Prozent des Kahlwildabschusses, ca. 50 Prozent des Sauenabschusses und ca. 50 Prozent des Abschusses an Rehgeißen und -kitzen erfüllt. Das entspricht einer Tagesstrecke von 30 bis 50 Stück. Trotz der meist zweieinhalbstündigen Beunruhigung durch diese Jagden steht das Wild danach meist schon am Abend wieder auf den Wiesen.

Dieses Konzept hat nicht nur in Hinblick auf die Wald- und Schadensentwicklung, sondern auch auf Jagd und Öffentlichkeit positive und messbare Ergebnisse gebracht, wie der damalige Forstamtsleiter Karl Heinrich Ebert ausführt. Er weist aber darauf hin, dass trotz allem, die Begründung von Eichenmischwäldern, damals ein waldbauliches Ziel, ohne Zäunung oder Einzelschutz nicht möglich war.

Vier Jahre nach dem Gutachten fegte in der Nacht vom 28. Februar auf den 1. März 1990 Wiebke, ein schwerer Orkan, über den Schönbuch und hinterließ einschließlich der Folgeschäden durch Borkenkäferfraß fast 400 Hektar zerstörte Waldflächen. Knapp zehn Jahre später, am 26. Dezember 1999, forderte der Orkan Lothar weitere 750 Hektar. Das waren insgesamt fast 29 Prozent der Gehegegesamtfläche. Die Lebensraumgestaltung nach dem Gutachten von 1986 wurde dadurch obsolet. Diese Sturmwurfflächen entwickelten sich natürlich zu bevorzugten Äsungsflächen des Rotwilds. Und dennoch gelang es, auf ihnen mit Eichenheistern (Stiel- und Traubeneiche[93]) ohne Zäunung sowie auf einigen besonderen Standorten auch mit Bergahorn, Esche und Kirsche neue stabile Laubholzmischbestände zu begründen. Das hatte den Vorteil, dass die über mannshohen Heister dem Wild schon frühzeitig Sichtschutz boten, während dazwischen auch dem Schaffen der Natur noch reichlich Raum gelassen wurde. Baumarten wie Stieleiche, Lärche oder Kiefer sind darüber hinaus ab einem Alter von zwanzig Jahren wegen ihrer starken Borke (Rinde) ohnehin nicht mehr schälgefährdet. Größerflächige Zäunung wurde vermieden (auch wenn sie billiger gewesen wäre), weil sie das Schalenwild aus den Flächen ausgesperrt hätte mit umso mehr Verbiss an der Naturverjüngung in den umliegenden Waldbeständen. Die Eichenheister wurden stattdessen mit 1,80 Meter hohen Drahthosen geschützt. Mit diesem, hier sehr verkürzt skizzierten »Arrangement« gelang damals (in den 1990er-Jahren) bei einer Wilddichte von 2 – 3 Stück/100 ha großflächig Buchen-Naturverjüngung. Mit zunehmendem Alter wuchsen diese Jungwuchsflächen zu großflächigen Dickungs- und Stangenholzkomplexen heran, die für das Rotwild hochattraktive Einstände bildeten, aber auch schwer zu bejagen waren.

Jetzt, rund 30 Jahre nachdem Wüten von Wiebke und Lothar bzw. fast 20 Jahren seit der Evaluierung der Situation durch unser zweites Gutachten im Jahr 2004 stellt sich die Situation wie folgt dar: Durch die Regulierung des Rotwildbestands auf Drückjagden und einen Waldbau, der mit viel Sachverstand in den Beständen Äsung und Deckung in enger Nachbarschaft schuf, wurde eine sprunghafte Zunahme der Tagaktivität des Rotwildes im gesamten Gebiet und eine Abnahme der Schälschäden bis auf einen waldbaulich unbedeutenden Anteil erreicht. Allerdings zeigte sich, dass die Effektivität der Drückjagden nach einigen Jahren abnahm, weil das Rotwild gelernt hatte, die Drückjagdstände zu umgehen (vgl. Kap. 5). Außerdem hatten die großflächigen, schwer einzusehenden und bejagbaren Dickungen und Stangenhölzer, die sich nach den beiden Orkanen entwickelt hatten, eine falsche Einschätzung der Population zur Folge. So ergab im Jahr 2017 eine Losungsgenotypisierung (vgl. Kap. 6) über die gesamte Fläche des Gatters durch die Hochschule für Forstwirtschaft Rottenburg eine ausufernde Wilddichte, nämlich von rund 10 Stück pro 100 Hektar bei einem Geschlechterverhältnis von 1,7:1,0, also einem gewaltigen Überhang an männlichen Tieren! Das machte Reduktionseingriffe notwendig und auf Zeit wurde von Neuem zur Einzeljagd übergegangen. In einem Teilbereich des Gatters sind dabei die Grundsätze der gutachterlichen Empfehlungen nicht eingehalten worden und es kam dort prompt zu einem deutlichen Wiederanstieg der Schälschäden.

Aus Sicht des heutigen Chefs des Forstbetriebs Schönbuch, Forstdirektor Götz Graf Bülow von Dennewitz, ergaben sich aus diesen Erfahrungen etliche Stellschrauben, deren Zusammen-

93 *Heister* sind 1,25 bis 2,50 m hohe Laubbäume aus Naturverjüngungs- oder Pflanzflächen, die mit dem Wurzelballen aus- und an anderer Stelle wieder eingepflanzt werden.

wirken passen muss: Kreativer Umgang mit dem Drückjagdsystem (Umstellen der Stände alle zwei bis drei Jahre); Änderung des Treiber- und Hundeeinsatzes sowie des Jagdablaufes; falls Einzeljagd, keine Abschüsse auf großen Wildäsungsflächen und keine Schüsse in große Rudel; dafür z.B. untertags störungsarme Erlegung einzeln ziehender Spießer oder synchron von jeweils zwei Stücken aus kleinen Verbänden durch zwei Jäger (siehe Kap. 6). Neben jagdlichen haben sich zusätzliche Maßnahmen zur Besucherlenkung bewährt: ein neues Besucherleitsystem mit Reduktion das Rotwild störender Wege und Ausschilderung nicht störender Erholungsachsen und einiger weniger Mountainbikestrecken; Schaffung von Sichtschutz an Äsungsschneisen und -flächen; temporäres Wegegebot auf der ganzen Fläche in den Monaten Februar und März.

Einen ähnlichen Weg wie im Schönbuch haben wir 1991 bei der **Rotwildplanung Osterwald** beschritten. Der Osterwald ist ein ungezäuntes Rotwildgebiet im nördlichen Weserbergland südwestlich von Hannover. Das Projektgebiet umfasste 4.400 Hektar Wald (Teile des Niedersächsischen Forstamts Saupark, Kloster-, Genossenschafts-, Privatwald) und etwa 8.330 Hektar das Waldgebiet umgebende Feldmark (Hochwildring Osterwald). Das meiste Rotwild kam nur auf etwa der Hälfte der Gesamtfläche vor und dort sehr ungleich verteilt; große Teile des Rotwildgebiets waren nahezu Rotwildleer. In einem Teil des Gebiets, in dem es die Standortverhältnisse erlaubten, war das waldbauliche Ziel, die Buchenwirtschaft auf Edellaubholzwirtschaft umzustellen, vor allem im Klosterforstamt Wennigsen, der nordöstlichen Hälfte des Waldgebiets. Ausgerechnet dort befand sich jedoch ein bevorzugtes Einstandsgebiet der Hirsche mit der Folge erheblicher Schälschäden.

Diese Situation haben wir vor allem durch folgende Maßnahmen zu verändern versucht: Erhalt des Rotwildbestands in der damaligen Höhe von 110–120 Stück, fünf 40–50 Hektar große Überwinterungsgebiete mit je einer Fütterungsanlage und weitgehender Jagdruhe, kleine Wildwiesen mit naher Deckung, Verjüngung unter Schirm vorwiegend mit Einzelschutz. Die Jagdausübung sollte auf September bis Dezember beschränkt werden mit Intervall- und Drückjagden (unter Einbezug aller Besitzarten); im Sommer auch keine Schwarzwildjagd. Wo damals kein Rotwild stand, sollte kein Kahlwild erlegt werden, um die Bildung neuer Einstandstraditionen zu fördern. Ein Bündel an Vorschlägen zur Öffentlichkeitsarbeit schloss die Konzeption ab (u.a. eine Broschüre und Möglichkeiten zur Rotwildbeobachtung).

Die Konzeption, die inzwischen aufgrund der örtlichen Erfahrungen sinnvollerweise in etlichen Punkten angepasst oder modifiziert wurde, erwies sich als ein äußerst erfolgreiches Fundament für die Arbeit im Hochwildring, wie mir der heutige Forstamtsleiter Christian Boele-Keimer berichtet hat. Es gelang das Rotwild weitgehend gleichmäßig über das Gesamtgebiet zu verteilen, es auch wieder tagsüber vertrauter zu machen und die Wildschäden (Schälung von Edellaubhölzern wie Ahorn und Esche) bis fast auf Null zu verringern und dass sogar ohne Fütterung, die heute landesweit verboten ist. Hirsche nehmen ihre Tageseinstände auch in landwirtschaftlichen Kulturflächen, wie Getreide, Raps, Mais oder Sonnenblumenfeldern (Abb. 80).

Der Sturm Kyrill und Borkenkäferkalamitäten haben auch hier Jungwuchsflächen geschaffen, die den weiteren Umgang mit dem Rotwild beeinflussen. Eine wichtige Voraussetzung für den Erfolg des Hochwildrings ist außerdem das von viel Vertrauen und offener Kommunikation ge-

prägte Miteinander aller Beteiligten. So werden fast jedes Jahr ein bis zwei starke, individuell bekannte Hirsche zum Abschuss freigegeben und jeder im Hochwildring Jagdberechtigte, darf einen solchen schießen, wenn er ihm kommt – eine elegante, durchaus nicht übliche Lösung. Da die Bewegungsjagden mittlerweile nicht mehr den gewünschten Erfolg bringen (vgl. Kap. 6), wird der Kahlwildabschuss wieder auf der Einzeljagd erledigt.

Die Beispiele unterstreichen, dass der Umgang mit Rotwild großräumiges Planen und Handeln ebenso wie von Fachkompetenz getragene Flexibilität erfordert, um dem Wild seine arteigenen Raum-, Sicherheits- und Nahrungsbedürfnisse zu ermöglichen. In saisonalen Verbreitungsschwerpunkten, wo es vielleicht ein besonders gutes Äsungs- oder Deckungsangebot gibt, egal ob im Wald oder im feldgehölzreichen Offenland, sollte konsequent auf eine Reduzierung von Störungen hingewirkt werden, auch durch eine Lenkung der Erholungsuchenden, wo es geht z.B. durch Wegegebote. Das lässt sich aber kaum vermitteln, wenn dort nicht gleichzeitig die Jagd ruht (andererseits kann es in schälgefährdeten Stangenhölzern schon mal Sinn machen, Konzentrationen von Rotwild, z.B. von Feisthirschen wegen ihrer Neigung zum Schälen, mittels einer Drückjagd aufzulösen). In Wintereinstandsgebieten sollte von Ende Dezember bis April

Abb. 80 Basthirsche in einem Getreidefeld. | *Photo: Heinz-Dieter Hubatsch*

sogar jeder Zugang für Erholungsuchende oder Sportler gesperrt werden und in dieser Zeit natürlich vor allem auch die Jagd unterbleiben.

Die Höhe lokal tolerierbarer bzw. kompensierbarer Schäden in Land- und Forstwirtschaft wird aber immer eine grundlegende Überlegung bleiben. Dazu können lokal angepasste Toleranzgrenzen ermittelt sowie Schäden durch optimiertes Jagd- und Lebensraum-Management verringert werden. Ein einheitliches Konzept lässt die Vielgestaltigkeit unserer Rotwildbezirke aber nicht zu.

Die jagdliche Schonung von Rotwild in Ruhezonen ist etwas, das die Art aufgrund ihrer Lernfähigkeit relativ schnell erfasst. Damit lässt sich eine bessere räumliche Verteilung von Rotwildbeständen fördern und eine Entlastung waldbaulich sensibler Flächen erreichen. Ruhezonen sind aber Lösungen, die in Anbetracht meist kleiner Reviere nur im Verbund mehrerer Reviere, z.B. in Hegegemeinschaften, realisierbar sind. Sie verlangen Jägern einiges ab, weil sie dann ggf. auch auf manche ihrer jagdlichen Gepflogenheiten verzichten müssen (unbedingt: Verzicht auf Kirrung und Nachtjagd).

Ein Muss sind jagdliche Ruhezonen nicht zuletzt auch im Bereich von *Grünbrücken* oder *Wildunterführungen* und da in einem Umkreis von wenigstens 300 Metern.

9. SENSIBEL, ABER LERNFÄHIG

Auf einen Blick

Der hohe Jagddruck hat Rotwild fast überall in der Republik sehr scheu und empfindlich gegenüber anthropogenen Störungen jedweder Art gemacht. Den Jagddruck zu verringern wäre deshalb jedes Waidmanns Pflicht.

Rotwild ist aber genauso eine sehr lernfähige Tierart, die sich vor allem an Störungen, die immer wieder an den gleichen Stellen und zur gleichen Zeit auftreten und harmlos bleiben, gut gewöhnen kann.

Die Scheuheit von Rotwild lässt sich außer durch Änderungen des Jagdbetriebs auch dadurch abbauen, dass es Erfahrungen mit der Anwesenheit harmloser Menschen vom Wanderer über den Skibergsteiger bis zum Drachen- oder Gleitschirmflieger sammeln kann.

Warum wurde bisher immer wieder so betont, dass es nötig sei, dem Rotwild z.B. durch Verkürzung der Jagdzeiten mehr Ruhe zu verschaffen? Weil die Jagd nun mal der Störenfried Nr.1 ist. Sie hat derzeit den größten Einfluss auf das Raum-Zeit-Verhalten des Rotwilds (und örtlich auch seine Furcht vor Menschen).

Schon Gewehrschüsse in einem Kilometer Entfernung ließen die Herzrate von Wapitis auf 50–90 Prozent des Normalwertes steigen, wie nordamerikanische Wildbiologen schon in den 1970er-Jahren messen konnten. Ein eindrückliches Beispiel haben wir mit einem unserer besenderten Alttiere im Oberammergauer Studiengebiet erlebt. Dieses Stück hat jedes Jahr ein Kalb geführt, wie mir der für das Revier zuständige Berufsjäger Wastl Hinterseer, dem die Beiden fast jede Woche begegnet sind, erzählt hat. In einem Jahr hat er das Kalb jedoch anfangs September geschossen. Daraufhin hat er seine Mutter bis Ende Januar kein einziges Mal mehr gesehen. Ihr Sendersignal zeigte aber an, dass sie ihr Streifgebiet genauso nutzte wie die Jahre zuvor. Sie kam auch erst im späten Januar an die Fütterung und dann auch erst all abendlich als eines der letzten Tiere, während sie in den Jahren zuvor in beiderlei Hinsicht stets unter den Ersten gewesen war. Grundsätzlich wird vor allem bei sozial lebenden Wildarten, wie z.B. Rothirsch, Wildschwein oder Gemse, Scheuheit dadurch gefördert, dass meist mehrere Tiere die Erlegung eines Artgenossen mitbekommen. Noch dazu sind insbesondere jene Tiere »gefährdet«, die am Abend früh austreten und dann beschossen werden; so bleiben, vereinfacht ausgedrückt, die vorsichtigen, die erst beim Dunkelwerden austreten, übrig. Das ist auch eine Form von Selektion, nämlich auf vorsichtige »Spätaustreter« (siehe Kap. 3 und 6).

»Die Intelligenz des Rotwildes wird oft unterschätzt (jene der Menschen hingegen oft überschätzt).«
R. u. S. Reimoser

Die **Verringerung des Jagddrucks**, der oft auch an der Zahl der Jagdeinrichtungen eines Reviers (z.B. ein Hochsitz am anderen entlang von Waldrändern) abzulesen ist, ist deshalb stets die erste Maßnahme, wenn es darum geht, Rotwild vertrauter werden zu lassen (es gibt

Photo: Frank Rakow

Statistiken, die zeigen, dass 200 Stunden Ansitz im Jahr auf 100 ha Revierfläche in deutschen Revieren keine Seltenheit sind). Wie die schon erwähnten Studien von Walter Arnold ebenfalls gezeigt haben, reagiert Rotwild allein schon auf das Vorhandensein solcher Jagdeinrichtungen mit erhöhten Pulsraten, verbindet sie also aufgrund schlechter Erfahrungen anscheinend mit Gefahr. Während der Jagdzeit ist das besonders ausgeprägt. Störungen durch regelmäßige Anwesenheit von Jägern können also zu Veränderungen im Raumverhalten der Tiere führen oder auch vorübergehend zu stärkeren Konzentrationen und dadurch erhöhten Schäden als in Waldgebieten ohne Jagd.

Die Jagd macht Rotwild aber auch gegenüber sonstigen anthropogenen Aktivitäten empfindlich. So hat die Entdeckung der Natur oder dessen, wofür der stressgeplagte Bundesbürger das, was er draußen vorfindet, hält, in den letzten Jahrzehnten die Landschaft und die Luft vielerorts, ob Flachland oder Gebirge, zu einem Sportgerät und einem Rummelplatz werden lassen: Spaziergänger, Wanderer, Wildphotographen, Jogger, Mountainbiker, Pilzsucher, Skilangläufer, Skitourengeher oder Schneeschuhwanderer (vgl. S. 180) und Drachen- sowie Gleitschirmflieger, Ballonsport oder so absurde Erfindungen wie die GPS-Schnitzeljagd, die die Geocatcher (genau wie Pilz- oder Abwurfstandensucher) bis in die letzten Dickungen treibt. **So ist der Erholung suchende Mensch ungewollt zum Störenfried Nr. 2 geworden**, mit dem Wildtiere auch noch irgendwie zurande kommen müssen. Das eigentlich vorbildliche, äußerst liberale Betretungsrecht aller Teile der Landschaft in den meisten unserer Bundesländer hat die Nutzung der Natur für diese Aktivitäten sehr befördert. Eine vernünftig beschränkte Wegenutzung wäre vielerorts mittlerweile wünschenswert und beeinträchtigt die Erholungsfunktion in Wald und Feld für den Menschen in keiner Weise.

Rotwild ist eine äußerst sensible, aber lernfähige Tierart mit gutem Gedächtnis, die auf Störungen jedweder Art zunächst schreckhaft reagiert. Das ist nicht weiter verwunderlich. Schließlich ist es ein potentielles Beutetier, insbesondere des Wolfs, in deren Verhaltensrepertoire »vor Feinden auf der Hut sein zu müssen« einen zentralen Aspekt ausmacht. Sehr bedeutsam für die Wirkung anthropogener Reize (so heißt das im Fachjargon) ist der »Kontext«, d.h. die Situation oder die Bedingungen unter denen (Feind-)Reize auf Wildtiere einwirken: augenblickliche Motivationslage des Tieres, sein Geschlecht, Gegenwart von Artgenossen, Lebensraumstruktur (Vorhandensein oder Fehlen von Deckung), Jahres- und Tageszeit oder die Entfernung von der Reizquelle.

Ob einem Stück Rotwild der Wind die Witterung eines Beutegreifers oder von uns über hunderte von Metern zuträgt, oder ob diese beiden plötzlich in seinem Blickfeld auftauchen (was z.B. das Problem bei Mountainbikern ist) – vorsichtshalber wird erst mal auf Alarmstufe rot geschaltet. Denn nach dem berühmten Altvater der Verhaltensforschung, Konrad Lorenz, überwiegen ängstliche Reaktionen, weil Angst eine besonders hohe Eigenerregbarkeit hat und daher meist aktionsbereiter macht als andere Instinkte. »Angsthaben, Fluchtbereitsein ist eben fürs Überleben, fürs ‚Ein-wenig-später-Sterben' so ungeheuer wichtig«. Da Lernvorgänge der natürlichen Selektion unterliegen, ist der Nutzen des Lernens zweifellos in diesem Sinne adaptiv und erhöht die Fitness eines Tieres.

Ob es indessen geboten erscheint, auch die Flucht zu ergreifen, wird vorab durch »Sichern«, wie die Jäger treffend sagen, mit allen Sinnen abzuschätzen versucht. Mit dieser »Orientierungsreaktion«, wie es die Verhaltensforscher formulieren, schützt sich der Organismus i.S. einer Risiko-Nutzen-Abschätzung vor »unnötigen« Fluchten. Denn Flüchten ist sehr energieaufwändig – vor allem winters im Schnee – und muss in vernünftiger Relation zur Überlebenswahrscheinlichkeit stehen. Die Orientierungsreaktion gibt dem einzelnen Tier Zeit, sich »vorsichtshalber« auf eine eventuell notwendige Flucht vorzubereiten, indem über hormonale Prozesse eine erhöhte Sauerstoff- und Blutzuckerversorgung bereitgestellt wird. Der Abstand, der dafür währenddessen zu uns eingehalten wird, die sogenannte Fluchtdistanz, ist ein ganz brauchbarer Weiser dafür, wie es um die Ruhe in einem Gebiet bestellt ist – je geringer sie ist desto besser. Die nachfolgende Reaktion hängt dann wesentlich von der Erfahrung, insbesondere der Leittiere, den Windverhältnissen oder der Tages- und Jahreszeit ab (z.B. Schon- oder Jagdzeit, s.u.).

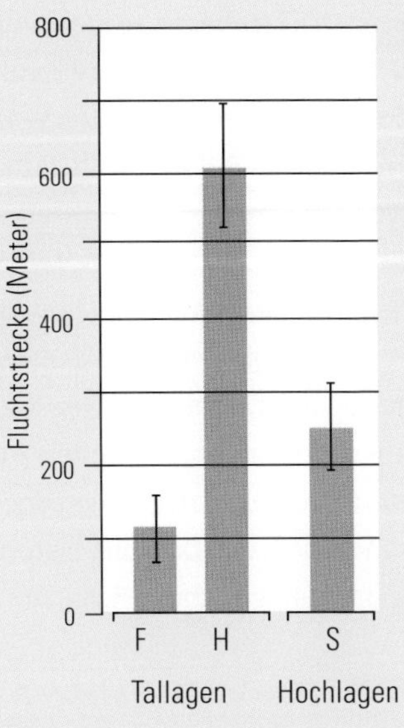

Abb. 82 Mittlere Fluchtstrecken mit Standardabweichung (senkrechte Linien) von neun besenderten Alttieren im Frühjahr (F) und Herbst (H; Jagdsaison) in den Tallagen sowie im Sommer in den Hochlagen (S).

In unserem Ammergauer Untersuchungsgebiet haben wir die Fluchtstrecken einiger besenderter Tiere nach der Annäherung von uns selbst getestet: einerseits im Frühjahr, andererseits im Herbst während der Hauptjagdzeit. Der Unterschied war gravierend (Abb. 82); im Herbst waren die Fluchtstrecken mehr

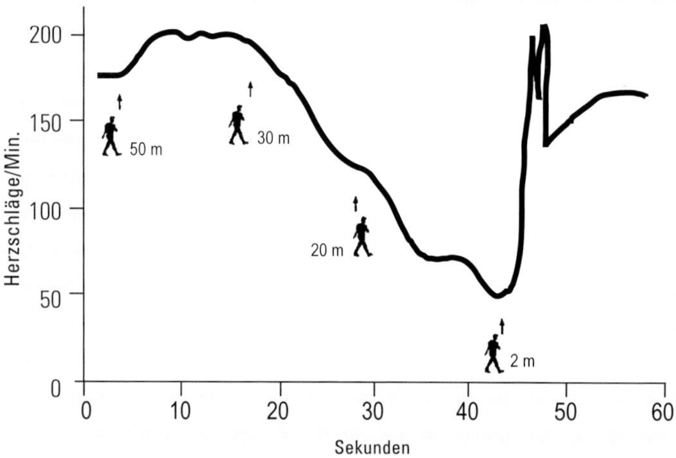

Abb. 83 »Aufregung« eines sich drückenden mit einem Herzratensender versehenen Hirschkalbs bei Annäherung eines Menschen. | *Quelle: Espmark & Langvatn 1979, verändert.*

als doppelt so lang wie im Frühjahr. In den Hochlagen stecken die Tiere Störungen dagegen anscheinend leichter weg. Die meisten Fluchtepisoden dauerten nur einige Minuten; oftmals ästen die Tiere anschließend noch eine Weile. Derartige Erkenntnisse gibt es seither aus vielen Studien, die sich mit Störungen von Wildtieren durch Naturnutzer beschäftigt haben.

Ein besonderes Problem ist Störenfried Mensch in der winterlichen Natur: Der Tag ist kurz, die Deckung gering, die Nahrung knapp, holzig und vereist – »zum Leben zu wenig, zum Sterben zu viel«! Denn im Winter ist, wie in Kapitel 4 ausgeführt, beim Rotwild Energiesparen angesagt. Wenn dann Ski- oder Schneeschuhwanderer ihre Spuren kreuz und quer durch die Landschaft ziehen (Abb. 84) und dadurch, Rotwild zwingen, die Flucht zu ergreifen, erhöht das dessen Energieverbrauch bis auf das 15-fache des Grundumsatzes[94]. Unter dem Strich bedeutet dies, dass im Winter beunruhigtes Rotwild einen Energiebedarf haben kann, der um ca. 30 Prozent höher ist als er eigentlich sein müsste. Vielen, wenn nicht den meisten der winterlichen Abenteurer ist wahrscheinlich gar nicht bewusst, was sie da anrichten. Aber auch Langlaufloipen können stören, wenn sie zu dicht an Rotwildwintereinständen vorbei verlaufen, so dass sich die Tiere tagsüber nicht an die Fütterungen oder sonstiges Futter trauen. Das Extrem und ein absolutes No-Go in dieser Hinsicht sind Stangensucher, die an Fütterungen nach abgefallenen »Trophäen« suchen und sogar nachts Fütterungen und ihre Umgebung durchkämmen, womit sie das Wild in pure Panik versetzen – das ist schlicht Tierquälerei! All das kann die Kondition der Alttiere so in Mitleidenschaft ziehen, dass im Frühjahr geschwächte Kälber gesetzt werden, für die die Mütter noch dazu zu wenig Milch haben. Außerdem können so Schälschäden provoziert werden.

Aber wie schon gesagt, auch aus der Luft droht Ungemach. In einer Studie zusammen mit dem Immenstädter Wildbiologen Albin Zeitler haben wir in den 1990er-Jahren in den Bergen des Oberallgäus den Einfluss von Drachen- und Gleitschirmfliegern auf Gemsen und Rotwild untersucht. Die Ergebnisse waren zum Teil verblüffend. Denn es zeigte sich, dass die Reaktionen dieser Wildarten nicht einfach einem Reiz-Reaktions-Ablauf folgen. So hat der Reiz – das Auftauchen eines Drachens oder Gleitschirms – zwar stets zu Orientierungsreaktionen der Tiere geführt, aber keinesfalls immer zu Panik und Flucht. Das Vorhandensein von Deckung bietenden Gehölzen (Latschen-, Grünerlenfelder, Baumzeilen) spielte dafür eine wichtige Rolle. Am heftigsten reagier-

94 Unter dem *Grundumsatz* versteht man den täglichen Anteil des Energiebedarfs eines Organismus, der für die Aufrechterhaltung der grundlegenden Körperfunktionen erforderlich ist (die mechanische Arbeit von Herz und Lunge, das Wachstum des Organismus, Wärmeregulation etc.).

Abb. 84 Querfeldein den Berg hinauf: Skitourengeher. | *Photo: iStock/frantic00*

ten Gams und Rotwild (v.a. Letzteres) in Gebieten, die nur von Piloten für Streckenflüge genutzt werden, die über gute Raumkenntnisse verfügen, und wenn Wetter-, Wind- oder Thermikbedingungen das zulassen, in Gebieten also, die selten beflogen werden. In viel und regelmäßig beflogenen Gebieten hingegen sind die Tiere in der Lage, sich an das Auftauchen solcher Flugobjekte zu gewöhnen (wie z.B. Gemsen am Nebelhorn bei Oberstdorf).

Auch mit den Reaktionen von Tieren auf Heißluftballone haben wir uns damals beschäftigt. Da das Auftauchen von dieser Art Luftschiffen (die fahren und nicht fliegen!) nur schwer vorauszusagen ist, haben wir uns einer Umfrage unter Ballönern, Jägern, Landwirten, Natur- und Vogelschützern bedient und sie nach entsprechenden Beobachtungen gefragt. Das ziemlich einheitliche Ergebnis war, dass es in diesem Fall das »Fauchen« des Heißluftbrenners ist, dass die Tiere alarmiert (und weniger der Ballon selbst), und zwar Wildtiere genauso wie Pferde, Rinder oder Schafe. Ich selbst habe einmal in Holland mit Dick van den Hoorn, damals einem bekannten niederländischen Wildphotographen, an einer Wildwiese im Wald angesessen, als vier dort äsende Basthirsche plötzlich sicherten und dann rasch im nahen Wald verschwanden. Erst etwa drei Minuten später haben wir das erste Mal den Heißluftbrenner gehört und kam dann auch der Ballon angeschwebt. Kritisch sind insbesondere Fahrten in weniger als 150 Metern Höhe. Alle erwähnten Tierarten (ebenso Rehe, Feldhasen und auch Haustiere) reagieren dann zum Teil mit panikartigen Fluchten, wovon es eindrucksvolle Videos gibt.

Störfaktoren sind also vor allem alle Ereignisse im Lebensraum von Rotwild, die *unberechenbar* sind.

Die Scheuheit von Rotwild lässt sich außer durch Änderungen des Jagdbetriebs auch dadurch abbauen, dass das Wild Erfahrungen mit der Anwesenheit harmloser Menschen sammeln kann, d.h., dass nur der Sichtkontakt oder Stimmen nicht gleich Gefahr bedeuten. So haben uns immer wieder einzelne unserer Oberammergauer Studienobjekte an sich vorbei gehen lassen, obwohl sie gerade einmal 10 Meter neben dem Weg in einer Dickung ruhten (ob dann aber ihr Herzschlag vor Aufregung so raste wie in Abbildung 83 dargestellt, konnten

wir mit unseren damaligen Sendern noch nicht messen; heute wäre das möglich). Aber stehen bleiben durften wir nicht; das haben sie nur für wenige Momente ausgehalten und sind dann in der Dickung davongerumpelt.

Noch eindrücklicher kann man dieses Verhalten im Schweizerischem Nationalpark beobachten, z.B. in der Val Trupchun. Dort halten sich Rudel und Einzeltiere im Sommer oberhalb der Wanderwege auf den offenen alpinen Matten auf (vgl. Abb. 77, S. 172), ohne sich an den Massen von Besuchern zu stören, die unten auf den Wegen unterwegs sind. Aber wehe, ein einzelner Wanderer verlässt mal den Weg und sei es nur für einige Meter. Sofort sind alle Köpfe oben, weil die Tiere wissen wollen, was da los ist. Die Regeln im SNP sind so einfach wie beeindruckend: Es herrscht Wegegebot, in der Dämmerung und nachts darf der Nationalpark nicht belaufen werden, im Winter sind alle Wege gesperrt, 170 km² sind dadurch den ganzen Winter über tabu.

Das zeigt: Rotwild kann sich an regelmäßige, zu den gleichen Zeiten auf bestimmte Örtlichkeiten fixierte Anwesenheit von Menschen sehr gut gewöhnen (Abb. 85). Ohne-

Abb. 85 Wo störungsarm gejagt wird, werden Erholungsuchende auf Wegen ohne weiteres toleriert, weil Ort und auch die Zeiten, zu denen sie unterwegs sind, für das Wild voraussehbar sind. | *Photo: Michael Breuer*

hin ist die weit verbreitete Meinung, dass Wildtiere von Natur aus menschenscheu seien, nicht zutreffend. Man nehme nur die Situation in Nationalparken, z.B. den Galapagosinseln oder der Serengeti, wo sie weder über Selektionsdruck noch individuelle Erfahrungen ein Feindbild Mensch entwickeln konnten. Und wenn Scheu vor dem Menschen eine erfahrungsbedingt erlernte oder tradierte Verhaltensanpassung an lange anthropogene Verfolgung ist, ist sie in der Regel reversibel. Das dem tatsächlich so ist, wird vor allem in großen Schutzgebieten deutlich, in denen früher gejagt wurde, heute aber nicht mehr.

Aufgrund solcher Erfahrungen spräche einiges für **Restriktionen in Rotwildbezirken oder sonstigen Rotwildvorkommen**, z.B. strikte Wegegebote für alle. Heikel sind unter anderem solche Forst- und Feldwege, die an der Waldgrenze zu Wiesen und anderen attraktiven Äsungsflächen entlang verlaufen. Wenn hier am Abend oder am frühen Morgen Spaziergänger, Jogger oder Fahrradfahrer vorbeikommen, wird das Wild von der Nutzung der Flur abgehalten. Sperrungen lassen die meisten Ländernaturschutz- und -waldgesetze zu; aber ob sie beherzigt würden, ist eher unwahrscheinlich. An klaren Regelungen bestünde also Bedarf. Örtlich wären sie wahr-

Abb. 86 Während sich der alte Herr die morgendliche Sonne auf die Decke brennen ließ, lärmten 50 Meter hinter ihm im Bestand Waldarbeiter mit ihren Motorsägen. | *Photo: Bertram Georgii*

scheinlich unumgänglich, will man Konflikte tatsächlich befrieden. Sinnvoll platzierte Parkplätze, ab einer Stunde vor der Abenddämmerung parken nur mehr in den Ortslagen und nicht (wild) an Waldrändern oder in der Feldflur wären einige Reglungen, die man durchsetzen müsste. Dadurch ließen sich Störungen durch Spaziergänger (mit angeleinten! Hunden), Radfahrer, Jogger und anderweitig Erholung Suchende ein Stück weit bündeln.

Auch Einstände in Ortsnähe funktionieren nach diesem Prinzip. Auf der Ostseehalbinsel Darß nehmen Hirsche während langer Zeiträume ihren Einstand in einem kleinen Wald-Schilf-Gebiet in unmittelbarer Nähe zur Gemeinde Zingst obwohl hier in dieser Zeit tausende von Touristen unterwegs sind. Und aus Nordamerika sind Situationen bekannt, wo sich Wapitis zwischen den Häusern einer locker bebauten Wohngegend aufhalten, weil sie genau »wissen«, dass sie dort sicher sind (Photo rechts oben). Das Gleiche gilt ebenso für andere Störreize: Mit ihren Motorsägen im Waldesinnern lärmende Waldarbeiter etwa hindern Rotwild nicht, wenige Dutzend Meter entfernt auf einer Wildwiese in aller Seelenruhe zu äsen oder zu ruhen. Das Gleiche gilt für den ratternden Trecker oder Mähdrescher neben dem Schlag, in dem Rotwild ruht. Trotz des Kanonendonners auf dem Truppenübungsplatz Grafenwöhr in Bayern (S. 143), ist das dort reichlich vorkommende Rotwild tagaktiv. Auch die frische Menschenspur auf einem Waldweg hindert das Wild nicht, ihn schon wenige Minuten später zu kreuzen.

Vertrautheit des Rotwildes ist die wichtigste Voraussetzung dafür, dass diese faszinierende Tierart auch für die Bevölkerung erlebbar ist. Erste Versuche mit Besuchereinrichtungen, die das ermöglichen sollten, reichen bis in die 1980er-Jahre zurück. Das Duvenstedter Brook in der Nähe der Großstadt Hamburg war eines der ersten Rotwildvorkommen, in dem durch eine angepasste Jagdstrategie und Besucherlenkung Rotwild in der offenen Moor-, Heide-, Wiesen- und Waldlandschaft auch am Tag beobachtbar wurde. Insbesondere im Herbst versammeln sich dort nicht nur Rothirsche zu ihrer eindrucksvollen Brunft, sondern jeden Abend in den Beobachtungsständen auch unzählige von Schaulustigen. Das Duvenstedter Brook wurde zum Vorbild für viele andere Konzepte, in denen angestrebt wurde, Rotwild in freier Wildbahn beobachten zu können.

Auch wir haben uns damals davon bei unserer Konzeption für den Schönbuch inspirieren lassen (S. 174). In mehreren Gebieten boten sich Wildwiesen und Waldschneisen der Ruhezonen für Beobachtungszwecke geradezu an, weil dort die entscheidenden Bedingungen gegeben waren: Ruhe, Einstandsnähe, kurze Wege Äsungsfläche-Deckung, ganzjährig attraktive Äsung, relativ viel Wild. An einigen der Wiesen wurden große Hochsitze für ungefähr 20 Besucher errichtet, der Weg dorthin durch natürliche oder technische Sichtblenden mit Sehschlitzen abgeschirmt. Diese Besucherkanzeln haben sich jedoch nicht unbedingt bewährt. Vor allem weist der ehemalige Revierförster Rainer Pohl darauf hin, dass die Verkehrssicherheit solcher Bauten schwierig zu bewerkstelligen und sie nicht für Behinderte (Rollstuhlfahrer) nutzbar seien. Er hat an seinen Beobachtungsschneisen deshalb ein- und zweistöckige Tribünen mit Blenden gebaut, was auch für Photographen die bessere Perspektive bietet. Sie sind höchsten zwanzig Meter von den vorbeiführenden Forststraßen entfernt, also leicht erreichbar. Das Wild stört sich auch nicht daran, wenn dort die Besucher leise miteinander reden (vgl. Abb. 78 & 79).

10. EIN »KÖNIG DER LANDSCHAFT«

Auf einen Blick

Unter Wildbiologen und vielen Naturschützern besteht längst Konsens, dass Rotwild sein Verbreitungsareal selbst wählen und alle für es geeigneten Lebensräume der Republik besiedeln können sollte.

Niedersachsen und Schleswig-Holstein gehen diesen Weg, in fast allen »neuen« Bundesländern (außer Thüringen) lebt Rotwild ohnehin schon seit langem auch in der (halb-)offenen Kulturlandschaft – und das geht, wenn auch örtlich mit Schäden.

Auch in der »engen« Schweiz und in Österreich darf sich Rotwild seit langem seine eigenen Wege und Einstände suchen.

Hirsche haben es in Deutschland schwer. Wer kein Rotwild hat, will um nichts in der Welt welches haben. Wer welches hat, will um nichts in der Welt etwas davon hergeben. Waldbesitzer befürchten Schäden am Wirtschaftsgut. Jagdgenossen möchten den Wert ihrer Reviere durch das Vorkommen von Rotwild erhalten oder, umgekehrt, »billige« Niederwildreviere durch Rotwild nicht zu teuren »Hochwildrevieren«[95] werden lassen. Das bringt es aber mit sich, dass der Rothirsch im Gegensatz zu anderen heimischen Arten, ob Feldhase oder Wolf, sich bisher nicht überall »frei entfalten« darf.

Die Fronten zwischen Jägern, Landwirten und Förstern sind zumeist verhärtet. Das Hirschproblem scheint also in erster Linie ein Problem der Verteilung dieser Tierart zu sein – und ein Problem in den Köpfen der Betroffenen. Das findet u.a. in der Vorgabe jener Bundesländer seinen Niederschlag, die den Abschuss allen Rotwilds (meist mit Ausnahme von Kronenhirschen) außerhalb der Rotwildbezirke gesetzlich festgelegt haben. Das verhindert saisonale Wanderungen, Austausch zwischen den Populationen oder einen Neuaufbau von Rotwildbeständen. In vielen Regionen kommt Rotwild deshalb nicht mehr vor. Ließe man diese Vorgabe fallen, würde sich Rotwild auch wieder außerhalb der Rotwildgebiete einstellen (wie jetzt schon mancherorts) – vom »König des Waldes« zum »König der Landschaft«.

Unter Wildbiologen und mittlerweile auch vielen Naturschützern besteht längst Konsens, dass **Rotwild sein Verbreitungsareal selbst wählen** und alle für es geeigneten Lebensräume besiedeln können sollte, so dass sich die Rotwildbezirke so nach und nach auflösen ließen – ein Gedanke, den der Göttinger Wildbiologe Fritz von Berg

Die **Bonner Konvention** verpflichtet seit 1983 dazu, die Lebensräume und die Individuen wandernder Arten zu schützen und in einem günstigen Erhaltungszustand* zu bewahren sowie die Nutzung an Staatsgrenzen einem grenzübergreifenden Management zuzuführen.
Seit 1984 unterliegt der Rothirsch außerdem bundesweit dem Schutzstatus des Anhang III der Berner Konvention und darf dementsprechend nur in einem Umfang bejagt oder genutzt werden, der den Bestand nicht gefährdet.

**Voraussetzung: Das natürliche Verbreitungsgebiet einer Art ist bezüglich seiner Größe, seiner Strukturen und seiner artspezifischen Funktionen geeignet, den langfristigen Fortbestand der Art zu sichern.*

95 *Hochwildreviere* sind Jagdbezirke, in denen »Hohes Wild« vorkommt; dieser historische Begriff beinhaltet alles Schalenwild außer Rehwild, außerdem Auerwild, Stein- und Seeadler. *Niederwildreviere* sind durch alle Wildarten von Fuchs und Feldhase, Reh- und Schwarzwild bis zu jagdbaren Vögeln (Fasanen, Rebhühner) klassifiziert. Rotwild kommt in Niederwildrevieren nur gelegentlich als »Wechselwild« (d.h. nicht dauerhaft) vor.

schon in den 1980er-Jahren geäußert hatte. Waldbesitzer und Förster denken daran mit Grausen. Aber nur, weil sie in der Regel die Wilddichten aus den Rotwildbezirken vor Augen haben, in denen – oft bedingt durch falsche Bejagung oder Störungen – Rotwild Waldbestände schält oder Forstkulturen verbeißt statt auf beruhigten Lichtungen, Schneisen oder an Waldrändern zu äsen.

Eine Wiederbesiedelung vieler der rotwildfreien Landschaften unserer Republik wäre vor allem wegen der Lebensbedürfnisse des Rotwilds wünschenswert – »vielleicht nicht auf der ganzen Fläche der Republik, aber wenigstens auf dreißig Prozent statt lächerlicher zwölf«, wie der Rotwildfachmann Ulrich Wotschikowsky zu Beginn der Diskussion um dieses Thema einmal meinte. Denn was spricht gegen die Wiederausbreitung von Rotwild? Wenn ich an einen in unseren Planungen oft gehörten Ausspruch denke: »Das geht bei uns nicht ...«, dann wohl schlicht vor allem die weitverbreitete Skepsis gegenüber Neuem, die von manchem sogar als Bedrohung empfunden wird.

Verweigerung des Existenzrechts auf fast neun Zehnteln der Landesfläche kann jedoch nicht die Lösung sein. Dabei könnte Rotwild die Leitart für einen Wandel unserer Kulturlandschaft durch eine andere Agrarpolitik sein. Die Anwesenheit von Rotwild – wie von anderen Wildtieren – ist eigentlich fast überall möglich, es ist nur eine Frage des Umgangs mit dieser Tierart. Das ist Teil der Sozialpflichtigkeit des Eigentums. Allerdings sollten private Grundeigentümer nicht die Zeche dafür zahlen müssen, wenn die Gesellschaft Wildtiere haben will. Sie haben Anspruch auf einen Ausgleich für die Lasten, die mit der Anwesenheit von Rotwild auf ihrem Grund und Boden verbunden sind. Andererseits gibt es Grundeigentümer, die ständig Wildschäden beklagen und sich diese bezahlen lassen, aber dann ihre Jagd doch wieder dem Meistbietenden verpachten, der im Zweifelsfall nicht an einer Senkung des Wildbestandes interessiert ist.

Allerdings müssten für eine bundesweite Wiederausbreitung des Rotwilds auch noch weitere Bedingungen erfüllt sein, die schon angesprochen wurden: Barrierefreiheit in Wanderkorridoren durch technische Hilfen im Straßennetz (Wildbrücken und -unterführungen; Kap. 5), Jagdruhe um solche Querungshilfen und entlang von Lebensraumkorridoren, großflächige und auf eine solche Entwicklung gut vorbereitete Hegeringe (S. 94). Und es bräuchte Bereitschaft für ein integratives, den örtlichen Verhältnissen angepasstes, von allen Beteiligten mitgetragenes Rotwildmanagement: den Jägern, den Grundbesitzern, dem Forst, von Naturschutz, Freizeitnutzern und örtlicher Bevölkerung. Sie alle müssten an umsetzbaren Konzeptionen, d.h. einem verbindlichem Maßnahmenkatalog, mitarbeiten, was zweifellos für den Einen oder Anderen bedeuten würde, sich selbst zurücknehmen zu müssen. Das könnte gerade in der Jägerschaft schwierig werden. Aber nur so sind begründete Entscheidungen möglich, etwa im Sinne der »Wildökologischen Raumplanung«, die Fritz Reimoser entwickelt und in Österreich mehrfach erfolgreich umgesetzt hat. Es würde die Abkehr von der Abschusspflicht außerhalb der Rotwildbezirke bedeuten, anfangs gleichzeitig aber auch eine Zurückhaltung der Jäger in Revieren der Kulturlandschaft erfordern. Die Grundbesitzer müssten ihre waldbaulichen Ziele mit den Erfordernissen abstimmen, die ein wildfreundlicher Waldbau verlangt.

Lasst sie doch laufen!

In den noch rotwildfreien Regionen Deutschlands geht es natürlich nur mit sehr geringen Rotwilddichten, etwa den heute bundesweit vorhandenen Tieren, verteilt auf doppelt so viel Raum. Aber dann wären auch die offenen Landschaftsteile der Bundesländer ein Lebensraum, in dem Rotwild weitgehend konfliktarm leben könnte. Und sie entsprächen viel mehr seinem Naturell, d.h. seiner Anatomie (groß, ausladendes Geweih), seiner Ernährung (Gras- und Raufutterfresser), seinem Stoffwechsel und seinem Verhalten als ein Leben im geschlossenen Wirtschaftswald. Das wird auch daran deutlich, dass in großen Waldgebieten Kahlschläge oder aufgrund von Borkenkäferkalamitäten (wie etwa im Nationalpark Bayerischer Wald) entstandene Freiflächen wegen ihres reichen Nahrungsangebots stets Anziehungspunkte für Rotwild sind.

Umgekehrt muss ihm die offene Agrarlandschaft eingestreute Waldinseln und Feldgehölze als Ruhestätten bieten, die dann auch im Winter eine starke Anziehungskraft auf das Rotwild ausüben. Neben Nahrung gibt es dort vor allem Deckung und Schutz vor widrigen Witterungsverhältnissen. Das hätte zweifellos stärkere, nämlich die für den Winter typischen Konzentrationen des Wildes zur Folge (s. Kap.4; die winterliche Rudelung geht auf die uralte Strategie zum Schutz vor Raubtieren zurück). In solchen bevorzugten Wintereinständen muss absolute Jagdruhe herrschen und der Zugang für Erholungsuchende begrenzt werden. Entscheidend ist, dass die Deckung bietenden Gehölze und Äsungsflächen eng beieinander liegen, um äsenden Tieren einen schnellen Rückzug in Gehölze ohne weite Wege zu ermöglichen. Diese zwei Lebensraumaspekte bilden den Rahmen für die Nutzung offener Landschaftsbereiche durch Rotwild. Nur dann kann dieses Wild wieder so vertraut werden, dass auch Otto Normalverbraucher und Lieschen Müller Chancen haben, bei ihren Ausflügen in die Natur ab und zu Rotwild zu begegnen. Außerdem verursacht tagvertrautes Wild auf Wiesen oder im Wald weit weniger Schaden als scheue Rudel in sogenannten »guten Einständen«.

Einstandsgebiete mit eventuell hohen Rotwildkonzentrationen können aber nur eingerichtet werden, wo die Besitzer damit einverstanden sind, denn in solchen »Kerngebieten« müssen fraglos Schäden toleriert (und gegebenenfalls ersetzt) werden. In manchen Fällen werden sich dort zwecks Schadensminimierung auch kompliziertere Methoden der Rotwildbewirtschaftung, »wie man die Hege mit der Büchse heutzutage zeitgemäß nennt« (so Horst Stern vor 50 Jahren), nämlich mit abweichenden Bejagungszeiten und -formen nicht umgehen lassen (z.B. Bewegungsjagden statt Einzeljagd und eine Zonierung des Jagdbetriebs von Jagdruhe über gelegentliche Jagd in Randbereichen und intensiver Jagd im Umfeld schadanfälliger Standorte wie etwa Kulturen). Das erfordert viel Fachwissen und verbindlich getroffene Vereinbarungen. Unterm Strich ist das alles sinnvoller als die Festlegung von Außengrenzen isolierter amtlicher Rotwildgebiete. Aber es wird immer auch Gebiete in der Kulturlandschaft geben, in denen Rotwild bei tragbaren Belastungen nicht vorkommen kann.

Es könnte gehen ...

In **Brandenburg** und **Mecklenburg-Vorpommern** lebt Rotwild über das ganze Land verteilt, d.h. nicht nur in den Wäldern, sondern genauso in der halboffenen Kulturlandschaft mit Grün- und Ackerland, durchsetzt von einer Vielzahl kleinerer bis mittelgroßer Waldflächen. Diese »Streulage« der Waldgebiete führt nicht nur zu einem hohen Maß an ökologisch wertvollen Saumbiotopen, sondern auch in den waldärmeren Landesteilen zu einer guten Vernetzung der gehölzgeprägten Biotope. Das Äsungsangebot auf landwirtschaftlichen Flächen ist groß. In Mecklenburg-Vorpommern kommen noch die vielen Binnengewässer mit ihren Schilf- und Röhrichtsäumen hinzu, die von Rotwild gerne als Tageseinstände genutzt werden. Außerdem ist das Land relativ dünn besiedelt[96]. Heute kommt das Rotwild zwar landesweit vor; es haben sich aber (jagdlich bedingt?) zwei Einstandsschwerpunkte herausgebildet, die mit den waldreicheren Landesteilen weitgehend deckungsgleich sind. »Aufgrund der Gemeinsamkeiten, insbesondere in Hinblick auf die vorhandenen Lebensräume und Wildpopulationen« haben 2001 die beiden Länder und Landesjagdverbände eine grenzübergreifende »Gemeinsame Richtlinie für die Hege und Bejagung des Schalenwilds« beschlossen. Über die üblichen Reglementierungen eines waid- und hegegerechten Abschusses kommen die Bestimmungen aber erneut noch nicht hinaus. Immerhin demonstrieren beide Bundesländer, dass auch bei uneingeschränkter, flächiger Rotwildverbreitung erfolgreiche Land- und Forstwirtschaft betrieben werden kann. Wo sich in den kleineren Waldflächen größere Rudel einstellen, kann es aber durchaus zu beträchtlichen Wildschäden kommen. Der Lebensraum entspricht hier regional sehr gut den biologischen Bedürfnissen des Rothirsches, unterliegt jedoch gleichzeitig großräumig der menschlichen Nutzung.

Von solchen Verhältnissen und vom Zielsystem der Vision »Wildnisgebiete« in der Nationalen Strategie zur Biologischen Vielfalt des Bundesumweltministeriums (2007) und größeren Flächen für Prozessschutz (bis 2002 zwei Prozent der Fläche Deutschlands) sind wir insgesamt aber immer noch weit entfernt – jedenfalls derzeit weitestgehend ohne Einbindung und Förderung großer Pflanzenfresser wie Rothirschen, Wisenten oder robusten halbwilden Haustierrassen. Denn viele Wildnisgebiete und Nationalparke haben Rothirsche als biologischen Faktor noch nicht wirklich akzeptiert und betreiben Reduktionsjagd (dann »Management« genannt) nicht nur am Rand, sondern auch zentral inmitten der den Flächen. Ein wesentlicher Faktor für natürliche Störungen und Prozesse und davon abhängigen Arten erhält so im nationalen Ziel »Biodiversitätsschutz« wenig Beachtung.[97] Dabei ginge es, wie uns wenigstens einige Bundesländer vormachen. Ein gutes Beispiel ist etwa eine über 1000 Hektar große Wildruhezone am Ostufer der Müritz im Müritz-Nationalpark, die sich selbst überlassen seit 1998 besteht.

Im Übrigen leben gleich in der polnischen Nachbarschaft Südbrandenburgs rund 300 Wisente und nutzen dort neben den Wäldern auch die halboffene, landwirtschaftlich intensiv genutzte Landschaft, ohne dass große Probleme dadurch entstünden – auch mit Erholungsuchenden

96 Bevölkerungsdichte in Mecklenburg-Vorpommern 71 Einwohner pro km², in Brandenburg 85 Einwohner pro km²

97 Der *Biodiversitätsschutz* zeigt zwar Auswirkungen. So ging die Gefährdungssituation in Schutzgebieten zurück und konnten einige Arten wie der Seeadler oder der Schwarzstorch von der Roten Liste genommen werden, gleichzeitig gerieten aber immer mehr Arten und Lebensraumtypen unter Druck, die im ländlichen Raum früher weit verbreitet waren. Der Wert der *Biodiversität*, ihre Ökosystemdienstleistungen für unser Leben, wird auf weit über hundert Milliarden Euro pro Jahr geschätzt!

nicht, die mit den Wisenten ganz relaxt umgehen. Und wenn das schon mit derart großen Wildtieren funktioniert …

Ein interessantes Beispiel, was Rotwild tut, wenn Rotwildgebiete geöffnet werden, ist auch die Rück-»Eroberung« **Schleswig-Holsteins** durch diese Wildart. Schleswig-Holstein ist mit nur 10 Prozent Waldanteil das mit Abstand waldärmste Bundesland. Bis weit ins 20. Jahrhundert war die Rothirschpopulation Schleswig-Holsteins in acht Teilpopulationen unterschiedlicher Größe zerstückelt. Immer tauchte Rotwild aber auch auf anderen Landesflächen auf. Außerdem wanderte und wandert Rotwild aus den Beständen des Nachbarlands Dänemark zu, das mit vielfach höheren Dichten gut zurande kommt. Um Schäden zu vermeiden, waren zunächst auch in Schleswig-Holstein Rotwildbezirke ausgewiesen worden. Heute kommt die Art dort mit zwölf, waldreicheren Schwerpunkten vor und die wesentlichen Begrenzungsfaktoren sind vielbefahrene Bundesstraßen, die A95 oder z.B. der Nord-Ostsee-Kanal. Seit Einführung des Wildtier-Katasters Schleswig-Holstein[98] wird die »Landnahme« durch das Rotwild regelmäßig durch Befragungen der Jagdausübungsberechtigten und durch Einzelnachweise (meist Verkehrsopfer) dokumentiert. Die Daten zeigen, dass die Verbreitung der Art allein von 2004 bis 2019 um rund 55 Prozent zugenommen hat (Abb. 87). Gegenwärtig lebt Rotwild auf 43 Prozent der Landesfläche[99], verteilt auf Kernflächen in größeren zusammenhängenden Wäldern, die ausreichend störungsarme Rückzugsräume bieten und der Umgebung aus kleinen Wäldern in abwechselnder Gemengelage mit landwirtschaftlichen Nutzflächen.

Diese Randbereiche werden unterschiedlich intensiv durch Rotwild genutzt. Eine besondere Rolle spielen dabei in Schleswig-Holstein die Knicks (Wallhecken; Abb. 88) mit Gehölzen, Gras- oder Krautfluren bewachsene Erd-, Stein- oder Torfwälle, die ursprünglich Einfriedungen landwirtschaftlicher Nutzflächen waren. Das Kleinklima am Knick ist dem eines Waldrands vergleichbar. Sie bieten in Ergänzung zu den landwirtschaftlichen Nutzpflanzen ganzjährig abwechslungs- und rohfaserreiche Äsung und vor allem Sichtschutz, was dem Sicherheitsbedürfnis des Rotwildes entgegenkommt. Leider gehört auch das Netz aus den

98 Das von Jägern 1995 begründete Wildtier-Kataster Schleswig-Holstein führt seither ein landesweites Biomonitoring für freilebende Wildtiere des Landes durch. Es ist heute ein Projekt der Landesjägerschaft in Zusammenarbeit mit dem Institut für Natur- & Ressourcenschutz (INR) der Universität Kiel, Abteilung Landschaftsökologie, der die wissenschaftliche Betreuung obliegt.

99 Zum Vergleich: Im mehr als doppelt so großen Baden-Württemberg gerade mal auf 4 Prozent der Landesfläche!

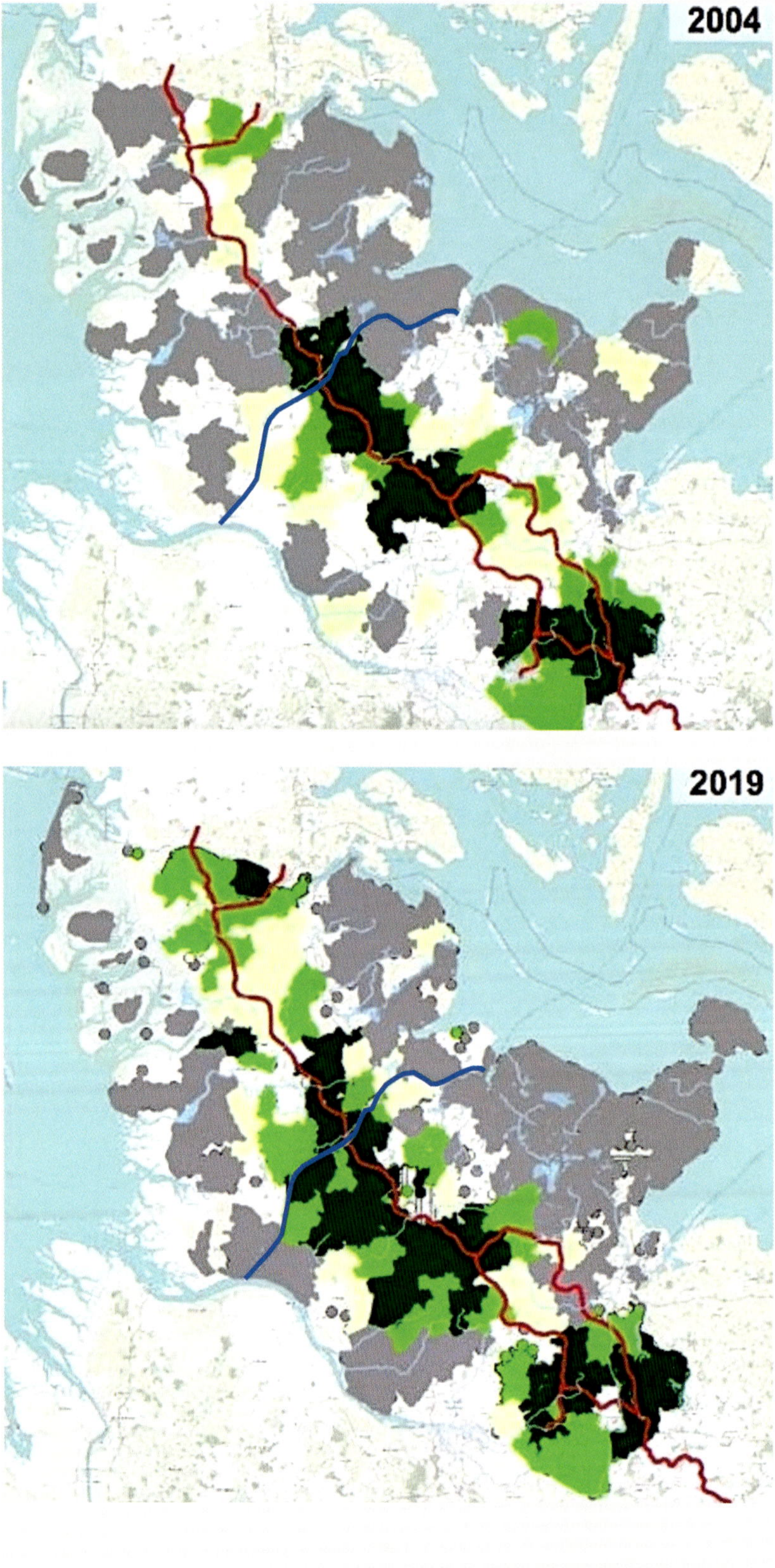

Abb. 87 Die Rotwildverbreitung in Schleswig-Holstein im Jahr 2004 und ihre Ausweitung in den Jahren bis 2019. Dunkelgrün: Standwild; hellgrün Wechselwild; hellgelb: seltene Vorkommen; grau: kein Vorkommen. Rote Linie: Wanderkorridore für Wald bewohnende größere Säugetiere.
| *Quellen: Institut für Wildbiologie Göttingen und Dresden e.V. und BfN*

Abb. 88 Halboffene Landschaft mit den für Schleswig-Holstein typischen Knicks. | *Quelle: Stiftung Naturschutz Schleswig-Holstein*

Knicks zu jenen Lebensraumelementen, die sehr geschrumpft sind. Im Übrigen gibt es in Schleswig-Holstein keine Fütterung von Rotwild mehr (die schon seit längerem verboten ist). Damit wurde auch das Problem von Rotwild-Konzentrationen und dadurch verursachter Schäden entschärft.

Wie Abbildung 87 zu entnehmen ist, entspricht die Lage der vom Rotwild genutzten Flächen links und rechts der Lebensraumkorridore dem Verlauf der im Entwicklungskonzept »Lebensraumkorridore für Mensch und Natur«, den im »Bundeswildwegeplan« des NABU und den vom BfN prognostizierten Korridoren für waldbewohnende Arten (Naturschutz und Biologische Vielfalt 96, BfN; braune Linie).

Im nordwestlichen Landesteil zwischen Nord-Ostsee-Kanal und Landesgrenze zu Dänemark, in den seit der Jahrhundertwende immer mehr Rotwild aus Dänemark einwandert, wird mittlerweile eine differenzierte Raumordnung in Zusammenarbeit von Forst, Jagd und Naturschutz erprobt. Die Grundlage dafür hat der Landesjagdverband auf Basis einer Arbeitsgruppe »Runder Tisch Rotwild« mit geschaffen. Der ehemals von Rotwild freizuhaltende Bereich darf nun von Rotwild besiedelt werden und für das Management wurden verschiedene Zonen definiert. Jetzt soll dort im Wesentlichen auf Flächen des Naturschutzes in Zusammenarbeit von Schleswig-Holsteinischen Landesforsten, Landesjagdverband und der Stiftung Naturschutz geprüft werden, wie sich höhere Hirschdichten auf die natürlich Dynamik der Artenvielfalt auswirken, durch welche Managementmaßnahmen sich Schäden in Land- und Forstwirtschaft sowie Verkehrsunfälle vermeiden und ein Angebot an mehr Naturerlebnis erreichen lassen.

Die noch vorhandene und z.T. nachwirkende Verinselung der Rotwildlebensräume in Schleswig-Holstein hat zu mehreren genetisch voneinander unterscheidbaren Subpopulationen geführt, wie jüngst ein Team aus deutschen und österreichischen Wissenschaftlern unter Federführung des Wildökologen Hendrik Edelhoff von der Uni Göttingen ergeben hat. Zwar besteht zwischen einigen von ihnen reger genetischer Austausch, andere lassen aber deutliche Isolationserscheinungen erkennen. Bedenklich ist, dass bei etlichen der Bestände die *Effektive Populationsgröße* immer noch unter fünfzig liegt. Ein wesentliches Managementziel, so die Autoren der Studie, müsse daher sein, den Genfluss durch eine bessere Vernetzung der Subpopulationen zu optimieren.

Wie schwierig das Unterfangen, Rotwild auch wieder außerhalb der Rotwildbezirke leben zu lassen, ist, zeigte sich im **Saarland**. Es hat seinen einzigen Rotwildbezirk zu Beginn dieses Jahrhunderts geöffnet und bestimmt, dem Rotwild möglichst viel Fläche dieses Bundeslandes als Lebensraum zur Verfügung zu stellen. Durch ein Verbot, einzeln ziehende Stücke Rotwild, die außerhalb der ehemaligen Rotwildgebiete auftauchen, zu erlegen, sollte Rotwild Zugang auch zu anderen Landesteilen gesichert werden. Das schien anfangs auch zu klappen, zumal dem Anlauf mit dem »Lebensraum-Modellprojekt im Rotwildring Osburg-Saar« ein fundiertes Konzept des Instituts für Tierökologie und Naturbildung unter Federführung des Biologen Olaf Simon zugrunde lag. Um die Wiederausbreitung zu erleichtern, war u.a. eine Reduktion der Jagd auf Rotwild, begrenzte Jagdzeiten und insbesondere auch weniger Nachtjagd auf Schwarzwild sowie eine Verringerung der Störungen durch Erholungsuchende vorgesehen. Zu diesem Zweck und zur Verbesserung der Äsungsverhältnisse wurden geeignete Waldwiesen und Wildwiesen im Wald sowie waldnahe Grünlandflächen insbesondere mageres Grünland, Borstgras-Gesellschaften oder Arnikawiesen möglichst störungsfrei gehalten. Ein weiteres Ziel des Konzeptes war, den Schutz und Erhalt artenreicher, inzwischen selten gewordener Wiesengesellschaften zu gewährleisten, die örtlichen Rotwildjäger für deren Schutz zu begeistern und damit auch zu verhindern, dass solche Wiesen durch Aufdüngung, Beackerung oder Überbauung verloren gehen. Dort wo naturschutzfachliche Pflegekonzepte mangels Geld und Personal nicht mehr greifen konnten, sollte die Hegegemeinschaft den Schutz organisieren und dabei wichtige Landschaftsteile für den Rothirsch erhalten. Langfristig erwiesen sich aber die widerstreitenden Interessen von Jagd, Forst- und Landwirtschaft in den rotwildfreien Gebieten als nicht unter einen Hut zu bringen und es fehlte dem Vorhaben auch die notwendige politische Unterstützung. Dadurch verlief der vielversprechende Anlauf schließlich im Sande.

Seit der Mitte des letzten Jahrhunderts macht die (enge) **Schweiz** vor, wie eine Wiederausbreitung von Rotwild in die intensiv genutzte Kulturlandschaft ohne allzu große Konflikte ablaufen kann. Mittlerweile kommt dort die Art in unterschiedlicher Dichte in vielen Kantonen vor, auch entlang des Jura. Lediglich im Schweizer Mittelland ist die Ausbreitung noch im Gange. Besenderte Tiere haben dort zwar tagsüber meist Wald als Einstand bevorzugt, einige Tiere haben als Tageseinstände im Sommer und Herbst aber auch hochwüchsige Raps- und Maiskulturen gewählt. Manche davon lagen in unmittelbarer Nähe zu Siedlungen oder Wegen. Die Tiere haben also Menschen nicht erkennbar gemieden. Das Vorhandensein geeigneter, Sichtschutz bietender Kleinstrukturen genügte ihnen offensichtlich. Für die nächtliche Nahrungssuche nutzten die Mittelland-Rothirsche zu einem großen Teil das Offenland. Insgesamt haben die Studien eine große Vielfalt an individuellen Habitatwahl-Mustern aufgedeckt. Dieses Verhalten zeigt, dass Rotwild, das ursprünglich aus einem andersgearteten Lebensraum, den gebirgigen Schweizer Voralpen, in das Mittelland gewandert ist und dort Fuß gefasst hat, sehr gut in der Lage ist, sich innerhalb kurzer Zeiträume auf einen ziemlich anderen Lebensraum umzustellen. Natürlich gibt es auch in der Schweiz regional Konflikte mit Forst und Landwirtschaft. Von der Bevölkerung wird die «Inbesitznahme» des Landes durch Rotwild nicht groß zur Kenntnis genommen.

Das jagdliche Management sieht vor, die noch weiter fortschreitende Ausbreitung der Rothirsche nicht zu unterbinden. Die Hauptherausforderungen sind dabei aus Sicht des Bundes, wie mir Claudine Winter vom schweizerischen Bundesamt für Umwelt (BAFU), Sektion Wildtiere und Artenförderung mitgeteilt hat, die Sicherung einer überregionalen Vernetzung – wie z.B. im Fall des Mittellandes mit dem Jura – durch Wildtierkorridore sowie Tierquerungshilfen ergänzt um Wildwarnanlagen, um auch die Verkehrssicherheit zu verbessern. Zum Rotwildmanagement gehört nicht nur die rechtzeitige Regulation der Hirsche, wo dies notwendig ist, sondern auch deren Schutz, wo die Ausbreitung der Art dies noch erfordert.

In **Österreich** hat das Rotwild eine ähnlich wechselvolle Geschichte hinter sich wie in Deutschland. Es überlebte vor allem in den Donau-Auen und einigen herrschaftlichen Besitzungen im Bergland wie Susanne und Friedrich Reimoser berichten. Erst nach dem zweiten Weltkrieg hat der Rotwildbestand und seine Verbreitung stark zugenommen. Heute ist etwa die Hälfte der österreichischen Landesfläche von Rotwild besiedelt. Insgesamt böte das Land aber wohl auf 90 Prozent seiner Fläche Rotwild geeigneten Lebensraum. Dass somit auf immerhin etwa 40 Prozent der Landesfläche kein oder nur hie und da Rotwild vorkommt, ist dem gleichen Umstand geschuldet wie bei uns: Es handelt sich dabei vor allem um agrarisch intensiv genutzte und dicht besiedelte Regionen Ober- und Unterösterreichs, wo die Art schon von alters her nicht geduldet wurde. Aber, so Fritz Reimoser, eine zögerliche Ausbreitung sei auch in diesen Landesteilen zu spüren, was unter anderem mit dem höheren Stellenwert zusammenhinge, den Rotwild heute in der Bevölkerung genießt.

Photo: Kurt Kracher, imago images

11. QUO VADIS ROTHIRSCH? – EIN AUSBLICK

Rotwildmanagement ist eine Gemeinschaftsaufgabe der Gesellschaft, der Landeigentümer und der Jäger. Viele NGO's wie BUND, NABU, WWF oder wie Jagdverbände und die Deutsche Wildtier Stiftung mit ihrem *Leitbild für den Rothirsch*, engagieren sich bereits in diese Richtung.

Was also sind wesentliche Empfehlungen für das künftige Management von Rotwild in unserem Land?

- Rotwild sollte seiner artspezifischen Lebensweise entsprechend sowohl Wälder als auch die offene Landschaft besiedeln dürfen.
- Mit Blick auf die Neigung der Art zu weiträumigen Wanderungen und der Sicherung ihrer genetischen Vielfalt bedarf es einer konsequenten Umsetzung des »Bundesprogramms Wiedervernetzung«.
- Außerdem sind die Grundsätze der Bonner Konvention – die Sicherung eines günstigen Erhaltungszustands von wandernden Arten – auch für die bundesdeutsche Rotwildpopulation zu berücksichtigen.
- Es sind die positiven Auswirkungen des Rotwilds auf die Biologische Vielfalt anzuerkennen und nutzbringend im Wald, der offenen Kulturlandschaft oder Naturschutzprojekten einzusetzen.
- Aus diesen Gründen ist die Beschränkung der Art auf Rotwildbezirke nach und nach aufzugeben und durch großflächige Hegegemeinschaften mit wildbiologischem Sachverstand und weitreichenden Kompetenzen zu ersetzen.
- Wo es Rotwild gibt, müssen Forstwirtschaft und Jagd aber nach wie vor für die Vermeidung von Schäden durch die Art sorgen, sollten dabei aber deren Lebensraumbedürfnisse beachten und in ihre Ziele einbauen.
- Neben Vorrangflächen für die Holz- und Lebensmittelproduktion könnten auch Vorrangflächen für Wildtiere mit ausreichend ruhigen Bereichen eingerichtet werden.
- Der Jagddruck ist durch eine bundesweit verkürzte Jagdzeit zu reduzieren, die Richtlinien für die Abschussregeln sind zu vereinfachen und störungsarme sowie effiziente Formen der Bejagung zu bevorzugen.
- Die Abschussplanung sollte über die Abschusshöhe hinaus auch eine wildbiologisch begründete räumliche Verteilung der Abschüsse beinhalten.
- Allen Beteiligten muss bewusst sein, dass das viel Disziplin und oftmals auch Selbstbeschränkung erfordert. Das gilt für Jäger wie die die Natur belastenden Freizeitsportler gleichermaßen.

Photo: DamianKuzdak, iStock

ERGÄNZENDE LITERATUR

ArGe Reck (2009). Pilotstudie »Wild + Biologische Vielfalt«. Im Auftrag der Stiftung natur+ mensch, Bonn, 144 Seiten

Arnold, W. (2005): Neue Erkenntnisse zur Winterökologie des Rotwildes – der verborgene Winterschlaf. Schriftenreihe des Landesjagdverbandes Bayern e.V., Bd. 13

Bützler, W. (2001). Rotwild – Biologie, Verhalten, Umwelt, Hege. BLV Verlagsgesellschaft mbH, München, 264 Seiten

Clutton-Brock, T.H., F.E. Guinness & S.D. Albon (1982). Red Deer – Behavior and Ecology of Two Sexes. The University of Chicago Press, Chicago, 378 Seiten

Darling, F.F. (1937). A Herd of Red Deer. A Study of Animal Behavior. Oxford University Press, 226 Seiten

Deutsche Wildtier Stiftung (Hrsg., 2010). Leitbild Rotwild – Wege für ein fortschrittliches Management. 2. überarbeitete, aktualisierte Auflage, Hamburg.

Fuhr, E. (2019). Jagdkunde. Matthes & Seitz Berlin, 176 Seiten

Georgii, B. & U. Wotschikowsky (2008). Straßen und Wildtiere. Bundesministerium für Klimaschutz, Umwelt, Energie, Mobilität,Innovation und Technologie, Broschüre, 46 Seiten

Georgii, B. (2021). Faszination Evolution – Der endlose Weg des Lebens. Verlag tredition, 256 Seiten

Griesberger, P. & Team (2021). Integrales Rotwildmanagement. Ein Brückenschlag zwischen Wissenschaft und Praxis. Der Anblick, Graz. Broschüre, 64 Seiten

Kobell, F. von (1859). Wildanger. Stuttgart J. G. Cotta'scher Verlag. Bavarica Reprint im Süddeutschen Verlag

Leopold, A. (1949). Ein Jahr im Sand County. Matthes & Seitz Berlin (2019), 258 Seiten

Meichsner, M., S. Herzog, S. Schütz & G. Brinkmann (2013). Vom Wald ins Offenland: Der Rothirsch auf dem Truppenübungsplatz Grafenwöhr. Raum-Zeit-Verhalten, Lebensraum nutzung, Management. Verlag Frank Fornaçon, 152 Seiten

Mitchell, B., B.W. Staines & D. Welch (1977). Ecology of Red Deer – A research review relevant to their management in Scotland. Institute of Terrestrial Ecology, Banchory, 74 Seiten

Pesch, V. (Hrsg., 2002). Lust auf Jagd. Argumente – Standpunkte – Perspektiven. Müller Rüschlikon Verlag, 206 Seiten

Reck, H. & A. Huckauf (2010). Freilebende Huftiere und Biologische Vielfalt in waldgeprägten Landschaften. Diskussionsergebnisse eines Workshops im Bundesministerium für Ernährung, Landwirtschaft und Verbraucherschutz.

Stöcker, B. (2013). Der König der Wälder. Im Reich des Rotwildes. Frankh-Kosmos-Verlags Gmbh Stuttgart, 158 Seiten

Schröder, W., U. Wotschikowsky & B. Georgii (1984). Besser schonen durch klügeres Schießen, natur 12: 52-71

Schwarz, R. (1973). Förster, Bauern, starke Hirsche. Verlag Paul Parey, Hamburg und Berlin, 178 Seiten

Wagenknecht, E. (2000). Rotwild. Verlag Neumann-Neudamm, 608 Seiten

STICHWORTVERZEICHNIS

DANKSAGUNG

Mein Dank gilt zu allererst meinen beiden »Mentoren« Udo Gebhardt und Forstmeister Josef Peschke (†), die mir schon als Vierzehnjährigem ihre eigene Passion für das Rotwild im Schönbuch mit auf den Lebensweg gegeben und später meine Begeisterung fürs Wildphotographieren geteilt haben. Aber das allein hat's nicht gemacht. Erst eine Bemerkung unseres Sohnes Bernhard hat den Papa in die Puschen gebracht: Schreib doch mal ein Buch über Hirsche! Dafür ganz herzlichen Dank mein Lieber. Und schließlich gab's ein erstes Dokument, das zunächst einmal Elke Geiger aus der Sicht der »interessierten Laiin« unter die Lupe nahm und ihm ihren Segen erteilte. Vielen Dank dafür. Besonders danken möchte ich Heiner Reck und Olaf Simon, beide mit langjährigen Erfahrungen zu Rotwild, Biologischer Vielfalt und Wildnis, die sich durch das immer noch unfertige Manuskript gequält und damit viel zu dessen Reifung beigetragen haben.

Das gleiche gilt für Nicola Heckeberg, die sich speziell des Kapitels zur Evolution der Hirsche angenommen hat. Unschätzbar waren nicht zuletzt auch die vielen Diskussionen mit Rainer Pohl, mehrere Jahrzehnte Leiter eines Reviers im Schönbuch, in dem er einen wirklich rotwildfreundlichen und -resilienten Wald geschaffen hat. Und schließlich habe ich den vielen Photographen und Einrichtungen zu danken, die mir kostenlos phantastisches Bildmaterial für dieses Buch zur Verfügung gestellt haben, allen voran Burkard Stöcker und Heinz-Dietrich Hubatsch. Und danken möchte ich natürlich meiner Lektorin Claudia König und Grafikerin Kornelia Erlewein, die mit viel Geduld meine manchmal ziemlich im Zickzack daherkommenden Wünsche zur Gestaltung des Buches realisiert haben. Fehler in diesem Buch gehen allein auf meine Kappe.

Photo: IMAGO/blickwinkel

Weitere interessante Bücher aus dem Verlag Müller Rüschlikon

Anke Benstem I Jürgen Borris
Wolfsbegegnungen
Von Wölfen in freier Wildbahn
160 Seiten, 200 Bilder
ISBN 978-3-275-02216-8
€ 29,90 I € (A) 30,80

W. Rolfes I T. Böckermann I J. Borris
Der Rothirsch
Ein Mythos im Revier
176 Seiten, 163 Bilder
ISBN 978-3-275-02077-5
€ 29,90 I € (A) 30,80

Jürgen Borris
Mit Jägers Blick
Erzählungen und Impressionen
160 Seiten, 145 Bilder
ISBN 978-3-275-02178-9
€ 29,90 I € (A) 30,80

Volker Pesch (Hrsg.)
Lust auf Jagd
Argumente – Standpunkte – Perspektiven
208 Seiten, 120 Bilder
ISBN978-3-275-02248-9
€ 34,90 / € (A) 35,90

Änderungen in Preis und
Lieferfähigkeit vorbehalten

Überall, wo es Bücher gibt oder
www.mueller-rueschlikon.de
Service-Hotline: 0711-78 992151

Müller Rüschlikon